森林疗养漫谈 II

FOREST THERAPY

南海龙　王小平　刘立军
周彩贤　马　红　等 ▣ 编著

中国林业出版社

图书在版编目（CIP）数据

森林疗养漫谈．Ⅱ / 南海龙等编著．-- 北京：中国林业出版社，2018.6(2021.3 重印)

ISBN 978-7-5038-9575-3

Ⅰ．①森… Ⅱ．①南… Ⅲ．①疗养林－疗养学 Ⅳ．① R49

中国版本图书馆 CIP 数据核字（2018）第 102011 号

责任编辑　刘香瑞
设计制作　曹　慧

出版发行　中国林业出版社
（100009 北京西城区刘海胡同 7 号）
邮　　箱　36132881@qq.com
电　　话　010-83143545
印　　刷　北京中科印刷有限公司
版　　次　2018 年 6 月第 1 版
印　　次　2021 年 3 月第 2 次
开　　本　710mm×1000mm　1/16
印　　张　18
字　　数　308 千字
定　　价　80.00 元

前　言

2016 年，我们出版了《森林疗养漫谈》。这是我国森林疗养领域的第一本著作，受到很多读者欢迎，并得到了很高评价——理论新颖、案例鲜活、行文风趣，这让我们受宠若惊，也更坚定了我们在森林疗养道路上的执着步伐。许多读者正是因为读了此书，才开始关注森林疗养或者加入到森林疗养行列，还有很多读者跟我们咨询如何成为森林疗养师、如何建设森林疗养基地及森林疗养基地如何认证、运营等问题。于是我们决定继续整理森林疗养领域的认识和思考，也就一些具体的问题对广大读者做一个回应。

2016 年 8 月到 2017 年 11 月期间，我们的“森林疗养”微信公众号共发出了 330 篇推文。北京林业大学钟誉嘉和张欢两位女士，对这些推文进行了筛选和分类，手绘了精美插图，将其中 257 篇推文整理，形成《森林疗养漫谈 II》。本书是众多朋友智慧的结晶。对于署名树先生的推文，文中思考和案例分享是以整个森林疗养团队的工作为支撑，同时书中还收录了李道兴、邹大林、张秀丽等 23 位作者的 34 篇推文。

本书中所收录推文内容比较零碎，信息量也非常大，很难进行科学分类，希望大家不要苛求系统性和条理性。另外，森林疗养理念引入国内不久，虽然有一些“成功”探索，但整体上看还处于起步阶段，书中的研究、实践和国外案例都有待于时间检验。还有，虽然我们最早开展森林疗养工作，但是不想自称“权威”，我们深知“权威”的对岸才是“民主”，只有大家都肯发声，国内森林疗养工作才能找到出路。藉以本书的不完善，来激发大家更多思考，而我们愿意提供分享思考的平台——“森林疗养”微信公众号期待您的投稿。

编著者

2018 年 4 月

目 录

5 如何进行森林疗养基地认证？……………………99

6 森林疗养基地该怎么运营？…………………… 114

森林疗养，我们在路上……

1 什么是森林疗养？

1.1 澄清森林疗养的几个概念

【树先生】

长期关注我们的朋友也许能够发现，我们的文章中一会说“森林疗养”，一会说“森林疗法”，一会又说“森林医学”，这几个名词是不是让您觉得很混乱？其实混乱的不止是读者，还有我们自己。过去我们一直把森林疗养和森林疗法画等号，结果在实践过程中出现了很多问题。所以有必要按照现在的认知水平，重新说说这几个词究竟该怎么用。

（1）森林医学。“森林医学”是学科概念，它是一门新兴边缘学科，介于林学和医学之间，旨在解明森林刺激带来的生理非特异性效果。现在有很多医生致力于森林医学研究，包括大家熟悉的李卿博士。但是坦率地说，森林医学体系尚未建立起来，森林医学并不被医学界所普遍认可，也很难为实践提供有效支撑，只是有越来越多的学者愿意从事相关研究。

（2）森林疗法。“森林疗法”是技术层面概念，它是利用森林中治愈素材和治愈手段的替代或辅助治疗方法，主要包括森林五感疗法、森林运动疗法、森林作业疗法、森林芳香疗法、森林气候疗法和森林食物疗法。因为五感疗法、运动疗法、作业疗法等本身就为公众所熟悉，所以与森林环境和林产品等因素结合后，尽管有些机理尚不明确，但是森林疗法的治愈效果却被广泛认可。而作为森林疗法这门技术的核心，就是如何利用好森林中的治愈素材和治愈手段。

（3）森林疗养。“森林疗养”是产业概念，它是利用森林开展的健康管理，以“疗”为内核，以“养”为外延。森林疗法便是森林疗养产业的内核，当然光有“核”还不够，像森林观光旅游、森林文化体验以及其他与“养”相关的工作，都可以是森林疗养的外延。

1.2 什么才是森林疗养的核心?

【树先生】

说到底，森林疗养是为人服务的，作为服务方案的森林疗养课程才应该是核心内容。如果能作为有价值的替代治疗方法存续下去，森林疗养需要有核心技术，而核心技术主要体现在森林疗养课程方面。长期以来，我们一直注重森林疗养基地认证和森林疗养师培训的架构设计，的确忽视了森林疗养课程的研究。如果现在开始做森林疗养课程研究，我们认为重点应该放在以下几个方面。

对于基于芬多精的森林疗愈效果，要从生理方面进行进一步阐明。有关植物活性成分的研究并不缺乏，现阶段主要是针对提取物的研究，针对挥发物的研究还比较少。也许提取物和挥发物之间会存在某种联系，前人的这些工作基础应该可以作为森林医学的研究素材。

针对森林疗养对过敏症、厌学的孩子、自闭症和残疾人的疗愈效果，要从心理学角度进行深入研究。对于智障和高龄者，需要开发出更多与五感体验相关的森林疗养菜单，丰富共同作业和活动内容，建立起全部课程计划。至于如何让森林疗养更好体现社会福利价值，这也需要进行体系化研究。

森林疗养的主要对象是亚健康人群，所以从预防医学视角出发，针对需要采取生活习惯病预防对策的正常人，拿出基于医学数据的森林疗养菜单，这方面还有很多工作要做，也具有很大的研究潜力。另外，从运动量和疲劳度等人体工程学角度出发，设计出最适森林环境和森林疗养路线，比如通过控制距离、坡度和高度差来利用森林的地形优势，这些工作事关运动疗法课程的成败，也需要加强研究。

1.3 说说森林疗养的核心功能

【树先生】

目前森林医学已经形成了几个核心证据，其中排在第一位的就是“森林疗养能够调节自律神经平衡”。过去因为缺少医学和心理学知识，我们对这项研究结果一直重视不足。其实自律神经与健康关系非常密切，而调整自律神经平衡应该是森林疗养的核心功能之一。

（1）什么是自律神经? 自律神经又称植物神经，它是指无法用人体意识控制的神经，呼吸、内分泌、胃肠蠕动、脏器收缩等功能都由自律神经来掌控。自律神经又分为交感及副交感神经两大系统，交感神经主要用于应对“繁忙”，而副交感神经应对“放松”。通常交感神经和副交感神经保持着绝佳的平衡，所以我们能够顶得住工作压力，晚上也能够睡得香。倘若长期受到压力过大、睡眠不足和食物污染等因素影响，自律神经便会失去平衡，我们的身体随之也会出现各种症状。

（2）自律神经失调有哪些症状？自律神经失调有两种类型，如果交感神经过度兴奋，会导致高血压、高血糖等；而副交感神经过度兴奋，会导致哮喘（气管收缩）、胃溃疡（消化液分泌过多）等。如果有图 1-1 所示身体状况，您可能要优先考虑是否为自律神经失调。

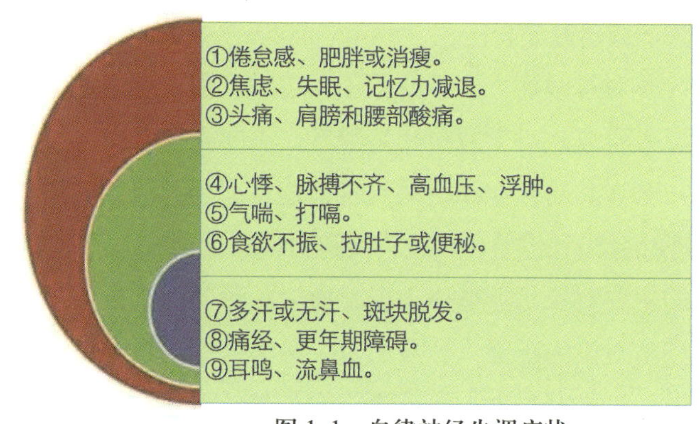

图 1-1　自律神经失调症状

（3）森林疗养如何平衡自律神经？除了森林环境对自律神经平衡的自调节作用之外，练习腹式呼吸、规律作息时间、适度运动、正念思考等相关森林疗养课程，也非常有助于缓和自律神经失调。

1.4 森林疗法：德国和日本差别大

【树先生】

日本人说“森林疗法”起源于德国，我们一直想直接借鉴德国森林疗养工作经验。由于不懂德文，现有的德国森林疗养资料，多数来源于日本人著作，我们对德国森林疗养的真实情况了解有限。尽管这样，资料收集得多了，也能发现一个问题，德国“森林疗法”和日本的并不一样。

（1）概念不一样。德国没有“forest therapy”或“wald therapy”，很多德国人甚至没听说过“森林浴”和“芬多精”的概念。德国有温泉疗法、海洋疗法、克奈圃疗法和气候疗法等四种类型的疗养地，每种疗养地中都或多或少地存在着“利用森林开展的健康管理”，但是这些活动并不叫“森林疗法”。在德国的气候疗养地中，森林发挥的作用最大，德国人将利用森林步行的疗法称之为“地形疗法”。“森林浴”在日本几乎家喻户晓，据内阁府的一项调查，2007 年度约有 36% 的日本人通过森林浴来调整身心健康。

（2）目标和手法也有差异。尽管德国和日本都有利用森林步行促进健康的方法，但是这两种方法的目标和手法都存在差异。日本的“森林浴”和“森林疗法”主要是为了消除压力和恢复心理健康，所以森林步行较为缓慢，不产生大量体热，身体负荷较小。德国在森林中开展的“地形疗法”重视通过运动来提高身体机能，需要依靠增加运动负荷来提高体力和持久力，适用症主要是心血管疾病和非炎症运动损伤。另一方面，所利用的治愈因素也不一样，日本看重森林中的挥发成分，强调森林和树木对人体心理和生理的直接影响；而德国主要利用森林中的地形以及光照和温湿度等环境条件。

1.5 从森林公园到森林疗养基地

【树先生】

最近有园林学院老师问我，森林公园和森林疗养基地设计究竟有哪些区别？我顺口回答，森林公园设计要以游客体验为核心，而森林疗养基地设计要以健康管理为核心。貌似回答得不错，但实际上我连什么是森林公园都不知道。不仅如此，对于自然休养林和森林疗养基地这两个概念，我们也并不是足够清晰。几天前恶补了些资料，现在就一起去界定下这三个概念的异同。

（1）从概念来源来看。森林公园是从美国的“国家公园”理念演绎而来，原本应该是自然保护的一种形式，但国内侧重观光旅游，并没有纳入自然保护区管理。自然休养林起源于日本，后来传播到韩国，北京八达岭森林体验中心就是借鉴韩国自然休养林的工作经验。森林疗养基地发端于德国的疗养地医疗，在日本确立为以森林疗法为主体的疗养地医疗，中国和韩国尚处于起步阶段。

（2）从设立目的来看。1982 年 9 月开始建设的张家界森林公园，是我国第一个森林公园，当时设立森林公园的初衷就是为了发展森林旅游。从日韩自然休养林的实际利用情况来分析，自然休养林主要是满足附近城市居民周末出行需求，日本的自然休养林甚至不收门票。森林疗养基地是为了满足特定人群的预防、保健、康复和治疗需求，始终以产业化为导向。

（3）从成立条件来看。森林公园强调区域面积、森林的多寡、旅游开发价值以及经由法定程序批准。自然休养林强调休闲价值，由国家专门机构来指定，标准并不太严格。森林疗养基地是地域概念，不仅有对森林的要求，也有对食宿、交通和气候条件等方面的要求，森林疗养效果还要基于实证研究。

（4）从主要功能来看。森林公园注重游憩功能，森林资源保护、科研和教育功能也是其工作着力点。自然休养林的功能与森林公园有几分相似，同样注重休闲游憩，但保健和教育功能被提到前所未有的高度。森林疗养基地注重健康管理功能，有预防保健，也有康复治疗。

森林疗养与健康 2

2.1 森林它就是如此神奇

【蒲公英】

我特别喜欢环山半腰，一面是紧靠山体茂密的乔木，一边是视野开阔的空间。这样既可以享受绿荫和斑驳阳光，又可以眺望对面镶嵌在明媚湛蓝天际线下的山峰，还可以俯视峡谷，这样的环境让我特别愉悦。我还有个怪癖，喜欢一个人在局促环境中休息，例如小房间、帐篷或是被树冠包围的地方，觉得这样能获得一种特别的踏实感，空间大反而令我局促不安。虽然不舍得花钱请教心理医生，总觉得这些都是心理问题，在第五次森林疗养师集中培训会上，我终于找到了答案。

王晓博老师从康复景观视角分享了森林疗养基地规划设计问题，提到并非所有的自然景色都能使人减轻压力和平复心情。特定的风景类型之所以对人类产生康复作用，是因为场景满足了人类休憩、觅食、防卫等生物学需求。开敞空间的森林、疏林草地能够使人身心放松，是因为这种环境代表人类早期优质的生活栖息地，满足了瞭望和庇护的基本功能。庇护和瞭望是人类选择生存环境的基本法则，这种选择逐渐演化成了人类的思考和行为方式。我终于明白，原来人们这种钟爱隐藏自己、观看他人的行为方式是生物遗传本能啊。

还有诱惑调动吸引，例如树林中消失于拐弯尽头的小径，它能够吸引人们探访。刺激能够激发探索，可掌控的危险能够使人快乐和满足，例如有人喜欢在峡谷悬空步道行走。原来这些都是有生物遗传原因啊。我一下子就豁然了。啊！森林原来真的如此神奇。

人类喜欢从属于自然系统、自然过程的天性，表现为人们喜欢具有生命或类似生命形式的非人工环境。人类遗传基因中的这种亲生物性不正是森林可以疗愈身心的生物学基础吗？一时间竟然有了一种窃喜的感觉。

2.2 “贝家花园”森林疗养的传奇故事

【蒲公英】

我们一直关注森林疗养的疗愈个案，遗憾的是国内相关实证研究非常有限。近日森林疗养师学员周婷婷老师在群里发了一个倡议，“去贝家花园看看”。当时没太在意，谁知她加了一句，“如果我告诉你这与森林疗养有关，你会不会有兴趣？”。我快速地百度搜索并第一时间看完了四集纪录片《贝家花园往事》，觉得有必要说说这个事。

这座始建于民国初年的花园，位于北京市海淀区苏家坨镇北安河村阳台山东麓，整体风格是与古罗马城堡式相结合的中式建筑。花园主人是法国人让·热罗姆·奥古斯汀·比西埃(Jean Jérome Augustin bussiere)，中文名字叫贝熙业。贝熙业先生1870年生于法国山区夏尔市，法国博尔都大学医学博士毕业，擅长普通医学及普通外科。他曾以军医身份先后到过印度、波斯等法国在亚非地区的殖民地。1913年41岁的他抵达中国，先后任法国驻北京公使馆医生、北洋政府总统医疗顾问，以及北京法国医院院长等职，是当时中国最知名的外国医生之一。他的病人包括袁世凯、黎元洪、徐世昌、曹锟等四位民国总统，以及九世班禅、梅兰芳等社会名流。作为袁世凯医疗顾问，他获得过三等文虎勋章。除达官显贵，贝熙业也坚持为普通百姓治病，费用全免。日本占领北平期间，贝熙业先生秘密为八路军运送药品和转送人员，开创了“自行车的驼峰之路”。北京西山，他的住所贝家花园附近，就有当地村民感念其恩而命名的“贝大夫桥”。贝家花园碉楼正门上，悬挂着其好友李石曾手书的石匾“济世之医”。

那么，当年贝熙业为什么选阳台山建这座花园呢？据称他的女儿得了肺病，又说是其妻吴似丹得了结核病。贝熙业深知清新的空气更有利于病体的康复，于是他选中了京西阳台山上的这片山场，与当时所有者闵家签订了99年租期的租赁合同。位于海淀区和门头沟区分界线上的阳台山，林木茂密，古树众多，森林覆盖率达94%，尤其是泉水非常有名，时至今日仍有人不畏路途遥远前来取水。

森林能分泌挥发性和非挥发性物质，例如被誉为“植物杀菌素”的芬多精等。这些萜烯类物质能杀死细菌，使森林中空气含菌量大大减少。因而呼吸道疾病患者在森林中呼吸大量的带有杀菌素的洁净空气，能对病情有所控制和治疗。尤以松林为甚，因其针叶细长，数量多，尖端放电后能够产生大量负氧离子，对肺病、哮喘、结核病有一定治疗作用。

阳台山良好的森林植被环境加上贝大夫高超的医术，贝家患者的肺结核病奇迹般治愈。如今这座建筑作为中法文化交流的象征之一被修缮保护，作为海淀区重点文物保护单位的贝家花园，不仅见证着中法的友谊，也成了森林具有疗愈功能的例证。

2.3 我们身上还有多少自然的印记?

【树先生】

在工业革命之前，所谓的城市只是人类和自然做斗争的工具。现代城市是在工业革命之后大规模出现的，从十八世纪六十年代到如今只有 250 余年，这和人类 500 万年的进化过程相比，人类在现代城市中度过的时间不足 0.01%，剩下的 99.99% 都是在自然环境中度过的。有人说自然已经植入了人类的基因，我们的大脑、神经、肌肉、肺、消化器官、感觉器官都是基于远古森林和草原进化来的，所以在自然环境中会更适应。作为生活在现代城市的普通人，我们身上还有多少自然的印记呢?

为此，我们查了很多资料，虽然所获无多，但是一门名为“进化心理学”的新兴学科进入了我们的世界。进化心理学形成于上世纪八十年代，它以进化论为指导，对心理的起源和本质进行研究，通过进化的心理机制来解释人类行为的适应性。在进化心理学的支撑下，为什么人们热衷于生态旅游? 为什么人们看见绿色容易放松，看见红色容易兴奋? 这些问题都有很好的解释。人类的更多自然印记尚需要进一步发现，相关研究也有待于加强，但如果有进化心理学的支撑，相信森林疗养基础研究将更容易取得进展。

现阶段，对于研究的欠缺，或许可以用经验来补足。带过孩子的朋友都知道，小朋友困了的时候会“闹觉”，明明只是想睡觉，却表现为莫名其妙地发脾气。在人类和自然相处过程中，很多人好像也有“闹觉”情结，明明只是需要自然，却在工作和生活的各个环节都表现得烦躁不安。到森林中走一走，接触下自然，让心中的无名怒火和烦恼都烟消云散，这就是森林疗养的价值所在。

2.4 森林疗养：把健康主导权留给自己

【树先生】

据调查，70% 的德国人使用过天然药物，52% 的德国人相信天然药物有效，30% 的德国人依赖天然药物，60% 的德国医生开出过天然药物处方。这样看来，德国人对非传统医疗的接受程度的确要稍高一些，因此以克耐普疗法、气候地形疗法为代表的疗养地医疗大受欢迎，就不足为怪了。但普通德国民众是如何看待那些疗养地的呢？是像我们看待中医那样，把疗养地作为德国民族医疗的一部分？还是把疗养地作为连锁经营、经久不衰的高级商业机构？

带着这些疑问，我们查了很多资料，最近才发现随着时代变迁和民众健康管理理念的变化，德国疗养地的作用也在悄悄发生着变化。过去德国疗养地追求特定病征的治疗和康复，但是从二十世纪七十年代开始，德国疗养地医疗的服务形态，开始从临床治疗向健康预防转变，疗养地医疗相关研究也多集中在预防医学。

对我这样的外行来说，预防医学是无从下手的空洞话题，但是在专业人士眼中，预防医学却是大有可为的现代医学。在我国，“预防为主”是卫生工作的主要方针，“治未病”被作为中医的更高境界，公众普遍认可预防的重要性。不过，从事健康预防服务的人恐怕不这么看，“人生病后，心甘情愿地花几十万做手术，但是平时却舍不得花几十块钱做预防”，这就是健康管理领域的消费实态。最近，

国内健康预防领域正在发生积极变化，血压计、心率仪、血糖仪等医疗设备开始走入千家万户。对于普通大众来说，那种被动接收治疗、被动接收护理和被动接收照顾的患者模式或许快要成为过去，而自己监测和调理自己，自己对自己健康负责的时代很快就要到来。

健康本身没有秘密可言，森林疗养一直倡导把健康主导权留给自己。在森林中，我们通过冥想、五感体验来放松身心，通过瑜伽、徒步来保持合理运动强度，通过合理膳食来平衡营养，通过规律作息来保持生活节奏，通过体验式学习来获得生活喜感，通过群体交流来提高社会适应性。这些课程利用身边森林就能完成，而随着个人医疗设备的普及，森林疗养效果将更加可见，课程目标也将更为明确。不过，被认证森林疗养基地还是有存在价值。如果想获得高质量、更确信的森林疗养服务，还是得去疗养地，就像目前的德国一样。

2.5 压力、健康与森林

【潇波】

有人说，Stress is part of life。在瞬息万变的现代社会，据说每天都有几百个新东西产生，我们都在忙着应对各种改变，所以压力无处不在。今天我们就来谈谈压力与健康的那些事儿。

压力在心理学上被叫做应激，那些会引起压力反应的事物叫做应激源。在漫长进化过程中，人类发展出应激反应系统，可以应对各种关乎生存的应激源带来的挑战。一方面，应激反应提供了足够能量，使人可以战斗或逃跑；另一方面，应激反应也带来了健康问题。例如，第二次世界大战后美国孤儿院的儿童，在物质和医疗方面都配备充足，但长期的慢性应激环境，依然导致了较高的死亡率。

长期的压力可能导致不同的目标器官失调，会产生不同的疾病。如压力可导致自主失调，可引起偏头痛、高血压、消化道溃疡、肠易激综合征、冠心病、哮喘；压力可导致免疫失调，会引起感染、溃疡和结肠炎、过敏、艾滋病、癌症、狼疮、关节炎；压力可导致神经相关系统功能失调，可引起紧张性头痛、抑郁症、精神分裂症、创伤性应激障碍；压力可导致其他器官功能失调，可引起甲状腺、糖尿病、性功能紊乱等问题。

压力会导致如此多的健康问题，我们该如何调节呢？除了心理和社会层面的压力调节与管理，其实环境也可以影响压力水平。环境心理学家罗杰·沃尔里奇

（Roger Ulrich）教授于1983年提出提出了压力缓解理论，认为当人们遇到那些感觉到对自己不利、有威胁或者有挑战的事件或情境时，会产生压力。而人们在某些环境中，例如中等深度与复杂度、存在视觉焦点、包含植物和水的环境，注意力就被吸引到周围环境之中，可以阻断消极的想法，代之以积极的情绪，使低落的认知行为、失调的生理得到恢复。该理论将环境偏好解释为人类进化的产物，对绿色环境的偏好是对早期人类赖以生存环境的天生反应。植物和水对人类的祖先而言意味着更好的生存机会，因此更受人偏爱，能让人们产生积极的情绪，具备较好的压力缓解作用。森林是人类早期长期生存的环境，是一种很好的缓解压力的环境。

在森林疗养中，我们要充分利用各种植物、水、阳光等平静安全的景观资源，使体验者能够获得压力的缓解。同时需要注意体验者情绪与环境的匹配性，那些与体验者的情绪状态相符合的环境，最容易产生恢复作用。人们越感到压力，越渴望简单的、熟悉的图像和形式；越会对消极的或者含混的图像感到困扰。在森林疗养的过程中，需要根据体验者的情绪状态及压力水平，选择与之相匹配的森林环境，以达到最好的恢复效果。

2.6 有关孤独症的三个问题

【树先生】

以共青林场为代表的平原森林，树种组成较为单一，没有海拔和地形优势，缺少治愈素材和治愈手段，又容易受到城市空气污染影响，不具备发展疗养地医疗的条件。但平原森林地势平坦，场地空间安全性高，交通也非常便利，或许是心理精神疾病治疗的理想森林。曹保榆老将军在北京调研森林疗养工作时，认为在所有心理精神疾病谱系中，儿童孤独症最容易着手实践，多次建议针对儿童孤独症多做些工作。

（1）什么是孤独症？顾名思义，儿童孤独症是一种社会交往障碍，主要表现为多独处，不喜欢与别人玩。除此之外，孤独症儿童还有语言发育迟缓和表达应用障碍、兴趣范围狭窄和行为模式刻板等问题。绝大多数孤独症儿童会伴生一种精神障碍，比如抑郁（30.1%）、恐惧（29.8%），强迫（17.4%）、焦虑（16.6%）和智力障碍（50%）。目前国内对孤独症认知不足，对于孤独发病率没有确切的统计数据，但香港一家机构以全世界平均水平来推算，国内大约有722.58万孤独症患者，已对家庭和社会带来严重经济负担。

（2）孤独症如何治疗？ 对于孤独症的起因，目前尚不明确，学者们认为遗传、产伤、免疫系统异常、神经内分泌失调都可能导致儿童孤独症。既然不清楚病因，当然也不会有特效治疗手段。在临床实践中，主要以应用精神神经类药物为主，也会配合异常行为纠正和早期教育训练等辅助方式进行干预。最近，作为生态化的心理治疗方法，森林疗法、园艺疗法在孤独症干预中越发受到重视，这些方法不仅能够解决患者面临的心理和社会困境，还具有低依赖、低耐受和趣味性等优势。

（3）森林疗养对于治疗孤独症有何优势？ 孤独症的森林疗育效果是一个综合影响机制，很难简单说清楚。在舒适的森林环境中，孤独症患者容易获得安全感，心态平和而减少暴力和侵略行为；通过欣赏和谐植物景观，可以改善感觉逃避的自主反应。森林环境空气质量较好，能够降低因空气污染而引起中枢神经中毒的可能性，从而避免产生刻板行为；森林中较高的负氧离子和芬多精浓度，对增强免疫力和抑制肥大细胞增殖也具有重要作用。另外，通过团队合作型森林作业活动，可以培养孤独症儿童的亲社会人格，拓展孩子兴趣范围，促进患者回归社会。

2.7 森林是良医，走山治百病

【树先生】

在刚结束的“两岸森林疗养与森林管护研讨会”上，台湾林务部门和台湾大学实验林管理处的专家，带来了台湾森林疗养工作的最新资讯。其中，台湾大学实验林场的森林疗育工作依然可圈可点，一起去了解下。

（1）什么是森林疗育？ 与单纯的森林疗养有所不同，台湾大学将森林疗养与森林教育有机结合在一起，以溪头实验林场为载体，提出了“森林疗育”这一概念。溪头是“活的自然教室”，热带、温带和寒带的森林类型在那里都能找到，自然资源异常丰富，森林教育也具有相当基础。于是以蔡明哲教授为首的管理团队，就顺势将市民的健康管理需求和体验教育需求整合在了一起。他们认为要成就森林疗育，需要有自然资源、符合森林经营规划的硬件、疗程方案与评价、专业人员等四大要素，并且围绕这些要素做了大量工作。

（2）以林业为出发点的跨领域合作。 作为林业人，蔡教授明确提出以林业为出发点开展跨领域合作，他邀请大气科学、心血管疾病等专家学者，组成了“森林与健康”研究团队。在体验者的工作压力、年龄、性别等因素大致相同前提下，研究团队花一年时间对比了溪头原住民与台北市民之间的心血管功能差异。结果发现生活在森林中的民众没有高胆固醇、肥胖等问题，心血管疾病发病率也很低。此外，研究团队针对有动脉硬化现象的台北市民进行深入观察，发现只要在森林中住上三天，动脉硬化情况便有所改善。目前从流行病学角度开展的森林医学研究并不多见，这些研究或许能够说明森林环境具有活化细胞和增强免疫力的作用。

（3）国际级森林疗育基地正在起步。也许您还在纠结这些森林医学研究靠不靠谱，不过这个问题似乎已经并不重要了。在台湾大学溪头实验林场，凭借优秀的资源整合能力和营销策略，森林疗育已经结出了硕果。据说从2013年开始，溪头每年游客接待量均超过200万人，日间最适游客接待量接近最大承载力。实际上溪头实验林场还有更宏伟的目标，那就是创新吸引因素，吸引国际人士，把森林疗育打造成当地旅游的亮点和名片。一个国际级森林疗育基地，或许正在溪头起步。

2.8 森林帮你延年益寿

【树先生】

从秦朝皇帝到寻常百姓，延年益寿历来都是备受关注的话题。由于缺乏森林与健康的研究数据，过去我们一直不敢妄言森林与长寿的关系。随着查阅资料的增加，这其中关系逐渐清晰起来。

广西巴马是中国著名的长寿之乡，国际自然医学会认为影响巴马人长寿的因素很多，劳动与沐浴自然是其中最重要因素之一。巴马地区森林覆盖率超过70%，当地很多百岁老人从小便开始爬山，长期暴露于自然之中，经常沐浴森林的新鲜空气。据调查，由于森林覆盖率高又密布水系，巴马空气中负氧离子密度高达2万个／立方厘米，这对于祛病延年非常有帮助。

英国不乏森林与健康的研究，很多学者认为，森林预防疾病和延长寿命不仅效果显著，而且更具经济性。Powe等人尝试用数学方法计算过森林减少SO_2和PM10等大气污染，以及森林延长平均寿命和降低疾病入院治疗比率的关系。具体来说，1平方公里地域如果增加2公顷森林的话，年间死亡率便能够降低5～7人，同时入院治疗人数能够减少4～6人，而医疗相关费用每年能够减少90万英镑。英国人口密度大约为每平方公里255人，绿色力量带来的健康维持效果和经济效益是非常显著的。

长野县是日本的长寿县，女性寿命位列日本第三，而男性平均寿命位列日本第一。适宜的海拔高度、清洁的空气、干净的水以及保持高龄者就业都被认为是长野县居民长寿的原因，但是超过80%的森林覆盖率也许是最重要关联因素。长野县是森林疗法的策源地，当地的森林疗养基地数量以及森林疗法应用率都要显著高于日本其他地区。如果比较日本各地的人均医疗支出情况，长野县要比人均医疗费最高的地区少45%。这种节支效益背后有多重原因，但是森林因素不可小觑。

2.9 养老院里的森林疗法

【树先生】

住进养老院的老人，社会接触和日常活动不多，白天经常打盹，导致晚上睡不着，生活节奏因此乱得一塌糊涂。除了失眠之外，身体健康每况愈下，再加上离开家庭后没有安全感，养老院中的很多老人会有抑郁倾向，这使得院方的健康管理工作面临巨大挑战。我们知道住院病人经常到森林中散步，能够显著改善患者的心理状态，甚至能够缩短康复过程。如果养老院的老人也定期在森林散步，会产生哪些效果呢?

2002年4月至2003年3月，秋田县本庄市的一家养老机构，以入住老人为对象，开展了森林疗养实证研究。白天在溪边森林中散步的疗养效果，是这项研究的重要评估内容。研究者将便携式运动传感器佩戴在老人身上，前四天老人保持原本的生活状态，后三天研究者安排老人白天到溪边森林中散步。研究共收集到17位老人的有效数据，这些老人平均年龄75.5岁，其中女性11人，男性6人。

研究发现，有11位老人在森林散步之后，睡眠节奏发生了显著变化。大部分老人日间活动时间增加了，夜晚睡眠时间有所压缩，但是中途醒来的次数明显减少了。之前有研究认为，“接触社会和晒太阳能够改善睡眠障碍”，本研究似乎能够印证了这样一种观点。但出乎意料的是，即便是短期内每天短时间的森林散步，也能够对睡眠节奏产生重要影响，这应该归功于森林的治愈力。除了睡眠节奏，研究者还调查了老人们的抑郁程度和幸福指数，结果发现森林散步之后，这两项指标都有不同程度的改善。

和居家养老相比，养老院的老人白天活动比较少。如果老人处于生活不能自理状态，养老院医疗护理工作人员数量又不充足，老人每天森林散步是比较困难的。所以在家属会面的时候，一定要协助老人去屋外或森林中走一走，这对于改善老人的睡眠节奏和生活质量都有很大帮助。

2.10 森林疗养与社交健康

【树先生】

2013年，世界卫生组织(WHO)提出了健康新概念。人类需要的健康不仅是没有疾病，还包括心理健康以及社会交往方面的健康，这种“大健康”是在精神、身体和社会交往三方面都保持健全状态。过去我们关注森林中的空气和水，注重将森林疗养用于保持心理健康和防治疾病，对于森林疗养营造心安社会环境和扩大社会交流网络方面的作用，却长期忽视了。

实际上，森林疗养能够提高体验者的社交能力。也许是喜欢森林疗养的朋友都有一种说不清楚的共同点，每次的森林疗养体验活动，体验者们总是能找到共同话题，疏于交流的人活跃了，感叹没朋友的人短时间内就发现了知己。在森林疗养体验活动结束后，很多人互相添加了微信好友，并且一直互动频繁。另外，如果是在森林中开展作业疗法，看着自己经营过的森林，体会自身力量为生态建设作出了贡献，不仅可以增强自信，还能够强化环境意识和公共道德观念，这就是在营造心安的社会环境。

保持社会交往方面的健康状态，对于老年人来说格外重要。最新一项调查表明，中国老人更倾向于居家养老，而对很多独居老人来说，扩大自己的朋友圈，重新回归社会不是一件容易的事。受惠于平原地区百万亩造林等重大工程，近年来北京市园林绿化工作发展迅速，山区和平原的森林养护工作需要大量人手。我想即便是老年人，掌握必要森林经营技术的难度也不大。如果能够从事森林养护工作，通过团队协作，悉心地对身边的森林进行经营管理，老年人便可与年轻人一样贡献于社会，当然也没必要进养老院或是福利院了。我们要发展的森林疗养，不是要在森林中建设多少养老院和福利院，而是通过开展森林疗养活动，减少不必要的养老院和福利院设置。

2.11 森林疗养调整血液循环靠谱吗？

【树先生】

一说起森林的疗养功能，也许大家会率先想到森林对呼吸系统有好处，其实现阶段森林疗养效果的研究成果，主要集中在神经系统、免疫系统和内分泌系统。也许您会问，森林疗养对血液循环系统有哪些影响呢？ 2016 年 8 月 24 ~ 25 日，受北京市园林绿化宣传中心资助，我们在松山做了一次两天一晚的森林疗养体验活动。我们的技术支撑团队以昂贵的无创方式，检测了体验者森林疗养前后血液的一些变化，一起来看看结果吧。

（1）血红蛋白浓度。血红蛋白为血液携带氧气的运载工具，主要可用于衡量贫血的程度。血红蛋白浓度受到年龄和性别影响，成年人血红蛋白浓度一般在 11.0 ~ 16.0 克 / 分升（g/dL）。在本次森林疗养中，午饭后进入森林前体验者平均血红蛋白浓度为 13.5 克 / 分升，第二天午饭前体验者平均血红蛋白浓度为 14.0 克 / 分升。貌似森林疗养对提高血红蛋白浓度有效果，但是这种效果并没有达到统计学意义上的显著。或许同样都在饭前监测数据会更理想，或许延长疗养时间会有更好效果，但这还有待于进一步研究。

（2）血氧饱和度。血氧饱和度是血液中被氧结合的血红蛋白占全部血红蛋白的百分比，它是呼吸循环的重要生理参数，主要用于评估肺部氧合能力，正常人体动脉血的血氧饱和度为 98.0%。在本次森林疗养中，午饭后进入森林前体验者平均血氧饱和度为 96.8%，第二天午饭前体验者平均血氧饱和度为 97.8%。树先生可以负责任地说，森林疗养能够显著提高体验者的血氧饱和度。

（3）**血流灌注指数**。血流灌注指数反映了动脉血流的灌注能力和末梢循环情况，由于交感神经会影响心率和动脉血压，所以精神状态也会间接影响血流灌注指数。在本次森林疗养中，午饭后进入森林前体验者平均血流灌注指数为6.99，第二天午饭前体验者平均血流灌注指数为5.81。这样的结果，差点没把树先生的下巴给惊掉了。要知道大多数人是认可森林疗养能够提高血流灌注指数的，台湾的林一真女士还推荐用血流灌注指数来评价森林疗养效果，而我们的结果刚好相反。进一步查资料才发现，血流灌注指数受温度影响很大。在台湾这样的温暖地区，也许血流灌注指数是个合适的指标，但是在温度变化较大的地区，血流灌注指数并不稳定，这是我们用失败换来的结论。

2.12 森林疗养可改善血管功能

【树先生】

森林疗养对高血脂、高血压和高血糖均有一定改善作用，这是我们已知的研究成果。成都军区经过6年观察研究发现，森林疗养对高血压患者的血管功能也有明显改善作用。

这项试验的森林三面环山，海拔500米左右，环境幽静，视野开阔，地形起伏不大，主要树种是香樟和小叶松，林内负氧离子达1.6万个／立方厘米以上。研究者规定疗养方式为林间步行，主要是爬山和下山运动；每次步行里程约2公里，可以边走边与人交谈，运动强度以轻度出汗、微有疲劳感为宜；步行通常在晴朗天气的 9 ~ 11 点进行，每次时间为 60 ~ 90 分钟，每天 1 次，10 天为一疗程，一共 2 个疗程。此外，研究者提醒疗养员身着宽松棉织衣服，以吸入新鲜空气和树木的芳香物质。

研究者从 2011 年 5 月到 2016 年 8 月期间，累计监测了 190 例原发性高血压男性患者，其中 98 例通过药物治疗，92 例为非药物治疗。但无论是药物治疗还是非药物治疗，患者都都要接受森林疗养，研究者在森林疗养前后分别对患者血管功能进行了检测。结果发现，内皮依赖性血管功能 (flow mediated dilation，FMD) 和非内皮依赖性血管功能 (nitroglycerin mediated dilation，NMD) 在森林疗养前后的下降具有统计学意义，即高血压患者通过森林疗养后，其血管舒张功能得到明显改善。或许不久将来，高血压引发的血管内皮损伤将会增加一种新的治愈途径。

2.13 来自森林的美容秘诀

【树先生】

与健康一样，美容也是受关注话题，现代女性对美容的关注程度尤其高。在德国和瑞士，森林疗养被应用于美容领域，成功避免了使用化妆品引发皮肤过敏问题，因此很备受高端客户欢迎。与大多数自然疗法相似，这种森林美容法也是从情绪、饮食、沐浴和睡眠等方面进行调节的。

情绪美容：皮肤是人类精神状态的晴雨表。很多研究机构发现，皮肤疾病与心理疾病具有共病性，心理应激会加重多种皮肤疾病。所以要想保养皮肤，还得从调整情绪和缓解压力开始，而森林疗养在此方面具有多重优势，之前已反复介绍过，这里不再赘述。

饮食美容：森林从不缺少原生态的饮食美容素材，各种花朵和花粉便是营养丰富的美容佳品。女性到中年后，面部容易出现斑痘，而花朵和花粉能够补充因内分泌失调而引起的微量物质缺乏，所以具有养颜功效。到了秋天，各种果实对美容也非常有帮助，比如核桃的磷脂成分含最高，能增强细胞活性，保持皮肤细腻和促进毛发生长。

沐浴美容：森林中芬多精、负氧离子以及高湿度空气对美容都非常有帮助，但是森林中美容力量主要蕴藏在一些特殊植物之中。比如，桦树叶浸汁对防止皮肤衰老有奇效，如果将桦树叶磨碎放入开水浸泡一小时，然后用滤液洗脸，便可以使皮肤紧绷无皱。大量实践证明，白芷浴、五木（桃柳桑槐麻）浴、枸杞枝叶浴、菊花浴也都是很好的美容沐浴方剂。

睡眠美容：睡眠过程可以分泌旺盛的成长荷尔蒙，这非常有利于美容修复，所以良好睡眠被公认为是美容妙方。在森林疗养过程中，森林富氧环境、专业的放松训练、有趣的轻体力森林劳作、舒适的居住环境都具有改善睡眠质量的功效。

2.14 森林疗养帮您训练“警察”细胞

【树先生】

“三天两晚的森林疗养，能够有效提高自然杀伤细胞的活性和数量，并且这种效果能够保持一个月”，这是森林疗养增强人体免疫力的核心结论之一。不过这样的结论，是李卿等人针对日本森林做出的研究结果。也许您会质疑，这种孤本研究靠不靠谱？国内森林能不能有这样的效果？为了回应这些疑虑，我们最近将筹划做一系列的验证研究。不过在验证研究启动之前，先来瞧瞧有关自然杀伤细胞研究的现有资讯。

（1）什么是自然杀伤细胞？自然杀伤细胞是继 B 淋巴细胞和 T 淋巴细胞之后，人们发现的第三类淋巴细胞，它约占全部淋巴细胞的 5% ~ 15%。这种大型淋巴细胞对肿瘤细胞和病毒感染细胞具有杀伤活性，一般认为自然杀伤细胞是个体的癌变免疫监视机构和病毒防御机构，担负着重要的人体免疫功能。如果把癌变细胞比喻为“小偷”，那么自然杀伤细胞就是维护身体秩序的“警察”。现阶段调查自然杀伤细胞活性必须要抽血，或许在森林疗养实践中不容易为体验者所接受，但它确是评价森林疗养长期效果的理想指标。

（2）哪些因素会影响自然杀伤细胞？目前，仅国内学者对自然杀伤细胞的研究文献就超过 5000 篇，但是人类仍未弄清楚自然杀伤细胞的来源和活性影响因素。现有研究主要集中在单一因素对自然杀伤细胞的影响，综合起来看，松塔水提物、虫草子实体、金针菇多糖等都能提高自然杀伤细胞活性；而乙酰胆碱、重金属污染物等则可能抑制自然杀伤细胞活性。对于森林疗养影响自然杀伤细胞的机制，现阶段还存在较大争议，有人认为是森林挥发物的直接作用，也有人认为是精神压力降低后的间接反应。

（3）森林疗养与自然杀伤细胞。除了三天两晚的森林疗养对自然杀伤细胞有影响之外，李卿等人还对城市人的森林公园一日游进行过研究，结果发现即便是上午和下午各在森林中步行 2 个小时，自然杀伤细胞也会显著增加，而且这种效果能够持续 7 天。除此之外，在 1999 年，太平英树等人也对森林浴的神经免疫机制进行过研究，结果发现与非森林环境相比，人体在森林环境滞留 8 小时后，自然杀伤细胞活性的增加是具有统计意义的。

2.15 森林疗养效果如何评价？

【树先生】

森林疗养体验活动要不要现场评价效果？又该如何评价？几场活动下来，不同森林疗养师之间的意见分歧很大。可能是对森林疗养认识不到位，个别体验者对森林疗养效果评价有排斥倾向，这是在所难免的。但是我们认为，森林疗养效果评价不但要做，而且要有针对性地做好。

对于森林疗养来说，体验者的自我感觉很重要，但实实在在的疗养前后效果对比更有说服力。过去我们说起森林疗养与森林旅游和森林体验的区别，主要是强调森林疗养以健康管理为目标，如果想在形式上有所区分的话，森林疗养效果评价这一环节恰恰是应该坚持的。

那么，森林疗养效果该如何评价？有没有统一仪器设备或调查标准呢？我们认为森林疗养效果评价不应一概而论。在中顿别町[1]，由医生主导的、以老年高血压患者为主要对象的森林疗养实践，相信只评价血压一项指标就好；在山荫自然休养林[2]，以压力人群为主要对象的森林疗养实践，韩国人是通过医疗仪器来评价自律神经平衡情况；2016 年在北京八达岭森林公园，以更年期女性为主要对象的森林疗养实践，我们采用了更年期综合征评定表；而在上原严[3]的实践案例中，针对认知障碍、儿童疗育等不同病征和不同群体，均有不同的评价方法。

效果评价是森林疗养的一门学问，它应该和森林疗养课程的地位相近。翻开《运动疗法与作业疗法》[4]教科书，有关评价学的内容占了 1/3，这足见评价在康复医学中的重要作用。过去我们培训森林疗养师，把重点放在了森林疗养课程实操能力上，对森林疗养效果评价重视不够。实际上如果没有科学的评价，森林疗养课程就会处于无的放矢的尴尬境地。今后，在森林疗养课程标准化之后，森林疗养

1 中顿别町是日本北海道宗谷支厅东南部的町，四周环山，町内有八成的区域为森林。

2 山荫自然休养林位于韩国京畿道相平郡，面积 2140 公顷。

3 上原严，森林疗养理念的先驱者，作为最先将森林疗养理念从德国引入日本的人，上原严将日本的森林浴升级到森林疗养。

4 该书作者为于兑生和恽晓平，由华夏出版社于 2002 年出版。

效果评价方法也应该实现标准化，这样一来，森林疗养接入临床康复的脚步也许会加快一些。

2.16 森林疗养效果如何证实？

【树先生】

日文版《森林医学》是由多位重量级学者合著的，第一署名人叫森本兼曩，他是大阪大学研究生院医学系的教授。如果在网络中检索“森本兼曩”，前几页几乎都是森本兼曩虚构报销研究经费的报道，后面才逐渐出现有关森本兼曩科研成果的报道。作为异国的旁观者，我想不能因此就否定森本兼曩，既然是第一署名人，他的观点应该有可用之处。

森本兼曩认为，证实森林环境对人体的健康影响有两种方法。第一种方法是基于“心理—神经—内分泌—免疫”假说的测定评价，就是用生理医学指标测量森林环境下人体内部产生的变化。比如，近红外分光法测定脑波和脑电图，以反映中枢神经系统变化；通过测定血压、脉搏、心率变异性、紧张出汗和末梢血管流量，以反映自律神经系统变化；通过测定唾液和血液中皮质醇，以反映内分泌系统变化；通过测定血液中自然杀伤细胞活性和免疫相关细胞活素浓度，以反映免疫系统变化，等等。第二种方法是用群体统计方法，分析森林环境接触度和生活工作环境绿化度与人群健康程度、舒适性、特定疾病患病率以及死亡率的关系，并作出定量评价。

人们在森林中散步，大多数人会感觉很舒适。在森本兼曩看来，这些主观的舒适感觉，可以区分为五感分别进行评价，而有效带来心理生理变化的因素，都可以作为治愈因子。从视觉来说，治愈因子可以是天空的色彩、树下的日影斑驳、远山的轮廓以及溪流反射过来的柔和光线等。从嗅觉角度来说，治愈因子不仅是芬多精，花朵、果实、蘑菇以及落叶都会有各种不同强度的香味。从听觉上来说，森林中的音色和音域是多样的，治愈因子可以有松涛、鸟鸣、虫鸣、溪流潺鸣等多种选择。从触觉上来说，湿润的空气、落叶带来的足底感、不同粗糙程度的树叶和树皮都可以是治愈因子。不过这些治愈因子的疗养效果，会根据体验者的不同，而存在较大的个体差异。也就是说，由于性别、年龄、行为特性、压力反应以及遗传等原因，很难有一种治愈因子对所有人群都有效果。今后，如果能够找出个体差异的原因，根据体验者特点来设计森林疗养菜单，将是一个重要课题。

2.17 发展符合循证医学的森林疗养

【树先生】

作为森林疗养地认证的核心原则之一，森林的疗愈效果必须为循证医学所认可。那么什么是循证医学？森林疗养又该与循证医学如何结合呢？

循证医学源于上世纪七八十年代的医学循证运动，九十年代正式确立，它被誉为二十世纪医学界最有影响力的革命，短短三十年内便传播到整个世界。虽然有些医生对循证医学不以为然，认为“除了循证医学，我们不曾有过其他种类的医学”。但是循证医学要求临床决策要基于“大样本随机对照试验”，这和传统治疗主要依靠书本知识和医生经验的临床决策方式有很大区别。2000 年，Sackett 教授对循证医学进行了完整定义，他认为循证医学就是将最好的研究证据、临床技能及病人价值观三者整合起来进行治疗决策。

按照循证医学理念开展临床实践，一般可分为四个阶段。第一阶段是寻找临床问题，比如是什么样的患者？有什么样反应？如何比较症状？等等。第二阶段是获取有关实证研究，很多国家都建有临床实证研究数据库，可以从中直接检索。第三阶段是评价现有证据，从真实性、可靠性和实用性等方面，批判地再发现现有实证研究。第四阶段是对现有证据的适应性进行评价，并根据患者意愿进行治疗或预防。

循证医学强调“证据”而并非“知识”和“机理”，这为应用和发展各种替代疗法创造了难得的机会。在循证医学系统评价数据库（The Cochrane Library）中，收录了利用针灸治疗慢性哮喘、音乐疗法治疗老年痴呆、温泉疗法治疗关节炎等 40 多种系统评价。虽然有关森林疗法的系统评价还不多见，相关研究确实有待加强，但是循证医学方法为发展森林疗养指出了一条出路。另外，循证医学也强调病人的价值观，在国内很多人喜欢自然，很多人对替代疗法有好感，所以能够期待循证医学支撑下的森林疗养需求会非常旺盛。

2.18 你想不到的森林医学新应用

【树先生】

有人说森林医学就是芬多精的科学，这种说法虽不准确，却显示了芬多精在森林医学中的重要作用。目前有关芬多精的研究很多，但在临床医学中却鲜有应用。古田贝光克是东京大学研究生院的教授，以研究森林化学和天然有机物化学见长，在他眼里芬多精最应该用于口腔科临床实践。

念珠菌是最常见的条件致病菌，它常寄生于口腔、阴道等处，当机体免疫机能低下或微生物环境失调时，容易引起念珠菌感染，形成口腔炎、膀胱炎等。古田贝光克发现芬多精对念珠菌具有特别强的杀菌作用，所以很是推荐公众利用芬多精来清洁口腔。其实用芬多精来清洁口腔并不是日本人的新发现，中国台湾少数民族很早便知道利用精油来清除口臭。在清水中点 1 ~ 2 滴台湾扁柏精油，每隔 2 ~ 3 小时左右，用这种“芬多精液”漱一次口，据说治疗口臭效果特别明显。

芬多精不只可以清洁口腔，更重要的作用是能够改善口腔科的治疗环境。口腔治疗室存在各种各样的化学物质，一些有害化学物质的存在，会引发感染，影响治疗效果。古田贝光克认为，利用自然的治愈力，营造类似于森林的治疗环境，能够满足口腔治疗室对无菌环境的要求，而芬多精在治疗环境营造中将发挥主要作用。另一方面，补过牙齿的朋友都清楚，躺在治疗椅上，电钻在牙齿上打洞的声音是让人相当不安的。芬多精具有缓和精神紧张的作用，如果沐浴在芬多精环境中，也许患者能够更安心地配合治疗。

2.19 植物为什么要分泌芬多精?

【树先生】

在当今技术条件下，很难精确地实时监测林中芬多精浓度。如果我们了解植物为什么要分泌芬多精，便可以大致推测“哪些林分哪些时间点芬多精浓度会更高一些”，也许还能够通过一些措施来促进芬多精的分泌。植物基础代谢是利用二氧化碳、水和阳光合成生长发育所必需的能量，而次生代谢则是合成生长发育非必需的小分子化合物，我们所说的芬多精便是次生代谢产物之一。现代研究认为次生代谢是植物对环境的一种适应，是在长期进化过程中植物与生物和非生物因素相互作用的结果。归纳起来，植物分泌芬多精大致有以下几种“目的”。

躲避食草动物的啃食。植物会分泌阻碍食草性昆虫发育的荷尔蒙，有时还会挥发出驱逐昆虫和动物的特殊气味。研究表明，当植物被昆虫攻击的时候，负责分泌芬多精的腺体活性会大幅增加。

对抗真菌、细菌等微生物的侵袭。作为芬多精应用的延伸，芳香疗法使用的精油，大部分是从植物中提取的油性芳香物质。通过室内试验已反复证实，很多植物性精油都具有抗微生物作用。

有些时候，植物分泌芬多精是为了吸引蜜蜂、蝴蝶等传粉昆虫，促进授粉。

受恶劣天气等自然因素影响，植物也会受伤。此时植物体分泌的芬多精，具有促进外伤自愈作用，它是植物受伤自愈的能量来源。

确保极端环境下生存。有些植物在高温时，叶表面会形成一层挥发性精油层，从而防止水分蒸发，预防植物体脱水。

保持自有领地。比如毛野豌豆和三叶草释放的芬多精能抑制洋葱、胡萝卜和番茄种子的发芽，这就是植物与植物之间相互竞争和协同进化的结果。

2.20 从 α 波看森林的疗养效果

【树先生】

除了影响自律神经平衡以外，森林疗养对中枢神经系统的影响也极为显著。

人体的各项功能都受中枢神经控制，而伴随着神经活动会产生电波，所以评估森林疗养对中枢神经系统的影响通常会监测脑电波。我们的大脑能够产生四类脑电波，即 α 波（频率小于 4 赫兹）、β 波（频率在 4 ~ 8 赫兹）、θ 波（频率在 8 ~ 13 赫兹）、δ 波（频率大于 13 赫兹）。近百年来，科学家们花费了大量精力研究脑电波，在脑电波基础研究和应用方面都积累丰富。一般认为 α 波能够表征人体的“放松状态”，而“放松状态”可以确保机体免疫能力，提高工作效率和创造力，让考生和运动员临场发挥得更好。

目前，基于 α 波的森林疗养实证研究主要集中在森林挥发物。在国外，森谷契在人工气候室内,选用一种花卉芳香物质和一种森林芳香物质做了对比试验，结果发现花卉和树木都能提高女性受试者的 α 波能量，而花卉对提高男性受试者 β 波能量有一定帮助，这说明森林疗养对 α 波的影响存在较大个体差异；寺内文雄基于 α 波测试了扁柏挥发物对人体觉醒水平的影响，结果发现存在扁柏挥发物时候的觉醒度（CNV）更低一些，这提示扁柏挥发物有镇静和安神的作用。在国内，青岛农业大学研究了刺槐花香气成分对人体脑波及的影响，发现刺槐香气成分能够显著增强 α 波的脑电能量，具有缓解压力的心理调节作用；浙江农林大学研究了茶叶挥发性芳香物质对人体脑波影响，发现摊放茶鲜叶的香气成分能够显著增加 α 波波值，嗅闻摊放茶鲜叶对人体具有放松功效。

需要指出的是，α 波在觉醒度极端低和极端高的时候都会被抑制，例如，深

睡时没有 α 波，愤怒时也没有 α 波。α 波的增加也未必只是表征“放松状态”，在评估森林疗养效果时候，可能有必要参考下其他指标。

2.21 1/f 波动：森林的神秘节律

【树先生】

喜欢森林的朋友都清楚，大自然中声音悦耳，能够帮我们愉悦心情。可是您想过没，这究竟是怎样一种机理呢?

要了解其中机理，我们需要先来认识下“功率谱密度”。声音是以波的形式传播的，而波是一种能量。与电灯每小时消耗多少电（功率的概念）一样，人们也希望了解“单位频率波的能量”，这就是功率谱密度。如果根据功率谱密度和频率特点对声波进行分类，第一类是功率谱密度与频率保持固定比例，假如以频率为横轴、功率谱密度为纵轴作图，将呈现平行横轴的一条直线。这类声音被称为“白噪声”，高速公路上车胎摩擦声就是典型的白噪声。第二类是功率谱密度与频率没有任何关系，学者把这类杂乱无章的声音称为“布朗噪声”。第三类声波是功率谱密度与频率（f）成反比，所以被称为“1/f 波动”，它能给人带来美感和放松。

研究发现，森林中的鸟鸣、微风下的松涛、山涧的溪流、燃烧的火苗以及脚下落叶沙沙作响都是“1/f 波动”，它与大家在愉快安静时的心跳、脑波等周期性变化节律相吻合，因而能够使人感到舒适、安全和满足。1/f 波动符合人体对刺激的反映规律，使人在接受刺激的过程中不感到恐惧和紧张，反而会有轻松甚至甜美的感觉，所以具有恢复生理节律和身心平衡的作用。另外，科学家对古典音乐和现代音乐分析表明，所有经久不衰的音乐都是 1/f 波动，这种音乐听起来和谐悦耳，富有感染力，具有久远生命力。有人还发现在音乐胎教中，采用符合人体节律的 1/f 波动声音序列，更加有利于胎儿的生长发育。

随着 1/f 波动研究的开展，人们发现除了声音之外，许多“美好”的事物也与 1/f 波动有关系，例如天体的运行、四季的更替、海洋的潮汐等。这些大自然的节律，无不与人体节律之间存在某种微妙的共鸣关系，因此人们渴望回归大自然，喜欢在森林环境中缓解压力。

如何开展森林疗养课程？ 3

3.1 漫谈森林礼仪

【韦依】

不管是做森疗、园疗，还是温泉疗养，从业者以及体验者都要求学会尊重、保护和敬畏自然。中国森疗在发展道路上如此如履薄冰，是因为大多推动者知道，森林被破坏后我们需要付出巨大代价。倡导森疗，我认为首先要倡导一种森林文化，要形成一种森林礼仪。每一个想要从森林中获得能量、获得健康的人，都需要对森林感恩。我认为这是森林经营者需要传递的理念，也是每个森林人需要有的信念。

礼者，履也，所以事神之福也。本义是敬奉天地、事神致福的意思。礼之本为仁，礼之质则为敬，一切礼节若没有恭敬之心，都是虚礼。在日本，不管是泡野温泉还是在温泉屋，大都遵循着一定的温泉礼仪。如祷告、换鞋、淋浴、净身、试水温等，这是对大自然母亲表达馈赠温泉水的感恩、珍惜和敬畏之情，同时祈愿、坚信温泉水可以带给他们健康。日本温泉浴前的礼仪给人神圣、敬畏感，这样的礼仪也应该延伸到森林中。礼仪是一种很强的心里暗示，也是打开心觉的一种有效途径。

森林疗法跟温泉疗法一样，都是通过触觉、味觉、嗅觉、听觉、视觉这五感去发挥作用。但笔者认为心觉是五感之首，是顺畅打开五感的重要途径，临床上有很多心因性疾病导致五感失常，如心因性失明。中医学认为心为君主之官，主神明，意思是说心为五脏六腑之主，主宰精神、意识、思维、情志等，一个人心觉打开之后，五感会变得敏感，能在更短的时间之内融入自然之中。在开始森林活动之前加入森林礼仪，可以让整个过程变得更有仪式感，有助于打开心觉。森林可持续经营需要公众的共同努力，而森林礼仪能够传递一种保护、感恩和珍惜森林的信息。

现在越来越多人愿意花更多的时间走进森林，大家希望通过森林获得放松、获得健康，也坚信着森林是一个天然的疗愈场，能够帮助我们恢复健康。那么如何开展森林礼仪呢？大家可以在此脑洞大开了，以下的方式仅供参考。许愿卡，安静地写下自己的心愿，在森林中找一棵树，将许愿卡挂上；祷告，默念对自然的感恩，祈愿森林带给我们健康；当然也可以高歌一曲，例如歌唱《感恩的心》。

3.2 地道的森林疗法该怎么做？

【树先生】

上原严认为做好森林疗法，需要统筹好体验者、健康管理目标、场地、时间和活动内容等五个关键点。比如，体验者是正常人还是病人？有没有老年人和残疾人？森林疗养师需要及时确定人数并制定因应措施。同样是亚健康人群，健康管理目标也有可能不同，是身体康复？是想参与环境改善活动？是想享受自然风景？还是谋求心灵的治愈？森林疗养师需要通过充分沟通来获得相关信息。对于场地，针叶林、阔叶林、针阔混交林，以及当地森林的地形、面积和步道状况等，都需要森林疗养师实地开展评估。另外，森林疗法活动时间的长短，是定期还是非定期的，以及不同季节都会有不同的课程方案。最后，才能选择森林疗法活动内容，确定如何开展运动康复、作业活动、保健休养和心理咨询等。如果具体到一次森林疗法活动，上原严认为应该包含四个环节。

（1）面谈。森林疗养师需要掌握体验者的一些必要信息，如性别、年龄、身心特征、日常生活能力、森林活动经验、生育经历、既往症、过敏史以及个人嗜好等。当然这些信息不会通过“审问”的方式获得，而是在迂回式健康面谈中总结，并在面谈中确立与体验者的信赖关系。

（2）设定目标。森林疗法的目标应该包括短期、中期和长期目标。在制定目标时，应该充分征求医生、作业疗法师、理疗师和心理咨询师等医疗和福利工作者意见，通过工作团队的沟通来设定合理的健康管理目标。

（3）制订方案。作为具体的森林疗法方案，可以是作业、散步、放松、康复治疗、心理咨询和疗育等，也可以是上述方案的有机组合。制订方案时，应充分考虑场地的树种、植被、坡度，以及移动距离和步道状况。此外，需要使用哪些道具，需要哪些机构提供帮助，需不需要森林向导等，都要合理计划。

（4）事后评估。森林疗法课程实施后，一定要进行事后评估和反思。需要评估的内容包括森林疗法课程内容、实施体制和森林疗养环境等。此外，作为森林疗法效果，需要将身体的、精神的、社会的和日常生活等变化记录到森林疗法档案。

3.3 怎样的森林疗法才能与众不同?

【树先生】

都说森林疗养产业的核心是森林疗法，而森林疗法又是什么呢？或许是爱钻牛角尖的缘故，对于“什么是森林疗法”这个问题，我们一直没有完美答案。在上次两岸森林疗养研讨会上，来自江苏省农科院的一位先生，提了一个没有“基础”却又引人深思的问题：“森林疗法和中医是什么关系？”其实不止是药草疗法，还有已经相对体系化的园艺疗法和芳香疗法，森林疗法和它们之间又是什么关系呢？更直白一点说，作为一种替代治疗方法，森林疗法靠哪些技术立足呢？

一进入森林，心情就变好了，身心也得到了放松，这是大家的共识。但如果被问起，森林环境中哪些因素有治愈作用？这恐怕不容易简单回答。在森林中，从下层植被到伸展的枝条，从多层的树冠到消失在远方的小路，不仅有风景、颜色等视觉要素，有芬芳的青草香和松涛声，有接触土壤和落叶的触感，也有动物们活动和鸣叫声，疗愈环境是多重要素共同作用的效果。也许能够针对单一要素进行评估，但是很难综合评估森林环境的疗愈效果。经常有人问我，什么样的森林对健康有好处？怎么营造对健康有好处的森林？虽然现在还不容易回答，但这些问题应该是森林疗法的核心问题。

我们现阶段认为，森林疗法实际上是一种“环境疗法”，它侧重于挖掘不同森林环境对人体的影响，并通过合理的“五感”体验方式来影响体验者健康。所以森林疗法的核心技术应该是围绕森林环境展开的，比如评估森林的色彩、形态、声音、芳香、质地、味道、触感等感官刺激对身心健康产生的作用等。认识到这一点，森林疗法便能够独立于药草疗法、芳香疗法和园艺疗法而存在了，也能够与运动疗法、作业疗法、心理咨询等替代疗法作出有效区隔。需要说明的是，从学术角度来看，森林疗法应该与众不同；但从产业发展角度来看，森林疗养的概念也许应该更宽泛一些，公众关注的是健康管理效果和服务质量，森林运动、森林作业等一切利用森林开展的健康管理都可以纳入进来。

3.4 什么样的森林疗养能够适用医疗保险?

【树先生】

森林疗养涉及保健、预防、康复和临床治疗四大医学领域，森林疗养的重点工作究竟应该放在哪里呢？在 2016 年 10 月 27 日举办的森林疗养主题论坛上，很多嘉宾认为森林疗养的重点应该是预防保健，而并非康复治疗。树先生听了之后，打心里着急了。

（1）预防保健难以适用医疗保险。如大家所了解的，国内现阶段以康复和治疗为目的的森林疗养实践少之又少，而日本和韩国的森林疗养工作重心是“治未病”，是利用森林开展预防保健。但是，请不要忘记我们之前定下的工作目标，“森林疗养要像德、法等欧洲国家一样，能够适用于医疗保险”。从预防医学角度来看，森林疗养能够预防生活习惯病，而能够预防生活习惯病的方法有很多，仅凭这一点森林疗养很难像“接种疫苗”那样适用于医疗保险。日本森林疗法协会目前正致力将森林疗法用于“职工心理健康的早期干预”，因为日本 2015 年颁布一项新法，规定企业有责任确保职工心理健康。但是日本森林疗法协会的这项工作似乎并无进展，相信也是因为确保职工心理健康的方式有太多选择。预防医学渠道既然难以实现，保健医学渠道难度就更大，鲜有国家允许购买保健品适用于医疗保险。其实从欧洲国家的实践来看，“森林疗法”适用于医疗保险，关键因素是它能够作为有效的康复治疗手段。

（2）康复治疗并非不可完成。相信任何工作都应该有核心，核心往往是工作的高精尖部分，而森林疗养的重点工作也应该在高精尖部分。的确，森林疗养用于预防保健比较容易，现在日益盛行的森林观光和森林体验就是预防保健的一种形式。但是，森林疗养的难点在于将其应用于康复治疗领域，也只有在治疗和康复领域有所突破，才能显示森林疗养的核心价值。其实，在治疗和康复领域开展森林疗养并不困难，森林运动疗法、森林作业疗法都是康复医学的常用手段，直接与康复医院相结合，也许这是森林疗养适用于医疗保险的最快途径。另外，以治疗为主的森林疗养也并非不可能，通过森林疗养来治疗心理疾病，国外已有很多成功案例。随着科学研究的深入，相信在神经、免疫和内分泌等领域，森林疗养能够更广泛地用于临床实践。

3.5 怎样做森林心理疏导？

【树先生】

一说起心理疏导，很多人会想到心理医生。实际上因烦恼而寻求援助都可以称为心理疏导，它可以是日常谈心，也包括特定问题的心理咨询，内容非常宽泛。对大多数人来说，森林是非日常性空间，远离烦恼产生地，再加上森林具有“沉默的力量”，因此森林心理疏导效果特别显著。

东京农业大学的上原严教授曾在长野县立高中担任过多年辅导员，且具有心理咨询师资格，森林心理疏导一直是他最擅长的森林疗养课程。经过多年摸索，上原严的森林心理疏导程序已经相对固化。如果是多位体验者，上原严首先会做一个整体说明，引导体验者在森林中漫步熟悉环境，然后通过随机分组让体验者互相倾诉，之后是森林自我疏导，最后还有团体心理疏导的环节，整个流程大约3～4个小时。这套森林心理疏导方法看似简单，其实每个环节都有特别用意。

（1）引导步行。为了让体验者掌握活动地域的森林环境，上原严会引导体验者在森林中散步，这样可以提高体验者对森林环境的适应，缓和初次进入森林的不安情绪。

（2）分组倾诉。没人喜欢像放羊一样走进森林，所以上原严让没有抵触情绪和负面印象的体验者两个人一组，分组活动。分组完毕之后，组员之间要自我介绍，上原严会在这个时候提示倾诉技巧，并要求体验者“寻找对自己来说比较舒适的地方”，一方在寻找中意场地时，另一方要一直陪伴，并专心倾听对方说话。通过这种方式，让体验者感受陪伴的力量，认同自己说话的价值，也体会别人的难处。另外也通过比较各自中意场地的差异，了解人与人的不同个性。

（3）自我疏导。小组行动结束以后，上原严会分发四张卡片，分别写有“请将现在浮现脑海中的问题写下来”“请写出解决这个问题的方法”“现在在森林中想起的是什么？”“走出森林后，接下来想做哪些事情？”。体验者会携带这些卡片进入森林中漫步，并在各自中意的场所自由写下答案。上原严会事先通知不回收答案，所以体验者可以毫无顾虑的回答问题。在心理学领域，将这种自我疏导的方法称之为内观疗法。

（4）团体疏导。当体验者再次返回集合地点之后，上原严一般会安排团体疏导环节，让体验者分享各自森林场地选择过程以及心情和感想。及时分享每一个感想，共同见证森林疗愈效果，这是森林疗养的魅力之一，但有些体验者会对人群中自我表露感到不舒服，或者感受到压力而拒绝，这时要尊重体验者的想法与立场，不能刻意勉强。

3.6 基于体验者心理的森林疗养课程设计

【芙蕖、绿叶】

森林疗养为了取得好效果，其课程设计应考虑体验者诸多方面的实际情况，例如生活工作现况、身体状态以及心理诉求等。对于基于体验者心理的森林疗养课程，笔者根据自身疗养体验，以及对森林疗养课程现状的观察，以为在以下几个方面应有所加强。

其一，加强自由自觉性的体验课程

从现在的森林疗养体验内容看，绝大多数活动是在疗养师带领下进行的，或者是有目的有组织的，而很少有让体验者自由活动或独处的安排。

森林疗养既需要借助疗养师的引导帮助，也需要让体验者自由活动，以进行自我自觉的调整修养，这也是体验者的心理诉求。当代人生活身不由己，整天被工作、交往应酬及诸多生活琐事充斥填满、拖累羁绊，身心俱疲，因此特别需要一个真正属于自己的时光，需要一个远离尘嚣干扰、安静舒适的地方，自我排遣安抚，让心静一静、空一空、歇一歇。疗养师的引导和自我疏导这二者应是相辅相成，不可替代的。或者从根本上说，来自疗养师等的外力，最终还是要靠体验者自觉的意识、行为才能直接起效，即自我心理疏导调养的意识和愿望愈迫切强烈，疗养体验时才会愈投入与配合，疗养效果才会更遂人意。另外，体验者如果是第一次来到一个陌生的森林中，肯定充满了新奇和兴奋，这就需要留给体验者一定的自由活动时间。在其熟悉考察森林环境的过程中，其实也在不知不觉地进行着自我的调节疏导，其体验效果也不可小觑。

所以，在森林疗养过程中，疗养师应适地、适时地留出自由活动或独处的时间安排，让体验者做自己想做的事情，想怎样做就怎样做。“随体验者意愿，想躺就躺下，想洗脚就洗脚，想坐就坐下”，“倒是这样让体验者找到些感觉”。甚至不妨让体验者“来到森林之中，什么也不说，什么也不做，安静地发现自然和季节变化，感受森林对身体带来的改变”。

其二，加强作业疗法或体力劳作体验课程

如今的森林疗养中，漫步、瑜伽等运动体验有余，而作业疗法或体力劳作不足。

劳动是人类的本能，并且森林劳作是一种亲近大自然的劳作，有多方面益处。在富含负氧离子、芬多精的林中劳作，能促进人体吐故纳新，更有益于生理上的保健、康复，甚至延年益寿。同时，淳朴或别有野趣的森林劳动，更能使心灵释然宁静、单纯淡泊、轻松惬意，并体悟人生的真谛。严重缺少劳动的现代都市人群，特别是长年、长时间伏案或身处办公室的脑力工作者，最需要和渴望森林体力劳作来活动四肢和筋骨肌肉，促进身体新陈代谢；同时缓解大脑疲劳，释放减轻过多负面心理情绪，放松精神，激发灵感，防治职业病、文明病等。日本的森林疗养课程心理效果评估也证实了这一点，人们更喜欢“森林午睡”“森林劳作”和“找到自己喜欢的树”这 3 项森林疗养课程。

可针对办公室族、白领族等目标人群，策划和实施一些森林劳作课程，但要考虑体验人群的身体承受情况，要强度适中、形式适宜（如种植、伐木，采摘、收割、除草、修理步道、提炼精油等劳动形式），还要结合森林疗养地的生态环境、资源与条件以及季节等实际情况。总之，要科学合理、因地制宜地设计实施、搭配组合。

其三，加强表现表演性及互动性的体验课程

目前森林疗养体验课程的设计，更多的是置体验者于被动的角色，而缺少让体验者表现表演或真正主导、互动的考虑。

依据心理学理论，人都有表现自我的欲望，希望被人们尊重敬爱、认可接纳。现代都市人，尤其是职场人士，为了生存和发展，不得不压抑自我，顺从忍受种种规矩和规则，个性才智难得表现和张扬。另外，人与人之间缺乏坦诚、友好的

交往，相互羡慕嫉妒恨。这些都导致了现代人内心世界备受禁锢和煎熬，以至扭曲异化。这样的心理及情感，亟待释放宣泄和疏导矫治；这样的个体，迫切需要重新审视并发现另一个自我，需要重塑、展示一个真实而美好的自我。

最具表现表演性的体验课程就是才艺展示，诸如琴棋书画，吹拉弹唱、脱口秀等各种表演，厨艺秀及众多手工制作，等等。体验者可根据自己的爱好智慧，发挥自身特长，创作自编节目内容和形式，或自导自演，充分展示个人的才艺、品位和魅力。

这样的策划和组织能够活跃气氛，促使体验者积极热情地参与，使得其在尽力表现、尽情娱乐中，忘却烦恼，不知不觉舒缓身心；在掌声和赞美中，感受自我的存在和价值；在相互了解交流、尊敬欣赏中，回归人性的真善美。

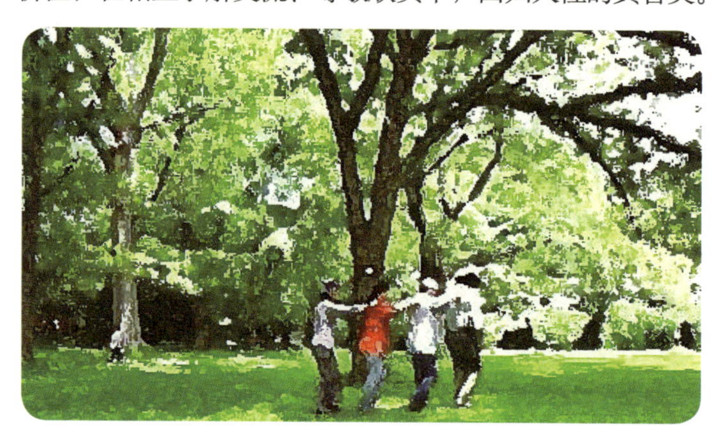

3.7 探索森林身体扫描的秘密？

【树先生】

有些森林疗养课程，体验者和森林疗养师都掌握基本原理和练习要点，才能够达到预期疗愈效果。森林身体扫描应该就是这样的课程，在去年的森林疗养师培训班上，小野女士曾经为学员讲授过实操技巧。我记得当时很多学员练着练着就放松地睡着了，这让我见识了森林身体扫描的魅力，也让我担心有些人并没有学到要领。为了摸透这种森林疗养课程，我们在中国知网中进行了检索，遗憾的是没有检索出有效信息。不过既然没有权威发布，我们就可以放心地聊一聊，森林身体扫描究竟是什么？

（1）森林身体扫描是一种内观疗法。“从指尖开始，感觉慢慢放掉身体各部分的力气……”，这是森林身体扫描常用的引导语。从心理学角度来看，森林身体扫描是对当前身体体验的深层次探查，它有助于人们改善对自己身心状况的感知能力，同时可以将注意力从心理转移到躯体，从而为处理情绪问题提供一条便捷途径。据说“身体扫描”是心理咨询的常用技法，而且练好这种技法并不容易，但是心理学领域现有的相关文献不多，只有一种“观察自我内心”的内观疗法，或许与森林身体扫描最为接近。

（2）森林身体扫描是一种肌肉放松法。“咬紧你的牙，体验一下咀嚼肌紧张的感觉”，“然后放松，再放松，完全放松后下巴会是下垂的”。这种身体各部分肌肉由紧张到放松的训练，通常也是森林身体扫描的一部分。有些人不容易放松自己，如果您不确定怎样才是放松，这种训练可以帮您感受紧张与放松的差异。在所有生理系统中，只有肌肉是我们可以直接控制的。全身肌肉放松能消除紧张和焦虑，人在压力状态下，持续几分钟的完全放松，有时比一小时睡眠效果更好。

3.8 森林冥想：是信仰？还是科学？

【蒲公英】

森林疗养课程中，有一类重要的课程叫森林冥想。很多朋友问我，冥想和宗教信仰有关系吗？冥想有科学依据吗？针对大家的疑虑，我查阅了有关资料，今天统一回应上述疑虑。

1）冥想和信仰都是导向理解的“梯子”

一提到冥想，很多人自然就想到参禅、打坐、礼佛、沉思、默想等与宗教相关的形式。对于我们这些没有宗教信仰的人，能否学习冥想并有所受惠呢？或者说是不是练习冥想还要调整自己的信仰呢？

宗教确实与冥想有着千丝万缕的联系，但冥想不等同于宗教，也非宗教所独有。只不过是宗教最先且长期借助冥想方法修行而已。人类文明经历了神权统治阶段，冥想最初为神职人士所掌握。在古埃及、古希腊进行神权统治的是法老、祭司。在古印度、古中国，掌握运用冥想的是僧人、占卜者和巫医。冥想与心理科学和其他学科一样，最初都源自神学或与神学相关。出于保持宗教神秘的原因，冥想技法一直为少数人掌握而与大众无缘。但这并不意味只有这些人才能达到冥想的最高境界，任何人通过练习都有可能达到身心和谐统一的极致。打个比喻，冥想是梯子，而信仰和冥想就是不同的梯子，导向相同的理解。梯子不重要，重要的是理解。

2）冥想是一种科学训练方法

现代科学研究证明了冥想对于身心健康具有积极作用。近年来，循证医学用科学数据证明冥想对人的身心效果，和过去问卷式的主观研究调查不同，目前研究采用现代科技手段，直接观测人在冥想时身体的变化。例如瑟达斯西奈医疗中心、加州大学洛杉矶分校的罗伯特博士通过对比试验证明冥想对高血压、心脏病的疗效。马萨诸塞州立大学医学院正念减压诊所的创办人卡巴金博士和戴维森博士通过 FMRI 与脑波仪实验数据，评估了正念冥想对人的影响。《神经科学国际期刊》1982 年曾发表华莱士博士的文章，冥想通过对人体内 DHEA（脱氧表雄酮）分泌产生积极影响，从而有减缓衰老的功效。美国加州大学戴维斯分校的心灵和大脑中心的克利福德发现帮助形成端粒的一种酶，在参加为期三个月打坐的人群中比对照组的水平要高。

影像学研究表明，冥想具有引起大脑结构发生积极变化的作用。马萨诸塞州总医院拉扎尔博士的一项研究表明，仅仅参加八周的正念冥想即可对大脑活动产生显著积极的影响。他们发现，冥想增加了对学习和记忆发挥重要作用的海马区灰质密度，与自我意识、同情心和反省相关结构的灰质密度也有所增加，而与焦虑和压力有关的杏仁核灰色物质密度有所降低。

3.9 森林冥想有益健康

【树先生】

（1）什么是冥想？对于什么是冥想，恐怕心理学家们尚未达成统一意见。从森林疗养角度出发，我们认为“冥想是一种自我控制的心理调整方法”，通过身心的自我调节，建立一种特殊的注意机制，最终影响情绪和行为，并产生生理效应。

（2）冥想有啥用？冥想通常用于平静思绪和放松身体。近年来，通过对冥想的临床疗效机制研究，心理学和神经科学领域的学者发现，冥想有助于治疗慢性疼痛、焦虑、皮肤病、抑郁症复发、失眠症、酒精依赖、饮食障碍和心脏疾病等心身疾病。

（3）森林冥想有何优势？安心、静谧和舒适的森林环境，对于人们聚焦注意力非常有帮助。现在冥想训练的方法很多，其中有一种叫“禅语入定法”，它要求体验者体会联想“独坐小溪任水流”的意境，而森林中不乏具有类似意境的小环境。

（4）怎样做森林冥想? 所有冥想大致都包括放松身体、调节呼吸和注意聚焦三个阶段，放松身体和调整呼吸以5分钟为宜，聚焦阶段以15～20分钟为宜。在森林中冥想，首先要综合考虑光照强度、五感体验和个人喜好等因素，选择一处适宜环境。然后选择舒适的冥想姿势，可以仰卧，也可以采用坐姿，取掉所有配饰，松开腰带，有意识地让身体各部位紧张的肌肉松弛下来。之后要注意呼吸节律，平缓地吸气、呼气。调整呼吸多次后，再把注意力集中在特定对象上。进入聚焦阶段之后，经常会出现注意力分散的情况，但这并不是方法不正确。每当有什么想法钻进大脑时，要有意识地将它抛出去。当我们学会排除杂念之后，才开始找到真正的自己。

3.10 腹式呼吸门道多

【树先生】

腹式呼吸是人体正常情况下最有效的呼吸形式，也是常见森林疗养课程之一。训练腹式呼吸能够增进肺泡通气量，恢复肺部和胸廓的正常弹性阻力，减少呼吸肌做工和耗氧量，改善呼吸功能不全对身体的影响。在康复治疗领域，腹式呼吸训练是重要目标，也是康复治疗师必须掌握的基本技术。医院里腹式呼吸是怎么做的呢?一起去了解下。

（1）放松训练。 过度紧张会增加耗氧、增加呼吸肌做工，很难有效进行腹式呼吸，所以呼吸训练之前要做放松训练。体验者要松开领带、皮带、上衣领扣，必要时还应露出腹部。然后选择舒适的体位，舒适放松体位可以使膈肌充分运动，据说下肢抬高的仰卧位最有利于放松。所谓的肌肉放松训练，就是在治疗师的指导下交替完成肌肉的紧张与放松，体会紧张与放松的区别。如果体验者特别紧张，则会通过按摩手法来纾解肌肉紧张。

（2）吸气训练。 受某些慢性病影响，有些体验者掌握腹式呼吸比较困难，治疗师通常会分为呼气和吸气分别训练。腹式呼吸是用膈肌进行的呼吸运动，要用鼻子吸气、用嘴呼气的自然换气模式，尽量不采用胸式呼吸。为了促进腹式呼吸，治疗师会把手指放在体验者腹部，吸气时缓缓松开手，并多次短促轻轻压迫，促使膈肌收缩。治疗师的压迫手法轻柔，不会影响吸气。

（3）**呼气训练**。在平静呼吸快要结束前，治疗师会提醒体验者用嘴呼气，呼气结束后要求见到腹部下沉。腹式呼吸一般不过度呼气，据说那样会增加胸式呼吸成分。在呼气过程中，治疗师的手指抵住下肋，以抑制胸廓扩张。治疗师用手辅助时只用手指不用手掌，以避免扩大刺激部位而引发体验者不快。

当呼气和吸气训练都熟练后，可以将两个阶段组合在一起。有时治疗师还会用沙袋放在体验者腹部，进行抗阻力呼吸训练。另外，一些肢体动作可以辅助腹式呼吸而被经常应用，比如双上肢同时抬起时吸气，双上肢同时落下时呼气。

（本篇摘自《运动疗法与作业疗法》）

3.11 地形疗法：将自然和运动组合在一起

【树先生】

有人说森林疗法源于“地形疗法”，我们费了很大力气，终于找到了一点有关地形疗法的信息。

地形疗法（terrainkur）是利用自然环境，特别是森林中的山地与沟谷进行运动，从而实现治疗疾病、恢复健康和体力的一种替代治疗方法。有关地形疗法的最早文献见于十九世纪中期的德国，1885年莱比锡的医生提倡用地形疗法治疗心血管疾病，目前这一应用已得到医学界广泛认可。

将自然和运动结合在一起，这是地形疗法最具魅力的地方之一，在森林或山野中步行，不受年龄限制，也不需要特殊用具。但这种基本的运动，对各类身体机能，尤其是心肺功能和自律神经系统有良好调节作用。实际上，运动伴随人类一生，幼年期运动可以强健骨骼，成年期运动可以锻炼心肺机能和调节自律神经系统，老年期运动可以维持活动和反射能力。运动作为治疗手段，对多种疾病的康复都具有重要意义，这也是地形疗法的出发点之一。地形疗法另两个作用因素是从自然中获取的“刺激”和“放松”，在森林或高山环境中滞留，清新的空气和安静的环境有助于消除压力；而紫外线、强日照、冷空气和低氧环境等刺激因素，有助于激发人体适应反应。现代生物气象科学研究发现，森林挥发物、负氧离子以及短周期变化的气压等因素，同样能够带来刺激或放松，或许地形疗法称之为气候地形疗法更合适。加尔米施－帕滕基兴（Garmisch Partenkichen）位于德国最高峰楚格峰（Zugspitze）附近，是最有名的气候地形疗法疗养地。德国慕尼黑大学温泉气候医学研究所在这里开展地形疗法实证研究，并培养地形疗法师。接受过专门训练的地形疗法师，才有资格伴随访客步行和提供健康指导，据说旅游协会的人对这种资格非常感兴趣。在地处德国最大山脉“黑森林”（Schwarzwald）的todtmoos医院，入院病人主要是做过癌症术后康复或是心血管和呼吸疾病患者，病人可以在这里接受理疗、气功和森林步行等综合调养。在黑森林实施的森林步行，每次大约1小时左右，由理疗师指导下进行，访客在森林漫步的同时，边拍手边调整呼吸，理疗师对病人脉搏实施监测。

关于适合地形疗法的步道，德国人一般要求容易行走、足够宽、远离悬崖等危险因素就足够了。但是地形疗法被引入日本后，对步道的要求有所提高，森永宽提出了地形疗法步道的五点原则：①步道单程要在2.7公里以内，全程在5.4公里以内；②运用时间限定在早上、下午、黄昏与睡前；③步道应依照日照强弱和树荫比例进行布局；④要合理分配平道、5度以内坡道和5～10度坡道的比例；⑤要考虑森林、公园和裸露土地的比例。

3.12 森林运动学问大

【树先生】

森林运动不仅有森林环境的健康促进作用，还有运动疗法的特殊效果，是最重要的森林疗养课程之一。大家都认可运动能够保持和增进健康，但是过于激烈的运动，不仅会造成骨骼损伤，还会代谢过氧化物造成细胞和脏器损伤，甚至会引发猝死。那么，应该如何控制运动强度和运动时间呢？一般认为，最大氧气摄入量60%的运动，最有利于保持和增进健康。最大氧气摄入量是个体最剧烈运动时氧气的摄入量，根据个人体质不同，最大氧气摄入量会有差异。不过，也许没人知道自己的最大氧气摄入量有多大，并且最大氧气摄入量的测定也没那么容易。就没有一种简单的运动强度推测方法吗？

1）最适运动强度

如果没有冠状动脉疾患或心率不齐征候，可以根据脉搏数来简易设定运动强度。这种运动强度设定方法被称为 Karvonen 法，它是一种按照最高心率和休息心率来决定目标训练区域的方法。用 Karvonen 法计算出目标脉搏数的公式如下：

目标脉搏数＝（最大脉搏数－安静时脉搏数）×0.6+ 安静时脉搏数；

其中，最大脉搏数用“220 －年龄”来计算。

比如，某人今年 40 岁，他安静时脉搏数是 70 次／秒，那么他的目标脉搏数是：

（220−40−70）×0.6+70=136。

康复专家认为，最适运动强度不宜超过目标脉搏数。但是这种计算方法只适用于没有心血管疾病的健康人群。如果真正实施运动疗法，之前要接受必要的健康诊断，并且要按照医生的意见开展运动。

2）最适运动频度和持续时间

卫生部门认为，每周 2 次且每次运动 30 分钟以上的人，才能称为有运动习惯的人。而学界一般认为，持续时间在 20 ~ 30 分钟的运动，每周要超过 3 次，这样才能保持健康。为了保持和增进健康，运动不宜强度过大和时间过长，保持运动习惯和适当运动强度才是正确选择。

3.13 伸展运动对身体有哪些好处？

【树先生】

作为一名森林疗养师，不仅要熟悉森林中治愈资源，用好舒缓和刺激两种手段，还要掌握一些与森林疗养目标相同的健康调理手法。之前我们介绍过冥想、身体扫描和腹式呼吸，今天继续说说伸展运动。

伸展运动（stretching）是体育和医学领域的专有词汇，它通过拉伸筋骨，来提高身体的柔软性，扩大关节的活动范围，调整呼吸和缓解精神紧张。在所有运动之中，伸展运动最容易实施，也最不容易受伤。如果能够找到合适的方式和时机，简单的伸展运动也会起到意想不到的效果。有人曾做过研究，30 分钟伸展运动之后，大脑前额的 α 波会增加，而心率能够降低，也就是说伸展运动能够提高副交感神经活性，具有明显的放松效果。如果只是感觉身体僵硬的话，30 秒钟的伸展运动，身体就会轻松很多。

如何做伸展运动？

伸展运动种类很多，目的也多种多样，以下几种伸展方法，或许比较适合森林疗养。

●躯干伸展。双手在头顶反向交叉，慢慢用力伸向上空，这样可以伸腰；双手交叉点在头顶向左右侧移，便可以伸展侧腰；同样双手在胸前反向交叉，慢慢用力伸向外，含胸弓背，这样可以伸展后背。

●颈部伸展。一只手放在头顶，将头部向下轻压使得颈部有拉伸的感觉。

●上肢伸展。将一只臂朝胸前伸展开，并用另一只臂压着，以另一只臂为牵引向本侧旋转，可以伸展肩部。

●下肢伸展。常见的压腿方式，可以伸展大腿内侧；手抓住对侧脚的前脚掌，臀部向后推，可以伸展大腿后侧；挑起脚尖或是踮脚跟都可以伸展大腿前侧。

做伸展要注意哪些问题？

●僵硬的身体突然进行伸展运动，有可能会拉伤肌肉。所以伸展速度要放慢，最初的 5 ~ 10 秒进行适度伸展，如果还能继续伸展的话，可以再伸展 20 ~ 30 秒。

●配合伸展运动要调整呼吸。有些伸展运动会压迫腹部，引发血压上升，深呼吸能够防止这种趋势。另外，深呼吸原本就具有缓解紧张的效果，与伸展运动配合起来放松效果更佳。

●进入森林之前，最好做 8 ~ 12 分钟伸展运动。作为准备运动，伸展运动可以增强中枢神经系统的兴奋性，提高体温和身体代谢水平。走出森林后，也适宜做一下伸展运动，可以让运动后的身体冷却下来。

3.14 药草疗法：形色气味悟“药性”

【树先生】

药草疗法是森林疗养中的一类重要手法，过去为了和中医保持距离，我们不建议森林疗养师去探索这类手法。上周四在松山森林公园，偶然遇到北京中医药大学采药实习的学生，无意中翻阅了一本名为“北京采药录”的实习手册。才发现中医和生活如此贴近，对于我这个外行人来说，那些基础理论也是一看就懂。所以在药草疗法方面，今后森林疗养师也不妨做一些尝试。

药草疗法关注药性，中医认为植物药性包括“四气五味”、“升降浮沉”、有毒五毒等。这些理论是国人几千年实践中逐步总结出来的，可您知道这些理论的原始来源吗？实际上大部分药性都是“尝”出来的。任何植物均有味道，味道是人体对化学成分的综合反映，也是药性的重要指标。新鲜植物某一部分的直接口感，有极苦、涩、咸、甘、淡等之分，业界称之为植物的原始味道。口尝之后，人体会产生不同反应，前人就势总结出味道的基本功能。

味道能够刺激味蕾和肠胃，苦味能促进胃肠蠕动，就有了苦能泻的初步认识；辛味使肠胃毛细血管扩展，有发热的感觉，就有了辛能发散的初步认识；酸涩味有收缩感觉，就有了酸涩能收涩的初步认识；甘味使人愉悦，让饥饿的人重新焕发精神，就有了甘能补的初步认识，淡味道也可能有类似的作用。这些只是前人对药性的最初理解，不过正是这些假说，启发了人们对植物作用于人体的初步认识。

人们首先了解味道，然后才逐步总结出治疗功能，早期的药草疗法均基于这种实践。虽然植物味道和药性不是完全符合，但古代中药药性没有总结出来之前，味道能在一定程度上可以反映植物的药性。据《中国药典》统计，中药原始五味和药性五味的吻合度达到74%，因此掌握植物的原始味道，有助于我们理解药性。

3.15 熊野疗法：运动不酸痛

【树先生】

经常关注我们的朋友都知道，现在有很多较为成熟的替代治疗方法，比如芳香疗法、园艺疗法、温泉疗法、气候疗法、艺术疗法、宠物疗法、运动疗法等等，但是您可能没听说过熊野疗法吧？通常疗法命名方式是以疗愈手段进行命名，而熊野疗法是为数不多用地名命名的疗法。

熊野三山（本宫、速玉和那智）是日本神道教的圣地，过去无论是皇室还是庶民，都不远千里来熊野朝拜。日积月累，在和歌山县、三重县和奈良县境内，朝拜者用双脚走出了五条总长超过 1000 公里的参拜路，人称熊野古道。熊野古道是世界文化遗产之一，它所在地区的森林资源丰富，自然和人文景观众多。2004 年，和歌山县政府与和歌山健康中心合作，利用熊野的地形和森林资源来促进市民健康。当地人将熊野古道分为多个等级，面向初学者和徒步爱好者，分类开展了循证医学研究，并提出了熊野疗法。

熊野疗法是一种限定于熊野古道的健康徒步走活动，它需要有疗养师的指导。与普通徒步走不同的是，熊野疗法在徒步前后和徒步过程中，植入科学的伸展运动，因此既可以减轻徒步带来的疲劳，又不会在第二天出现肌肉酸痛。熊野疗法对疗养师的要求很高，疗养师要有理论基础，也需要有实操能力。在理论基础方面，巧妙利用自然环境的气候疗法、运动、休憩、营养、徒步时机和水分补给都是必须掌握的内容。在实操能力方面，疗养师要对熊野地区了如指掌，比如历史文化、植物花草等，并且具有运动和应急处置能力。

我们国内也有很多古道，石板上留着深深马蹄窝的京西古道，应该不会逊于熊野古道。如何保护和利用好这些古道及其周边森林？如何让古道为今人服务？或许熊野疗法的相关工作值得借鉴，“香山疗法”或“西山疗法”同样值得期待。

3.16 微小气候疗法：促进人体健康

【树先生】

气候疗法与森林相结合，这是森林疗养的重要形态。2012 ~ 2015 年间，原济南军区的第一疗养院开展了一系列“微小气候疗法”的研究。他们发现，“微小气候疗法”对 2 型糖尿病、原发性高血压和老年冠心病都具有一定治疗作用。

1）什么是微小气候疗法？

微小气候疗法是在局部范围内，通过人工手段对空气质量和气候条件进行良性干预，从而达到气候疗养的目的。在上述系列研究中，所谓的“局部范围”只是50～60立方米的疗养室，而所谓的“人工手段”是在室内放一台空气净化器。这台空气洁净器通过静电吸附作用，有效地清除空气中的尘埃、烟雾、病毒和细菌，同时释放出负氧离子，以营造一个1万级洁净度的空气环境。

2）微小气候疗法的作用机理？

通过有效除尘、消毒并释放出大量负氧离子，微小气候得到了显著改善。对于2型糖尿病患者来说，微小气候的改善，可以提高性激素水平和自律神经功能，影响中性粒细胞和单核细胞膜CD11b/CD 18表达，降低血糖水平，并提高胰岛素的敏感性。对于原发性高血压患者来说，微小气候的改善，可以调节植物神经，改善生物节律，提高身体应变能力，消除心理压力，从而稳定血压。对于老年冠心病患者来说，微小气候的改善，能够显著改变血液流变学，降低血液黏稠度，从而达到治疗目的。

3）微小气候疗法与森林疗养如何结合？

说到微小气候疗法与森林疗养的结合，我们最先想到的是，森林能不能提供一个1万级洁净度的空气环境？1万级空气洁净度要求大于0.5微米尘粒数每立方米不超过35万个、大于5微米尘粒数每立方米不超过2000个、浮游菌每立方米不超过100个，沉降菌每立方米不超过3个。遗憾的是，我们目前尚未发现有关森林空气洁净度的研究。距离生活区远近不同，或许森林空气洁净度就会不同，很难推测某处森林的空气洁净度。但是空气洁净度与负氧离子高度相关，在负氧离子浓度每立方厘米超过10万的森林，或许能够提供一个1万级洁净度的空气。

3.17 森林疗养：篝火的疗愈效果

【树先生】

很多人到了野外，都希望能够升起一堆篝火。篝火在雨中燃烧，人们在风中舞蹈，这样的时刻通常是最难忘的。从森林疗养的角度来说，摇曳的火苗也具有疗愈作用。上原严就曾开展过森林篝火疗愈试验，并报告了疗愈效果。

接受试验的是十几名认知障碍的住院病人，按照上原严的安排，这些病人先到森林中收集能够燃烧的枝干，然后到周边农地采挖土豆，最后把土豆浅埋在树坑中，并在上面升起篝火。篝火升起来后，周围渐渐暖和起来，大家自觉地围坐在一起，脸上露出了医院中不常见的愉悦，问题行为和相关症状都减轻很多。在

分食烤土豆的时候，大部分人开始能够做到照顾其他病人和工作人员感受。“你先吃吧”，这句话虽短，但与在医院分餐过程中你争我抢的场面对比鲜明。

通过与医院合作，上原严用 DBD 评价表，对这些病人一周内的行为进行了评价。病人接受试验之后，大部分人“行为变得稳健”，“能够理解帮助行为，降低护理负担”，“徘徊目的也变得明确”。综合来看，病人行为安静、稳定的时间大幅增加，医院的护理负担减轻很多。试验带来的效果持续到第二天，第三天试验前后病人行为差异开始消失。上原严将这项研究扩展到不同职业背景的认知症病人，并与普通森林疗养做了对比，相关成果发表已在日本九州精神保健学会年会上。

通常认为，医院中的集体生活，对认知症病人形成了巨大压力，森林环境有助于减轻压力，但是这次试验效果要比普通森林疗养高很多，或许这应该归功于篝火的作用。

3.18 荒野疗愈：森林疗养的新姊妹

【树先生】

“无论何时，当过往又找上门来，她就会收拾行李，独自前往崇山峻岭……”，美国知名作家 Tracy Ross 的新书中，讲述了一个背包客的自我疗愈之旅，而这本书名字就叫《如果不是荒野，我将不会活下去》。实际上，作为一种心理治疗或教育方法，荒野疗愈在欧美国家被广泛认可。在美国，既有成熟的荒野疗法师培训，也有基于认证的荒野疗愈机构，荒野疗愈的应用相当广泛。

1）什么是荒野疗愈？

从地理上来看，美国人所说的荒野是指“没有为人类驯服，人类只是访客并不会常驻的地区”，它可能是森林，也可能是草原、湿地或是荒漠。荒野是美国文化的重要组成部分，在美国人心中，荒野意味着自由，也暗含着冒险。但是对荒野疗愈并没有统一的概念，russell 认为，荒野疗愈是在专业人员指导下，通过冒险活动和体验原始生活技巧，来改变消极行为和思考方式。荒野疗愈主要针对情感和行为问题，最短需要 1 周，最长不超过 3 个月，每次参与者不少于 10 人。

2）荒野疗愈有效果吗？

荒野环境通常比较恶劣，这使得每位参与者会选择优选处理好自己的问题，同时意识到团队合作的重要性。与拓展训练类似，荒野疗愈目标之一是树立参与者的信心，拓展身体和心理极限，帮助参与者掌握生存技巧和建立防御机制。此外，荒野区别于熟悉的城市环境，所以能轻易帮助参与者从不愉快的过往中解放出来。最单纯原始的荒野环境，也会是人类内心最依赖的环境，荒野疗法师会运用冒险和恐惧的力量，唤醒参与者与自然之间最原始的连接。还有，简单地徒步穿越荒野，这使得大脑思维也变得简单，再加上荒野疗法师擅长运用自然隐喻，有效促进参与者内省，所以荒野疗愈会是一种行之有效的心理干预方法。

3）哪些领域在应用荒野疗愈？

作为神经科临床治疗方法，医院患者是荒野疗愈主要受众，适应证包括药物滥用、青少年暴力和抑郁问题等等。不只是精神疾病，针对摄食障碍、身体残障和癌症等身体疾病，荒野疗愈也有很多成功案例。作为教育方法，美国学校通过荒野疗愈来传授自然知识，提高学生风险控制能力和领导能力。对于网络成瘾和青少年犯罪等问题，荒野疗愈通常是传统监禁的有效补充。除了治疗和教育之外，更多荒野疗愈形态是与团队拓展训练结合在一起，帮助个人成长。

3.19 森林狩猎：面向男性的森林疗养

【树先生】

“野猪下山毁庄稼，农民苦恼只防不杀”

“野猪拱食庄稼真疯狂，村民损失惨重很无奈”

“深山成群野猪出没，村里农户庄稼遭殃”

最近，野生动物出没农户遭殃的新闻经常见诸报端。为了避免野猪糟蹋农作物，德国人采用了引诱性补充喂饲的方法。例如在阿勒休尔达西南部地区，野猪经常毁坏玉米地，于是德国人在森林中每隔一公里就设置一处补充投喂场，场内放些劣质马铃薯、鱼杂等饲料，结果野猪对玉米地的糟蹋明显减少了。投喂场的存在固定了野猪的觅食路线，当地人轻易掌握了野猪种群变化规律，所以在此基础上开发了森林狩猎项目。森林狩猎非常受城市人欢迎，与森林狩猎获得的受益相比，补充喂饲的费用几乎微乎其微。这种引诱性补充喂饲加森林狩猎的方法，不仅增加了森林经济效益，也实现了生态再平衡。

森林狩猎在我国基本没有发展起来。改革开放初期，森林狩猎曾经作为换取外汇的途径之一，森林狩猎体验者也以外国人为主。当时猎一头马鹿要 1200 美元，再加上付给导猎员等其他费用，森林狩猎只能是少数高端群体的活动。进入新世纪以来，随着对野生动物保护呼声的增强，对野生动物的保护要求完全压过森林狩猎需求。但是随着野生动物数量的急剧增加，以及人们生活水平的进一步提高，或许现在已经到了森林狩猎重返社会的时机。

话说回来，森林疗养是设定健康管理目标的森林活动。观光、游戏、运动、作业都可以作为森林疗养的介质和手段，当然森林狩猎也能够成为森林疗养的一部分。狩猎是一种愉悦身心，增强体能的运动，它能够激发人们自然搏取和尚武猎奇精神，相信会成为都市人热切追逐的时尚。与传统偏静态的森林疗养课程不同，如果将森林狩猎开发成为森林疗养课程，它的课程更为刺激，或许更符合男性体验者的胃口，这点对于发展多层次的森林疗养至关重要。

3.20 宠物疗法：意想不到的效果

【树先生】

国外的森林疗养基地通常会设有宠物角，供访客用于宠物疗法。宠物疗法又称为伴侣动物疗法，它通常让访客亲密接触各种性情温顺的动物，用来稳定访客情绪，放松身心，从而减轻病情。宠物不会歧视任何人，访客与宠物接触也不会抱有戒心，所以宠物疗法一般会有意想不到的疗愈效果反馈。

宠物疗法被广泛用于自闭症、脑瘫、焦虑症等精神疾患的治疗。自闭儿童存在交流障碍，不能通过视觉、听觉、触觉来感知外界，而宠物疗法可以激发大脑中被限制的特定区域，比如狗嗅觉很灵敏，若孩子和狗在一起就能培养孩子的嗅觉能力。2013 年，俄罗斯就曾做过一期“狗伴侣治疗班”，专门帮助自闭儿童恢复健康。对于脑瘫儿童，1978 年美国发明了一套“海豚人性疗法”，据说在海豚的陪伴及刺激下，患者对于感官刺激的注意力显著增加。而以色列骑术治疗中心多年研究发现，养马对烦躁、过度内向和失去信心等焦虑征候有很好的缓解效果。

宠物疗法除了影响心理之外，还具有很好的社会疗愈功能。饲养宠物能够促进人类对非语言表达方式的理解，增强对非语言感情变化的感受能力。北京师范大学“伴侣动物与心理健康”课题组对402名小学生研究显示，相比不养宠物的儿童，养宠物的儿童更少感到孤独，有更强的分享倾向，更愿意照顾幼小的儿童。山东中医药大学对济南市140名老年人研究表明，饲养宠物能够降低老年人的焦虑情绪，提高老年人的生活幸福度。

话说回来，宠物也是吸引儿童客源的好办法，无论是做健康还是做休闲，如果能设置一处宠物角，肯定能够为项目添色不少。

3.21 森林中的“雾化治疗”

【树先生】

很多高山名字和雾有关，例如光雾山、观雾山、雾灵山等等，好像高山总会有雾。高山雾又被称为“上山雾”，它是潮湿空气沿着山坡爬升过程中，逐渐冷却达到饱和状态而形成的雾。雾是森林的一种水分输入形式，有雾的地方就容易有森林。有时候，按降雨量来判断不会有森林的半干旱高地，因为存在雾这一独特水分供给形式，也会出现一片森林。这一现象在北方地区尤为常见，所以在大家印象中，森林中总会有雾。雾中森林多了一些灵气和神秘，很多人喜欢到森林中观雾，但是森林中的雾能不能应用于健康管理呢？

为了维持呼吸道黏液－纤毛系统的正常生理功能，人体呼吸道内必须处于体温饱和湿度状态。如果吸入的气体湿度不足或湿度过大，都会影响肺功能。一般认为空气湿度不足会引发呼吸道炎症，而湿度过大会引起水中毒和肺水肿。在日常生活中，我们通常面临的是空气湿度不足问题，很多气道阻塞性疾病都与之有关。“雾化治疗”是根治这一类疾病的有效途径，它用雾化装置将药物分散成微小的雾滴，使其悬浮于气体中，然后患者将其吸入呼吸道及肺内，通过洁净和湿化气道而实现治疗目标。森林中不仅有清洁的雾，还具有杀菌作用的芬多精，如果林分选择合适，或许可以利用森林中的雾“洁净和湿化气道”。这是森林医学的一个新方向，治疗效果需要医疗专业人士进一步研究证实。

在雾形成过程中，不仅需要冷却和加湿，还需要有凝结核。在城市周边，雾中的凝结核以污染物为主，所以人们喜欢把雾和霾相提并论。现有关于雾与健康的研究，大部分在关注雾的健康危害。实际上，林区的空气比较清洁，林中的雾也会比较清洁。不过需要指出的是，在全球空气污染的大背景下，即便是偏远的林区也会存在某些污染物。而雾和雨对空气污染物的吸纳能力有所不同，通常雾中的化学离子浓度是雨滴中的 3 ~ 10 倍，这在森林中会不会对人体造成影响，也有待于进一步研究。

3.22 一起学做森林空气浴

【树先生】

发展森林疗养，要利用好森林中的各种治愈因素。国内外大量研究表明，体验森林中清洁、冷凉的空气刺激，本身就是一种良好的健康管理方式。或许您还记得儿时的“空气浴”，今天我们就一起去重温下。

空气浴的作用机理：人体反复接受低于体温的凉冷空气刺激，能够收缩皮肤血管，减少皮肤血流量及汗腺分泌，提高肌肉的兴奋性与收缩能力；同时低温刺激能够提高内脏温度，改善血液循环和功能状况。

空气浴适用于哪些病征？研究表明，经常进行空气浴，能够提高抗寒能力，增强体质，增加食欲，减少上呼吸道感染。此外，空气浴对鼻炎、气管炎、支气管哮喘、冠心病、神经衰弱等都具有辅助治疗作用。

如何做空气浴？首先要脱去部分上衣，活动身体进行预热；然后脱光上衣，坐在椅子上，用干毛巾有顺序地摩擦皮肤，可以先四肢后躯干，直至皮肤微红微热。活动结束后，要迅速穿好衣服，如果能喝一杯温开水，体验者的感觉会更好。

空气浴对环境有什么要求？长时间暴露在污染空气中，PM2.5 等污染物会堵塞皮肤毛孔，引发皮炎、湿疹和过敏反应，所以空气浴对大气质量要求较高。理想的空气浴温度是 20℃左右，最低气温不宜低于 12℃，相对湿度在 50% ~ 70% 之间。临近水面的森林环境最适合做空气浴，那里负氧离子多，湿度较为适宜。需要强调的是，体感有风时不宜开展空气浴；如果能够结合日光浴，空气浴的效果会更好。

空气浴适用哪些人群？国内有关空气浴的实践主要集中于学龄前幼童，其实不同年龄阶段都可以尝试空气浴，只是 1 岁以下幼儿和老年人对温度变化的适应能力较差，空气浴温度不宜过低。

3.23 山伏，诡异的日本森林文化

【树先生】

森林疗养需要在森林中生活。如果给我一片森林，让我去里面生活一个月，我极可能活不下来。对于早已进入文明社会的人类来说，除非是过去那些隐士、道士等特殊群体，很少有人掌握完全依靠森林的生活方法。但是在完全依靠森林的生活中，应该有很多内容可以挖掘成为森林疗养课程，我们一直想借鉴相关经验。一个偶然的机会，我们发现日本的山形县日知舍有一群人热衷“山伏”，这种山林修道形式，或许能为我们带来另类的森林疗养体验。

“山伏”又称山卧、修验者、行者，通常是指“得神验之法，而入山修行苦练者”。这种修道形式应该源于中国，很多内容都有道教和佛教的影子。过去，山伏在日本非常流行，近代以来逐渐式微，但随着对登山和森林文化的挖掘保护，山伏又活跃起来。我们祛除山伏中的宗教因素，这一文化现象中还有很多东西可供制定森林疗养课程参考。

山伏一般要在山林中独居数十日，这期间烟熏、辟谷、精进料理和夜巡都是必要环节。烟熏是在独居的山洞中生火，体验者要接受熏呛的考验。辟谷是一段时间不吃食物，只喝清水，体验者要经受饥饿的考验。精进料理是以素食为主，避免杀生和食肉而带来烦恼和精神压力。夜巡有点像“夜游森林”，不过夜巡要走一段峡谷，那象征着从母体脱离，山伏认为夜巡之后体验者便可以获得新生。实际上，除了烟熏之外，辟谷、精进料理和夜巡都在健康管理中有应用，它们既是山伏的环节，也是完全依靠森林生活的方法，这些方法都有望成为森林疗养课程。

或许大家有所耳闻，最近辟谷养生班很多，报名费动辄过万，也不缺乏愿意体验的人。如果我们把类似山伏这样的森林文化全部挖掘出来，应该比单一辟谷更有吸引力，而具有相关课程的森林疗养也会得到更好的推广。

3.24 木育？意想不到的教育方式

【树先生】

之前做中日民间绿化合作项目时，“日本木材信息中心”是我们的一个合作

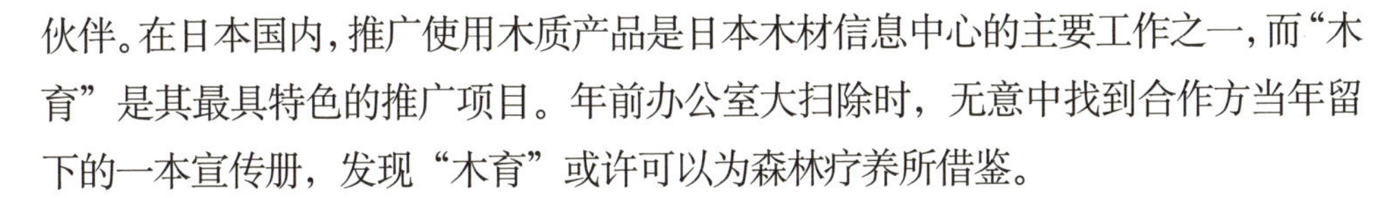

伙伴。在日本国内，推广使用木质产品是日本木材信息中心的主要工作之一，而“木育”是其最具特色的推广项目。年前办公室大扫除时，无意中找到合作方当年留下的一本宣传册，发现“木育”或许可以为森林疗养所借鉴。

1）什么是木育？

木育是关于木材利用的教育活动，它旨在促进公众亲近木材和了解木文化。但木育又不是简单地木材利用推广活动，它把木材和森林结合起来，从德育、智育和体育三个方面，对民众尤其是儿童开展辅助教育。组织方寄希望通过木育，让民众了解和体验木材对身体的好处，对木材建立起从生到死的亲切感。

2）为什么要开展木育？

到目前为止，林业价值依然主要体现在木材，如果木材没人使用，那么林业的价值就无法实现。我记得郑小贤老师在讲授“森林可持续经营”时，对当时抵制一次性木筷的做法不以为然。的确，如果没有利用需求，森林可持续经营就无从谈起，日本推行木育大概就是这个目的。转换到消费者的视角，大家身边的人造材质物件越来越多，而木材制品越来越少。随着人们对健康和环境问题关注度的提高，那些已被疏远的木碗、木勺和木玩具等木质品，需要再次回到市民身边。

3）如何开展木育？

木育由接触、创作和理解三阶段组成。公众生活中的木制品越来越少，是因为大家对木材用途和优点不了解。所以在接触阶段，组织方会通过参观和体验活动，让公众亲身体验木材的好处，对各种木制品产生好奇心。随着社会环境的变迁，很少有人有机会体验木工制作。所以在创作阶段，组织方会通过木工制作、雕刻传统工艺品和组织木材实验等活动，让公众了解木材的材料特性，并培养创造性思考和解决问题的能力。在理解阶段，组织方会通过《木工具使用方法》《木育讲解教科书》《木育笔记》等教材，让公众理解木材利用与环境和文化的关系，注重培养公众选择和使用木制品的能力。

3.25 森林疗养与文学异曲而同工

【芙蕖】

表面看来，森林疗养与文学似互不相干，但细细思考，二者竟关联紧密，一个主要的表现就是，森林疗养的目的、作用路径及其效果与文学的宗旨、作用机制和功效，多有一致、契合。

森林疗养，业界人士定义为“利用森林开展预防、保健和康复等健康管理”，此言简明扼要地道出了森林疗养的性质和目的。具体说，森林疗养是通过在森林中进行一些科学的、有益有趣的活动，诸如森林漫步、森林瑜伽、森林冥想、“五感”体验，乃至需要付出适度体力劳动的森林作业（植树、农事、木工体验及园艺）等，以达到对某些身体疾病（诸如“三高”“更年期综合征”等），以及一些心理困扰、隐患（如压力过大、紧张焦虑、烦躁易怒、抑郁冷漠等“城市病”“职场病”）的预防保健、调养治疗和复愈的目的。

科学研究及实践证明，森林疗养的实际作用机制和效果，更直接的是表现在对心理和精神的调养与改善，即缓解压力，放松精神，抚慰安顿心灵，消除或减轻紧张、焦躁、忧虑、抑郁、强迫、不安全感等种种负面情绪。“大部分学者研究认为，是森林疗养缓解了压力，从而促使生理指标发生改变。也就是说，主要由‘森林—心理—生理’途径在发生作用，而不是芬多精等物质的直接作用。坦率地说，除了森林疗养治疗肺结核之外，森林直接作用于躯体的实践少之又少”。

细思森林疗养的目的和实际作用路径及效果，不禁令人联想到文学及其作用机制、功能和效果，在这方面，二者有着明显的相通性。

文学是人们日常生活中接触最频繁的文化样式之一。文学是一种特殊的精神活动，是对现实生活和人的内心世界真实而艺术的反映。文学的作用机制及宗旨是“它将其所表现的人生，所创造的美，直接作用于人的情感世界、人的心灵世界，让人能够在文学世界中产生情感的共鸣，获得哲理的启悟、情操的陶冶和人格的升华”。文学具有怡情养性、娱乐、审美、认识、教育等功能。读者在阅读、鉴赏文学文本时，这一有机统一的功能系统，便开启了情感情绪的宣泄、补偿和调节模式，人格境界的提升模式以及精神的娱乐审美模式等。于是，被压抑的情感得以排解释放，压力缓解；缺憾的情感得以弥补，心理得以抚慰平衡；扭曲的情感得以调整，内心趋于平和宁静；思想得以净化，道德情操得以升华；精神得以消遣休息与调剂，从而获得轻松快适的感觉和美的享受。

文学与森林疗养虽然异曲，但却志同道合。由此可以肯定，文学对森林疗养具有积极的促进作用。在森林疗养中，如果有意识、合理巧妙地引入一些文学审美体验，如诗文吟诵表演、解读欣赏及写作或创作等，无疑能更好地调节、改善体验者的心理情绪和精神状态。森林疗养实践也验证了这一点。在针对更年期女性开展的八达岭森林疗养体验中，在策划、实施“登临感怀残长城”这一活动环节时，疗养师及研究团队没有让体验者只是走马观花般地看看长城，简单地拍照留念，完成“到此一游”的任务了之，而是组织欣赏并集体吟诵长城诗篇的文学体验。近夕阳西下时，体验者们置身断壁残垣中，触摸着远古，眺望着蜿蜒于层峦叠嶂中苍茫、悲壮、雄浑的长城，思接千载，体味着历史人世的沧桑。此情此景，研究团队老师适时地带领大家吟诵起毛泽东的豪放词《沁园春 · 雪》。一时间人人激情满怀、豪气万丈，在空寂寥廓的山林之中，无所顾忌，一遍遍地高声诵读，沉浸在诗词的情境中。

吟诵与欣赏体验收到了出乎意料的好效果，不仅活跃了现场氛围，充实了体验内容，而且增强了怡情养性的气氛。体验者们借此宣泄了郁积的情绪，暂时忘掉了烦恼，放松了心情，舒缓了压力，并得到美的熏陶和享受，给她们留下了深刻的印象和愉快的回味。

3.26 森林疗养审美体验离不开文学诉求

【芙蕖、绿叶、高颖】

森林疗养不但是一种调养身心健康的体验，其实也是精神上的审美体验。走进大森林，清新的空气，带给我们生理上的舒适与康健；气象万千、赏心悦目的森林景观，则带来精神的轻松陶醉与心灵感悟。健康体验与审美体验相辅相成，不可替代和偏颇。

森林疗养的审美体验有双重涵义，并且是一个循序渐进的过程。在森林疗养审美体验中，首先映入眼帘与感受的是森林的自然之美。体验者在森林疗养师的讲解介绍和启发指导下，打开“五感”，调动起视觉、听觉、触觉、嗅觉和味觉，身临其境地了解、感知森林及动植物的生物学、生态学信息（诸如花草树木的生长特性、形态状貌、色彩气味，以及森林中的各种自然声响、温度湿度、水土等），真切地感受森林中蕴涵的能量生机与资源宝藏等生态之美。

其次，在审美之旅中，文学审美体验是一种必然的诉求。森林及大自然是文学艺术审美发生的触媒。在森林自然美、生态美的感召启迪下，人们会情不自禁地产生诗文吟诵、唱和创作的渴望或冲动，此时自然审美便上升为文学审美。“物色相召，人谁获安”，“物色之动，心亦摇焉”，“目既往还，心亦吐纳”。对于四季景物及其色彩的感召，有谁能无动于衷呢？心有所感，则必要有所倾吐才能得以畅快，而首当其冲的表达形式便是文辞及文学，“夫情动而言行”。因为作为审美意识形态及活动的文学，是人们最直接、最便捷的思想情感表达方式之一。

文学审美的诉求，还是传统文化使然。中国古代文人喜爱约上三五好友，悠游山林，饮酒赋诗，相互唱和创作，乐此不疲，留下了众多佳话：王羲之兰亭雅会，曲水流觞，吟诗作赋；竹林七贤诗酒酬和；王维与好友裴迪在辋川别墅，流连唱和；等等。这一文学审美雅好，源远流长，深入人心。受此文学传统影响，今天的森林美感体验，不可能仅仅停留在生物学或自然生态层面上，必然要升华到文学审美的高度。

可喜的是这一文学及文化传统，在今天的森林疗养实践中得到了再现和传承。在“中国林学会 2016 林业科技周暨八达岭森林体验科普活动”中，森林之美感动了北京八中的学生们，激发了他们的创作热情和诗思，纷纷用诗歌、游记等文学形式来抒发和分享审美体验。有的学生一连创作了《美林》《迷雾》《落花》《携友》等数首小诗，清新典雅，淋漓尽致地表达对自然的热爱，对生态的感悟，同时也充分展示出他们飞扬、灵动的文学才思和修养。

从对森林自然美的游赏体味，切换跨越到森林诗文的欣赏与创作，其中文学审美体验所带来的艺术享受、精神滋养、情操陶冶和心灵净化与升华，是莫大的。森林的自然审美与森林的文学审美二者相得益彰，缺一不可。如此才完成了一个完整的审美体验过程，这样的森林疗养体验才称得上完美的体验。

中国是一个诗的国度、文学的国度，森林疗养中应有文学审美的在场。如果缺少文学体验，而只有感官生理上的刺激和反映，或者仅仅止于“真好”“真香”等浅尝辄止的心理感叹，那么森林疗养的体验是否令人感觉欠缺些许深度、品位和诗意，是否显得单调平淡和索然寡味呢？

3.27 一种“残酷”的森林疗养

【树先生】

第一次听到森林疗养时，您大脑中是什么样的图景呢？美丽的森林中，婀娜的女子在做着瑜伽，相信大多数人是这样想的。实际上作为替代治疗方法，森林疗养的临床应用场景要“残酷”得多。我们今天就介绍一个针对重度智障患者的森林疗养援助案例。

“温暖的里松川”是 1997 年前后成立的社会福祉法人，它位于长野县松川町海拔 800 米左右的半山腰上。这家福利院有 50 个床位，主要针对各种类型的重度智障患者。福利院四周森林茂密，周边地区也有很多果园和菜地，但是福利院所在的地块土壤贫瘠，砂砾含量过多，不适合作为农业或者园艺用地。从福利院眺望四周，风景非常秀丽，不过当初选择这一地块建设福利院，当地人看重的是这里的僻静。

营造家庭氛围，培养患者生活自理能力，这是“温暖的里松川”的疗育方针。在刚开园的一段时间内，森林疗育并没有作为这家福利院的主要疗育手段，直到森林疗法兴起之后，福利院才尝试开展一些工作。目前福利院每周有 2 ~ 4 次森林疗育活动，每次是上午活动 1 ~ 3 小时。森林疗育活动主要分为作业活动和放松活动两大类。作业活动包括整理土地、制作花坛、栽培蔬菜、培育苗木、植树、割草、搬运原木、制作养蘑菇的菌棒等；而放松活动主要是去附近的森林公园中游玩、在森林中漫步等等。“温暖的里松川”的森林疗育活动注重个体差异，它是在评估每位患者的兴趣、意愿和身体能力等多方面因素之后，由护工制订方案并陪伴实施。

上原严曾对这家福利院的森林疗育效果进行了 2 年的跟踪评估。虽然每位患者之间的病情和改善情况都差异很大，但是总结起来，森林疗育效果主要集中在以下几个方面。一是身体能力的提高，包括步行能力、作业能力和认知判断能力等；二是交流能力的提高，包括对话理解能力、交流意愿和意志表达能力等；三是情绪稳定程度的提高，包括减少暴力和异常行为、增加表情变化等；四是生活自理能力的提高，包括形成生活节律、能够控制饮食和增加自发行为等等。除了学者肯定森林疗育效果之外，实际上这家福利院的森林疗育工作也受到了患者家属的广泛好评。也许家属的肯定是最好的评估，因为患者的一点点改变，都会看在家属的眼里。

3.28 押花：学会玩

【树先生】

龙应台说：“世界上最穷的人，是一个不会玩、没有嗜好的人。当你老的时候，就是一个最让人不喜欢的孤独老人，因为你像一支干燥的扫把一样，彻底无趣。”我明白这样道理的时候，是上周在云蒙山的森林疗养活动中，见赵小玲老师带领访客做押花。赵老师原本是一名护士，在成为森林疗养师之前，就热衷于园艺工作，虽然现在从工作岗位退了下来，但新生活似乎更加丰富多彩，种菜、押花、喝草本茶，每一刻都安排得非常精致。

说起押花，之前考察日韩森林疗养时候，当地的森林疗养师也会拿出一包精心准备的焙干花朵，访客可以利用这包干花制作一件押花作品。作为一名体验者，巧妙运用这些素材，匠心拼贴细小花瓣，将大自然之美定格为一幅作品，确实是磨炼心性和放空自己的好方法。不过要想获得赏心悦目的押花素材，需要提前整理植物材料，科学脱水，以保持花朵原有色彩。作为一名理科生，我一直在琢磨干花朵颜色为什么能够保持鲜艳？有没有专门染色？

实际上，我把押花的前期准备工作想象的太复杂了，赵老师制作押花素材时只需要一块押花板。押花板最外面是两块木板，里面的核心材料是吸水板、衬纸和海绵片。制作时，在吸水板上面放一层衬纸，把花朵正面朝下摆在衬纸上，然后在花朵上面盖一层海绵。如此反复，可压制多层，最后用两块木板绑紧固定，并装入密封袋内，两三天就能变成干花。在核心材料中，吸水板可以重复使用，每次烘干即可；衬纸的作用是防治花朵污染吸水板；而海绵片的主要作用是缓存，减少干燥过程的收缩变形。

有了好的素材，就可以自由创作了，押花戒指、押花手镯、押花书签、押花蒲扇、押花画都非常受欢迎。当然，押花虽好，并不是每个人都喜欢，森林疗养师还是需要根据访客特点制定疗养课程。

3.29 叶拓：发现和记录自然之美

【树先生】

林区气候多变，时晴时雨。原本是去体验森林疗养，可遇到阴雨，就只能待在室内。虽然雨天森林别有一番情趣，但时候久了，难免会有一丝心烦。这个时候，如果能够提供丰富多彩的室内课程，体验者肯定会为组织者点赞，叶拓就是一类适合室内的森林疗养课程。

拓印是一种古老技法和艺术表现形式。小时候，我们把白纸蒙在硬币上，用铅笔拓出硬币的图样，就是最简单的拓印。拓硬币的做法通常称之为“干拓”，它对于拓印叶片也一样适用。对于叶脉凸凹明显的叶片，可以直接用一张薄纸扑在叶片上，拓出叶片形状和纹理。还有一种做法称之“湿拓”，它是用润湿了的纸和墨汁完成拓印工作，不过我们尚没有尝试过。

常见的叶拓是用丙烯颜料。我记得在一次森林疗养体验活动中，松山的雅倩老师准备的叶拓材料是丙烯颜料和白色帆布手提袋。体验者将沾满颜料的叶片，摁在手提袋上，留下各种轮廓。很多体验者忽然发现了自己的艺术才华，还收获了活动纪念品，那天每个人都非常开心。对于森林疗养来说，大多数体验者都追求纯天然，或许对化工颜料会有抵触情绪，所以叶拓加草木染可能会是最佳组合。草木染原本是利用天然植物染料给织品上色的方法，它与叶拓结合更能彰显自然的魅力。

之前我们在韩国考察，曾体验过一种奇怪的叶拓方法。它是折叠白色手帕，将叶子夹在两片织布中间，然后平放在石头上，用锤子砸。这样叶绿素释放出来后，就会在手帕上做出一个对称的叶子形状。嫩嫩的绿色本来就很漂亮，但用一种媒染剂固定后，就会留下永久的轮廓。

3.30 用森林染出健康

【树先生】

如果利用漫山遍野的植物资源来开发森林疗养课程，草木染应该是个不错的创意。这样的森林疗养课程，不但能够同时发挥作业疗法、色彩疗法和艺术疗法等多重功效，而且植物染料自然环保，草木染产品色泽柔和，更符合森林疗养人群的消费心理。

体验草木染首先需要进入森林去寻找染料，而我们身边哪些植物材料能够做染料呢？自然界中可以用来染色的植物种类繁多，常见的染料植物就有几百种，北方随处可见的核桃壳、果树枝、柿子叶、万寿菊、洋葱皮、蓖麻、构树、石榴皮、茜草根、槐花、冬青、杨柳、桑叶、桑葚、艾草等都可以作为染料来使用。对于草木染来说，现阶段还没有标准色谱，即便是最常见的用茜草根染红，也会因为各种因素出现染品颜色差异。但是既然没有标准，留给体验者的就只有探索乐趣了，最没有自信的外行人也能染出意想不到的美丽，或许这样更能够让体验者感受到作业的成就。

虽然植物染料随处可见，但同时满足体验者的不同颜色需求并不容易，并且植物色素含量较小，提取色素需要大量原料，而毫无节制的采集野生染料植物并不现实。因此森林疗养基地中如果开展草木染这样的森林疗养课程，不仅要利用好现有的染料植物资源，还要适当种植一些关键颜色的染料植物。日本的森林疗养基地常设置药草花园和芳香农园，而在我们的森林疗养基地中，或许染料植物采摘园才是有中国特色的作业场地。草木染在我国已经有几千年历史，我们推广森林疗养，就是想让草木染这种传承着森林文化的古老技艺能够发扬光大。

3.31 不使用精油的芳香疗法

【树先生】

除了森林疗法，利用植物改善人类健康的疗法大致还有三类，分别是利用植物精油辅助治疗的芳香疗法，以内服和外用中草药为代表的药草疗法，以及把作业活动作为治愈手段的园艺疗法。如何把这些相对成熟的健康管理方法，融入到森林疗养体系之中，这将是今后重要课题。

目前在神经科、皮肤科、内科、外科、妇产科和口腔科等领域，精油的应用非常广泛。如果在森林疗养过程中开展的芳香疗法，我想它可以是现有芳香疗法技术体系在森林疗养设施中的直接应用，但更应该结合现地森林资源特色，开拓更多治愈路径，充分用活芳香疗法。大家都知道，在蒸馏和浓缩等精油生产过程中，经常会使用一些有机溶剂，而这些有机溶剂会残留于精油之中。因此对于一些过敏体质的体验者，使用精油容易出现副作用。如果以口服方式使用精油，这种过敏反应发生的概率更高。假如不提炼精油，直接利用植物香气会是怎样的呢？

实际上，直接利用植物香气是古代的一类传统疗法，当代人称之为“花香疗法”。比如华佗曾经用丁香花香和檀香来治疗腹泻，宫廷里也常佩戴香囊来驱病辟邪。在塔吉克斯坦的一家医院，现在还开设有芳香疗法课程。病人躺在椅子上，一边听音乐，一边嗅花香，据说这样可以治疗神经衰弱和哮喘。所以能够相信，在森林中开发出这样的花香疗法课程，也并非难事。需要注意的是，不是所有花香对人体都是有益的。有些花香可以用于治疗疾病，但本身有轻微毒性，而有些花香对人体是有害的。总体来看，如果在森林中开展花香疗法，不仅需要开展一些必要的技术集成和研究，还必须在专业人士的指导下进行。如果大家想自己简单地利用花香来防治疾病，目前可利用的花香种类还非常有限，主要有天竺葵、薰衣草和迷迭香等，专家认为这些花香具有抗菌、消炎和镇静的功效。

3.32 不容忽视的颜色治愈

【树先生】

去年在日本山梨县体验森林疗养的时候，当地的森林疗养师招呼大家，“仔细数数视野内的森林有多少种绿色”。我自己当时没有数清，但是数着数着内心就安静下来了。现在回顾起来，这样的森林疗养课程，应该是色彩疗法在森林疗养中的一种应用。近期我们收集了一些有关色彩疗法资料，和大家一起分享。

色彩疗法的作用机理：我们的生活被五颜六色所包围，物理学家眼中不同波长的电磁波，到了心理医生眼中就变成了一种辅助治疗方法。医学心理学研究认为，不同颜色能够传递不同频率、波长的光波以及能量，刺激身体分泌不同水平的激素和酶，从而调节血液流量和兴奋神经细胞。色彩疗法起源于美国，目前常见的案例有，利用蓝色治疗肝炎，用橙色治疗贫血，用红色提高血液循环等，据说辅助治疗效果都非常明显。

如何开展色彩疗法：色彩的辅助治疗效果受体验者的年龄、性格、经历、民族文化等诸多因素影响，例如看到红色，有人会感到温暖和热情，有人则会感到血腥和死亡。每个人对色彩的认识不同，所受到的心理和生理刺激也会不同。所以开展色彩疗法之前，要先对体验者进行色彩认知评价。正式开展色彩疗法时，除了给体验者巧妙施加“治疗颜色”的影响外，还可以让体验者集中精神想象“治疗颜色”并配合呼吸法。北京老年病院的卒中病房最先引入了色彩疗法，病房走廊、吞咽功能训练室和神经通道重塑室的墙壁都被装饰成不同颜色，用来满足不同康复期病人的差异化需求。

森林中的色彩疗法：森林是多彩的，不只是秋天，即便是在盛夏，树根、叶片和各种花朵也能够满足色彩疗法的基本要求。森林中最常见的绿色，清新自然，能使人放松，能够缓解视觉疲劳和降低血压；花朵的红色，激情热烈，能够促进血液循环和调动神经系统；红叶的橙色，活泼愉快，能够刺激思维和加速代谢；此外，树干和天空的颜色也能够用于色彩疗法。

3.33 教您一种简单易学的自我放松方法

【树先生】

自律训练法（Autogenic training）是德国心理医生舒尔茨博士（Schultz,J.H.）在1933年创立的。这种方法不仅有益于维持和恢复一般意义的健康，还能够缓解蓄积的疲劳、消除焦虑感、增强自我控制能力、减少冲动行为、提高工作和学习效率、减轻身体和精神的苦痛。作为具有生理调节性质的训练方法，它被广泛用于身心放松。

受瑜伽和修禅的影响，舒尔茨创立的自律训练法，以自我催眠为基础，主要通过集中自我放松或是自我暗示来消除紧张。通常自律训练法有标准训练、冥想训练和特殊训练三种方法，今天我们只介绍标准训练方法。

标准训练是从安静练习开始，主要包含以下七个步骤或是阶段：

背景阶段（安静练习）：“感觉内心非常平静”

第一阶段（重感练习）：“感受双手双脚很重”

第二阶段（温感练习）：“感受双手双脚暖暖的”

第三阶段（心脏调整）：“感受心脏安静地、规则地跳动”

第四阶段（呼吸调整）：“轻松地进行呼吸”

第五阶段（腹部温感练习）；“感觉肚子暖暖的”

第六阶段（额头凉感练习）：“感觉额头凉凉的，非常舒服”

这些暗示都是极其简单的，按照上述步骤反复自我觉察，就能够消解紧张，改变意识状态，并引发生理上的一些良性变化。

通常做自律训练要求环境比较安静，外界刺激比较少，这样才能集中注意力，而森林环境被认为是开展自律训练的理想环境。自律训练法不仅适用于自我放松，也适合在森林疗养师的指导下进行，其效果与森林疗养相辅相成。森林疗养师们果断收藏吧！

3.34 做好三方面工作，一个人也可森林疗养

【树先生】

一接触自然，很多人都有立刻被“治愈”的感觉，我想这不是谁刻意传授的，而是大部分人共通的自然价值观。过去几年，我们一直在探索森林的疗愈效果和作用机理，但是如果被问“为什么会被森林治愈”，还是难以简洁明确地回答。在森林中被治愈，这恐怕是人类的本能感觉吧！很多人喜欢自己走进森林，对于这种形式，很难说这不是森林疗养，但如果注意好以下三个方面，一定能获得更佳的疗愈效果。

（1）自由地使用五感。对于森林疗养的内核，把它定义为“基于五感体验的环境疗法”好，还是“基于森林环境的五感疗法”好，我最近一直很迷茫。但是无论怎么定义，我们是通过五感来获得森林的疗愈效果的，所以自由地使用五感，对于提高森林疗愈效果至关重要。如果是特意来到森林，千万不要戴着耳机听音乐，也不能光顾着低头走路，那样对森林疗养来说是最大浪费。

（2）尽量每天坚持。可能的话，每天都走进森林是理想的，但由于工作等原因，也许这样做并不现实。如果上下班途中在树木多的道路走一走，或是午饭过后到社区公园中转一圈，在力所能及范围内多下下工夫也是足够的。研究表明人工的自然具有疗愈效果，即便是很小一片树林，看一看绿色、嗅一嗅芬多精，听一听1/f 波动，一样能够放松身心。与森林接触不应该是特别庆典，而应该是日常生活中的一环，定期地获得放松效果，才能够保持良好地身心状态。

（3）选择人少的森林。如果是利用身边的公园进行森林疗养，请尽可能地选在人少的时间段。人员过多的话，不仅感受不到自然，反而会成为新的压力来源。当然，公园完全没有人的时间段是比较少的，我们强调的是尽可能地人少。比如夏季在早晨 7 点以前，不仅游客较少，很多公园还能免费入园哦。

3.35 压力大？试试 4R 减压法

【树先生】

记得初次考察日本森林疗法工作时候，我本人是带着失望情绪回国的。我原本期待森林疗法能有各种神奇的功效，但日本的森林疗法却是侧重于解决“压力”及“压力引发的健康问题”。当时我想每人面临的压力都不一样，缓解压力的渠

道也会有很多，也许听听音乐、甚至抽一支烟或喝一杯酒，都会有缓解压力作用，森林疗法的优势并不突出。由于对心理学和预防医学一无所知，这种想法困扰了我很长一段时间。

实际上缓解压力并没有那么简单。由于经济和社会急速变化，当今社会人们承受的心理压力较以往任何一个时代都要大，包括心身疾病和亚健康状态在内的压力性疾病已发展成为社会问题，而“如何减压”早已是新时代健康管理的关注重点。平成大学现代生活学部的渡边卓，就是一位专注于研究“压力”的学者，他提出了“4R”减压法，还将4R减压法和“森林养生”结合在一起。

渡边卓认为缓解压力要从放松（Relaxation）、休息（Rest）、娱乐（Recreation）、静思（Retreat）四方面下工夫。有关减压的森林疗养实践，比如说利用森林疗养改善企业员工心理健康，森林疗养师可以考虑按照4R减压法来组织森林疗养课程。首先，五感体验、身体扫描、森林冥想、自律训练、森林瑜伽都有很好的放松效果。不过即便是放松，相关森林疗养课程也不应该安排过满，要保证充足睡眠，减少一切不必要活动，多留出一些自由休息时间，让访客身心得到松弛。另外，娱乐是大脑正常运转的润滑剂，安排一些森林游戏，尝试一下大地艺术创作，或是在室内做一些森林手工，对于解除压力和恢复精力都非常有效。当然，也要给访客设计一些静思时间，引导访客反思和认清压力本质，树立回归日常后克服压力的信心。

3.36 森林的吊床，妈妈的怀抱

【树先生】

森林疗养需要多样的休憩形式。通常森林疗养师要背上瑜伽垫，找一处合适的森林环境，指导访客做瑜伽、冥想、身体扫描、自律训练等疗养课程。如果有七八位访客的话，光是瑜伽垫就是很大的体积和重量，很多森林疗养师直言吃不消。另一方面，有些人喜欢席地而躺，但是有些人躺在森林地面，很是担心虫子爬到身上，无论如何也找不到安全感，不容易产生放松效果。和瑜伽垫相比，吊床似乎更容易携带，对于某些群体来说也更受欢迎。

其实吊床不仅适合用于森林疗养，在临床医学中也有很多应用。江西省赣州市妇幼保健院研究发现，吊床能够模拟母体化环境，安全舒适，能促进低体重婴儿的生长发育，减少并发症。海军总医院研究表明，医用吊床可有效辅助肺部感染患者进行脱机，缩短卧床患者的平均住院时间，降低医护人员的劳动强度。

其实吊床也可以有“盖”，也能够装个蚊帐，这样的话，或许就可以作为森林疗养基地的固定设施了。

3.37 树木葬：贴近自然、贴近生命

【树先生】

树木葬是将遗骨下葬后不立墓碑，用植树代替立碑，以树木作为墓标的埋葬方法。世界很多地方有树木葬的风俗。我国最有名的树木葬风俗，保留在贵州省黔东南州的岜沙苗寨。

岜沙人视树为神，把树作为生命的象征，讲究生命与自然融为一体。一个新生命诞生后，岜沙人会为孩子种下一棵小树，小树将伴随新生命一天天长大。人死去之后，岜沙人就用这棵树做成棺木将其埋葬，下葬后不设坟头和墓碑，只会再种下一棵树，寄望生命以另一种形式重新开始。据说余秋雨先生到岜沙苗寨后感慨，世界上没有哪一种葬礼比岜沙人的葬礼更贴近自然、贴近生命。

很多年前，从教育部退下来的一位老太太，曾经不厌其烦地给我打电话。她希望自己百年之后能够埋葬在一棵树下，并愿意以义务植树或是购买林业碳汇的方式，来支付相关费用。我觉得像这位老太太这样，向往树木葬的国内老人会有很多，只是受制于不同地区的不同文化，树木葬并没有在国内推广开来。

作为“从生到死的森林福祉”的一部分，韩国正以国家的力量来推行着树木葬。过去受儒教和风水文化影响，韩国的土葬文化十分盛行，家人们觉得墓地越大，面子越大。进入上世纪九十年代后，墓地不足便成了韩国社会的深刻问题。据当时的新闻报道，“墓地已经占到国土面积的1%，并且每年会新增850公顷”。所以韩国政府提出了“新墓葬政策”，提倡火葬和建设骨灰堂。不过火葬场和骨灰堂的建设受到了当地人的强烈抵制。

在这种背景下，从2007年开始，韩国引入了“自然葬制度”，规定火葬后的

骨灰，可以埋于树木、花草和草坪的下方和周围，埋葬深度要大于30公分。虽然韩国没有明确提出树木葬，但还是与树木结合的自然葬会更容易实行一些。2009年，韩国山林厅在国有林内开设森林追思园，用于追思的森林主要为松柏类，树龄在30～40年，每木间隔在6米左右。追思园规定追思树的使用时间为15年，续期的话最长不超过60年，以防止追思园范围不断扩大。

3.38 森林疗养的“转地效果”

【树先生】

之前做森林疗养基地认证实验，我们发现了一个很有趣的现象。和北京市区相比，无论是松山森林公园组还是延庆城区对照组，受试者身心健康指标均有改善趋势。也就是说，还没进森林，只是换了个地方，就已经有了疗养效果。其实，如果仔细区分森林疗养的治愈因素，除了芬多精、负氧离子、绿视率等因素之外，“转地效果”也是重要因素。

所谓转地疗养，是离开熟悉的土地，置身新环境的一种疗法。过去转地疗养主要用于一些地方病的治疗，例如对花粉过敏患者，将其转移到没有花粉的环境，过敏症状自然会消失；因大气污染造成的呼吸障碍，更换到清洁环境，便可促进病状恢复。在鲁迅先生的《书信集·致王冶秋》中，有这样一段话，“其间几乎要死，但终于好起来，以后大约可无危险。医生说要转地疗养”，可见国内的转地疗养已有很长历史。人体具有气候适应机能，来到新环境之后，人体的这种机能就自动启动了，转地疗养就是利用了人体这种机制。但是转地前后的气候条件不能相差过大，气候变化过大也许会诱发其他疾病。

有些学者认为转地疗养是广义气候疗法的一部分。但是现代研究发现，转地疗养对压力症候群具有治愈效果，这就是常说的“转地效果”。不同气象条件，不同风土环境，如果来到与日常生活完全不同的环境空间，人们自然不会注意“原来的那些压力”。从转地疗养的定义来看，外出旅行和徒步郊游都应该算是转地疗养的一种方式。从这个角度来说，也许“观光旅游”永远不会过时，尽管没有明确的健康管理目标，但它依然可以作为健康管理方式存续下去。需要注意的是，用于压力症候群的转地疗养环境也不宜相差太大，一旦环境差异过大，便会成为新的“压力来源”。

3.39 如何帮助森林发出声响?

【树先生】

前几天有朋友提醒我,“千万别在森林里搞音乐会,不要破坏森林的安静氛围”。在大多数人心目中,森林应该是安静的,不过这种“安静”或许不是声学意义的静。研究发现森林中响度超过40分贝时,人们仍然觉得很安静。这可能是缘于人们对森林的固有印象,也可能是森林声响悦耳,所以会给人以安静的感觉。这样看来,如果我们能够主动在森林中制造出悦耳的自然声响,非但不会破坏安静氛围,还能够提高森林疗养的体验性和疗愈效果。

关于帮助森林发出声响,国人并不缺乏智慧。在去年的北京西山森林音乐会上,竹乐团大放异彩。竹乐团的每件乐器都是由竹子做成,每一种悦耳的声音都是由竹子发出。那些普普通通的竹筒,按照一定工艺排列在一起,或许因为竹筒直径和敲击部位不同,演员便能模仿出争鸣和流水等各种声音,令人称奇。不过,竹乐团成员都是经过专门训练的,如果能够开发出一种外行也能操弄的竹乐器,在森林疗养中的应用会更加广泛。尽管如此,作为森林文化的一部分,竹乐也有很多东西值得森林疗养挖掘。比如可以把制作竹乐器开发成为森林疗养课程,也可以把敲击竹乐器设置在步道周边供访客体验,等等。

在南美洲的秘鲁,也有一种帮助森林发出声响的利器,当地人称之为“咖宏”(Cajón),国内的专业人士把它叫做“木箱鼓”。咖宏是一种箱状纯木质打击乐器,用手敲击木箱前端薄板发声,音质类似于爵士鼓,它广泛用于弗拉明戈和伦巴音乐之中。咖宏不需要特别的技术,非常简单易学,也非常容易制作,在发达国家备受追捧。就像敲大鼓一样,只要找到自己的节奏,便能体验其中的乐趣。咖宏的模样类似于人工鸟巢,初次看到一群孩子在摆弄咖宏,我还以为孩子们要在树上挂“鸟窝“。2001年,秘鲁把咖宏作为“国家文化遗产”,不过它不应该是一个国家的遗产,而应该是全人类共同的遗产。同竹乐器一样,咖宏这种纯木制乐器也应该和森林疗养有无限多的结合可能。

3.40 去森林泡“落叶浴”

【树先生】

不经意之间，北京又开始落叶了，冷空气来得特别突然，让人觉得好像错过一个夏天。不过喜欢森林疗养的朋友，可以趁着这个季节尝试一下“落叶浴”。在国外，落叶浴很受市民欢迎，尤其是小朋友的欢迎。

落叶浴怎么玩？落叶浴并不是疾风之中站在树下，任由树叶掉下来砸脑袋。落叶浴需要体验者把落叶收集到一起，就像收集雨水用于沐浴一样。收集好之后，体验者可以钻进落叶“棉被”中，感受落叶带来的温暖；可以放平身体，仰望天空，享受森林中放松时刻；也可以拿出一本书，悠闲地看一下午。对于孩子来说，为了增加趣味性，可以增加一些游戏环节，比如落叶寻宝，当然也可以任由孩子想怎么玩就怎么玩。

落叶浴要注意些什么？阔叶树的落叶比针叶树容易收集，落叶后阔叶林的日照也更为充分，所以落叶浴适宜选在阔叶树下。需要注意的是，收集树叶时，一定要去掉小枝；落叶浴的“浴缸”最好由木材或充气塑料搭建，避免意外伤害。患有沙土性皮炎的儿童，最好不要参加落叶浴。此外，也许有人担心落叶中会有虫子，所以组织者要根据当地气候条件，选择合适的时期，以确保昆虫完全蛰伏。

落叶浴有哪些治愈效果？公园中经常设置一些沙坑，让孩子玩沙子，通过接触泥土来增加免疫力。落叶浴和玩沙子相近，主要是为成人和孩子增加亲近自然的机会，不仅能够放松身心，对提高免疫力也非常有帮助。

3.41 冬季还能森林疗养吗?

【树先生】

之前我们一直认为冬季不适合森林疗养，最主要原因就是天寒地冻，气候并不舒适。不过，这种认识也许该转变了。人体的“舒适”感觉有很大主观成分，舒适度不仅与气温、光照、空气流速及湿度相关，也和人体活动代谢率和服装隔热值有密切联系。简单点说，就是冬天在森林中穿裤衩也许不舒适，但是如果穿上冬装就未必不舒适。

日本的高山范里曾经做过冬季森林舒适性的实验，对比研究了森林和城市中的光照、空气离子浓度和温热环境。在光环境方面，森林中平均光照强度要低于城市，这意味着森林光环境既不过于明亮，又能让人安静。在空气离子浓度方面，森林和城市之间的正负离子浓度均有显著差异。城市中正离子浓度显著高于负离子浓度，而森林中负离子浓度高于正离子浓度，但并不显著。也就是说，森林中正负离子间的平衡性比较好，而正负离子平衡的环境，对人类来说是舒适的。在温热舒适性评估方面，森林中 PMV（Predicted Mean Vote，表征人体热反应的评价指标）值比较小。也就是说如果穿上冬装，在森林中既不冷也不热。这个实验是在树木落叶到降雪之前这段时间进行的，森林类型为日本中部的落叶阔叶林。

实际上，在落叶期和降雪季节，森林是冬季日光浴的最佳环境。在德国南部的森林疗养地，有很多利用冬季森林治疗抑郁症的成功案例。我们知道，绿叶期芬多精可以增强 α 脑波、调整呼吸和安定身心，而在落叶期，森林的这种作用依然存在。当然冬季开展森林疗养的案例并不是很多，今后在冬季森林疗养课程开发、冬季森林疗养空间设计等方面还有待于加强。“夏季森林疗养，冬季无事可做”，这是影响企业投资热情和制约森林疗养发展的重要因素。如果能够成功开发冬季森林疗养，对于森林疗养基地经营具有重要意义。

身边缺少绿色、没有运动和丧失季节感，这是城市人精神倦怠的三大因素。只有一年四季接触自然的渠道是畅通的，才能确保市民活力。随着市民综合素质的提高，也许在未来某个时间点，“防火期封山”这种规定也该退出了。

3.42 冬季的森林味道

【树先生】

与装在瓶子中的精油类似，森林中的芬多精，需要热量才能够散发出来。所以在严冬时节，森林是没有味道的，那些计划冬日体验森林疗养的人，或许会有一些遗憾。不过冬季是伐木的季节，有伐木经验的人，对森林味道的印象可能会不一样。比如砍伐冷杉时，会闻到令人怀念的柑橘香，而砍伐云杉时会有一股甜甜的味道。这是因为油锯锯齿在飞快转动时，会产生 100 摄氏度高温，在高温条件下木材中的油分挥发了出来。所以冬季参加伐木体验的人，是能够闻到芬多精味道的。

倘若不想暴露于风寒中，只想躲在温暖的火炉旁，静观白雪皑皑的森林。这时候如果能够感受到一点点森林的味道，对于那些享受寂寞的人，应该是难得的奢侈。云杉也好、冷杉也好，如果找一块结晶的树脂放在枕头边，据说便能起到很好的安神作用。此外，森林砍伐或抚育作业后，会剩下很多枝条和叶片，这些剩余物可以用来提炼精油。或许有人认为生产精油是高技术的活儿，实际上提炼精油要容易得多。2016 年在宜宾调研时，当地一户农家，用一口大锅蒸馏香樟树的落叶，当年就赚了几万块。所以把精油制作开发成为森林疗养课程，不仅简单易学，体验性也会非常强。大家不要轻视制作精油这样的森林疗养课程，实际上它既有作业疗法的功效，也有芳香疗法的功效。

树木不同部位生产出来的精油质量大不一样，叶片和细枝是一个味道，粗枝和刨片是一个味道。即便同样是叶片，用嫩叶和芽生产出的精油清新柔和，而用枯枝落叶生产出来的精油可能会难以入鼻。如果自己采集叶片制作精油，味道肯定又会有所不同。看到大商场里装在很小瓶中的精油，大家很难会想到森林。但如果是自己在森林中亲手制作的精油，每次打开使用时，肯定是满满的森林感，芳香疗愈的效果也会更好。

3.43 谁说北方冬季不能森林疗养?

【树先生】

2016 年年末，有朋友邀请我去根河体验“冷极养生”，斗争了几番，最终还是没敢去。作为在东北长大的人，我可知道“冷”是什么意思。最近北京天气也开始转暖，仔细回味下刚刚过去的那个冬天，好像既没有下雪，也没有认真地“冷”过，忽然又怀念起东北的冷来。说实话，如果是体验森林疗养，我更愿意冬天去。相对于茂盛的夏季森林，冬季雪后的森林是别样的疗愈空间。

几场大雪过后，森林里再也找不到路的痕迹。不过您也用不着找路了，雪后的森林怎么走都行，这种开放感和安心感是在生长季节所无法体验的。在雪地中呼哧带喘地走一阵，回头再看看皑皑白雪上留下的一串脚印，就像是在巨大画布上作了一幅画，那种美妙感觉是难以名状的。如果是晴天，面向太阳可能会睁不开眼睛，但是天空和白雪颜色对照，真的可以亮透心扉。北风吹过，看到残雪在树干周围留下的和缓的轮廓，您立刻就明白了什么是自然美学。树干投影在雪地上，留下淡淡的影子，看过这一幕的人不知道心中会有多安定……

实际上，利用冬季森林开发的森林疗养课程，一点也不逊色于夏季森林，而认为冬季森林更有疗愈功能的人，也不只是我一个人。日本长野县的秋山惠生长期致力于利用冬季森林开展健康管理，为了总结冬季森林的疗愈效果和体验方法，几年前他一口气写了两本书，一本是《雪の森へ》（《雪国之森》），另一本是《冬の森へ》（《严冬之森》）。这两本书发行量都不是很大，如果哪位朋友能够找到并分享出来，相信对打破“北方森林疗养基地只能经营半年”的思维定式会很有帮助。

4 如何建设森林疗养地？

4.1 如何规划设计好森林疗养基地？

【树先生】

过去两年我们参与了多个森林疗养基地的规划设计工作，不知道业内人士对成果是否满意，我们自己认为这项工作还有相当大的改进空间。认真回顾和总结起来，规划设计好森林疗养基地，应该把重点放在以下四个方面。

（1）把握好森林疗养体验者的消费行为。对于森林疗养来说，提供健康管理资源的森林是客体，而森林疗养体验者是主体。我们就是要通过规划设计，把客体和主体完美连接起来。喜好或者能够接受森林疗养的访客，他们的潜在需求和消费行为是有一些共同特征的，而把握住这些特征是第一要务。另外，由于项目的区位条件和业主经营定位不同，森林疗养基地重点目标客户群体会有差异，消费行为特征也会有所不同，这些差异都必须考虑到规划设计中来。

（2）正确评估项目地森林疗养资源。森林疗养基地是以森林为主体的疗养地医疗模式，因此除了评估森林中有哪些可利用疗养资源之外，还要更广泛地挖掘其他能够用于疗愈的自然资源。充分而准确地评估本地的森林疗养资源，是制定和证实出多样森林疗养课程的必要条件，而森林疗养产品策划的初级结果还可以帮助业主调整经营定位。

（3）准确预测经营层面的投入产出。掌握了森林疗养的主体和客体的基本信息之后，就需要根据业主的投资等级，最终确定好森林疗养产品层级和规模。森林疗养是能够满足多层次需求的，有时摸不透业主的出资意愿，是“规划”变“鬼话”的重要原因。

（4）合理布局森林疗养设施和相关基础设施。最后才是考虑设施布局，这需要按照一般项目规划设计的套路，需要有规划设计的专业人士介入。同时应对

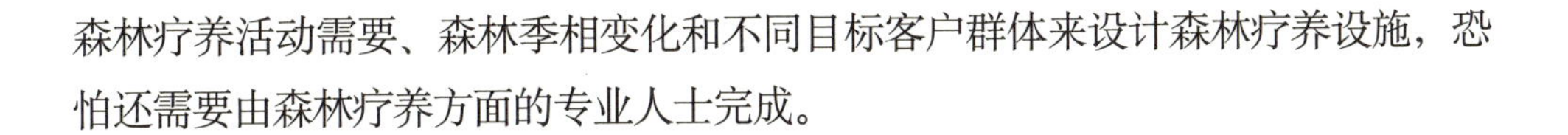

森林疗养活动需要、森林季相变化和不同目标客户群体来设计森林疗养设施，恐怕还需要由森林疗养方面的专业人士完成。

4.2 综合森林休闲区构想

【树先生】

包括森林康养基地在内，我揣摩很多朋友希望打造一个“森林综合休闲区”。日本林野厅似乎也走过一段这样的路。

为了应对森林休闲利用者的增多，以及利用形态和利用目的的多样化，1970年日本学者开展了“观光地及城市近郊国有林专项调查研究”，并提出了综合森林休闲区构想。随后林野厅专门开展了森林休闲地域开发调查规划，在1978年把“综合森林休闲区构想”付诸实践。在前桥营林局（现在的关东森林管理局）的武尊和青森营林局（现在的东北森林管理局青森分局）的八幡平，林野厅开展了综合森林休闲区建设示范。这两个地区林地面积都超过3000公顷，地域内除了自然休养林、自然观察教育林、风景林、运动林和滑雪场之外，还有温泉设施，对于建设综合森林休闲区具有一定优势。

不过综合森林休闲区构想似乎不太成功，除了上述资料之外，我们没有找到任何有价值的后续信息。经过近四十年的演变，当初的“综合森林休闲区构想”已不见踪迹，留下的是 “休闲之森”这一概念。据日本林野厅官方网站介绍，“休闲之森”按照利用形态还可以细分为自然休养林、自然观察教育林、森林运动区、野外运动地域、风景林和风致探胜林6种类型。截止2015年，日本共保留着1075处休闲之森，总面积达到385000公顷。

表4-1　六种类型的“休闲之森”

类别	数量	面积（千公顷）	有代表性的地方
自然休养林	89	104	高尾山、赤泽、屋久岛
自然观察教育林	160	31	箱根、轻井沢、上高地
风景林	477	178	摩周、岚山、宫岛
森林运动区	56	7	风之松原、扇之仙、西之浦
野外运动地域	187	45	藏王、玉原、苗场
风致探胜林	106	20	层云峡、驹驹岳、穗高

在经营管理方面，休闲之森的保护管理主体是林业部门，但是为了搞活经营，通常由食宿经营者、地方公共团体以及其他利害关系人组成“保护管理协会”，共同推进保护管理工作。有些地方还建立了“森林环境整备推进协力金制度”，保护管理协会向利用者收取一定的协力金。作为义务，保护管理协会负责设施维护和环境美化，向利用者提供休闲之森的使用信息，以及制定包括设施管理和森林经营在内的计划书。

4.3 有关森林疗养地选址的一点思考

【树先生】

2017年6月，《森林疗养基地建设技术导则》初审会在北京举行，来自中国康复研究中心、清华大学、中国林科院和北京林业大学等机构的多位专家参加了标准初审工作。2017年8月标准面向社会征求意见。这部标准从起草到征求意见稿耗时三年，之所以迟迟不能和大家见面，是我们觉得某些条款好像永远需要进一步完善，森林疗养地选址就是这样的问题。

过去我们考虑森林疗养地选址，有从业主经营便利角度的考虑，也有从疗养课程服务质量的考虑，有对访客吸引因素的控制，也有对不良环境因素的限制，指标包括交通条件、森林面积、林分质量、森林物理环境（声环境、温差、细菌含量、负氧离子、PM2.5、臭氧）、是否为自然疫源区、天然照射贯穿辐射剂量、土壤和地表水质量、人体舒适度指数等等。这些指标看似相对完善，实际上一年之中如果严寒、酷暑和持续降雨频繁发生，满足前述各项指标森林疗养地的有效营运时间会非常短暂。这对业主和消费者都会造成困扰，所以需要一项指标来衡量森林疗养地气候适宜的营运时期。

最近我们发现，其实早在1985年，德国学者Miccz就提出了旅游气候指数概念，他将与旅游相关的气候变量融合成一个综合指数，对旅游目的地气候适应性进行综合评估。2013年，Tang又在旅游气候指数的基础上，提出了度假气候指数，这个指数考虑了舒适度、审美和物理因子等影响因素，涉及日最高气温、日平均温度、云量、日降水和平均风速等五个气候变量。目前，国内很多学者已经验证度假气候指数更能准确地表述一个地区的气候舒适度，这其中包括胡贵萍等人在浙江丽水的研究，也包括余丽萍等人在衢州开化县的研究，这为度假气候指数作为森林疗养地选址的指标奠定了基础。

4.4 森林疗养资源该如何评估？

【树先生】

无论是编制区域森林疗养产业发展规划，还是编制项目级的森林疗养基地规划，都需要准确评估森林疗养资源。那么，森林疗养资源应该从哪些角度进行评估呢？今天先来谈谈我们的想法，希望能够抛砖引玉。

要想评估森林疗养资源，还得要先来解决森林疗养“是什么”这个问题。我们认为森林疗养包含“疗”和“养”两部分，其中“疗”是内核，“养”是外延。而在“疗”这个内核部分，又分为两个圈层，最核心部分是基于森林五感体验的环境疗法，外层是运动疗法、作业疗法、芳香疗法、气候疗法、食物疗法等替代治疗方法在森林中的应用。确定了森林疗养内涵的三个圈层，我们就有头绪来评估森林疗养资源了。

首先，如果想做好森林疗养最核心的第一圈层产品，项目地森林需要有丰富五感体验资源和良好森林环境质量。当然五感体验资源这种说辞比较主观，也很难量化。从森林疗养场地评估的经验来看，不同森林疗养师对同一森林五感资源评价的差异很大。但是服务于疗养功能的森林环境质量评价是比较有公信力的，一般可以从舒适度、美景度、芬多精、负氧离子等方面进行评估。

对于满足第二圈层需求的森林疗养资源评估，应该立足于项目地森林能否提供开展运动疗法、作业疗法、芳香疗法等替代治疗方法的条件。比如说，是否能够设置不同运动强度的步道，作业场地是否平坦安全，有没有可采集的芳香植物等等。不同疗法有不同的适合性评估方法，其中运动疗法和作业疗法的环境评估最为成熟。

森林疗养第三圈层的内涵，实际就是传统的森林养生，做好这部分产品需要充分挖掘与项目地有关的森林文化资源。森林文化既包括历史的，也包括民俗的，既有艺术的，也有技术的，与森林有关的诗歌、绘画、雕刻、建筑、音乐、文学等文化体验方式均能有效提高森林疗养效果。

4.5 适合森林疗养的森林应该怎样经营？

【树先生】

对于森林疗养工作，大部分林业人关注的是林业本身，比如说“适合森林疗

养的森林应该怎样经营”这样的问题。所以很多朋友问我，什么树种适合做森林疗养？需不需要补植一些苗木？其实现阶段有关树种和森林疗养效果的研究不多，也很难为森林经营工作提供支撑。为适应森林疗养需求而开展的森林经营工作，现阶段主要是林分密度调整。

过去曾有人从景观美学角度出发，梳理过林分密度和森林景观的研究资料。大部分研究认为林木密度在 950 ～ 1300 棵 / 公顷的森林景观是比较理想的；如果以林分蓄积进行统计，大约是 27 ～ 35 立方米 / 公顷的森林美景度较高。但是从森林观光升级到森林疗养之后，林分密度调整需要应对的不仅仅是视觉需求，只有对森林疗养课程进行简单分类，才能给出与课程类型相适应的合理林分密度值。藤本和泓等人提出，应将森林疗养课程类似区分散步型、游憩型和运动型三类，并根据课程类型特点来调整到最适林分密度（见表 4-2）。不过这种分类可能有些机械，如果是在森林中做艺术鉴赏或开演唱会，林分密度控制在 50 ～ 100 棵 / 公顷会更适合。

表 4-2　不同森林疗养课程理想林分密度

森林疗养课程类型	林分密度	树木间隔	林下植被高度
散步型	600 棵 / 公顷左右	不小于 4 米间隔	40 厘米以下
游憩型	300 ～ 600 棵 / 公顷	4 ～ 6 米间隔	10 厘米左右
运动型	300 棵 / 公顷	6 米以上间隔	5 ～ 20 厘米

除了林分密度，林窗密度也会影响到森林疗养课程效果。林窗也称为林隙，它是森林演替过程中形成的林间空地，对于维持生物多样性和森林更新具有重要意义。在森林疗养基地设计时，在林窗内设置坐观、冥想和平躺休息等场所，有时会比林下或森林周边更有优势。不过，利用林窗开展森林疗养时，应处理好与保护更新苗的关系。

4.6 森林疗养基地该补植什么样林木?

【树先生】

什么样的森林适合建设森林疗养基地?这是森林疗养基地建设的核心问题。由于林木生长缓慢,过去我们一直认为森林疗养基地“重在于选,而不是建”。但现实中理想林分非常少见,需要进行必要的林分调整。如果需要在森林中补植一些树木,我们建议要大致遵循两个原则:一是补植树木能够提供丰富的五感刺激,可以作为森林疗养的治愈素材;二是“适地适树”,补植树木无需过多维护就能生长,也不会过度繁殖而影响原生态系统稳定性。

那么具体补植哪些植物好呢?在第六届北京森林论坛上,清华大学李树华教授分享了“植物选择与健康”研究进展,期间李先生多次提到和推荐了迷迭香。迷迭香到底有哪些优势?补植后能为基地带来哪些变化?今天一起来了解下。

可“观”——迷迭香是栽培历史悠久的观赏灌木,四季常绿、枝叶密集、花色素雅,如果作为地被或是绿篱的话,一定深受体验者欢迎。

可“闻”——在生长季节,迷迭香枝叶会散发清香气味,具有缓解紧张郁闷情绪、清心提神和增强记忆力的作用。

可“触”——迷迭香叶片革质,叶背面密被白色绒毛,让人看到后忍不住伸手触摸。迷迭香枝条折断后,伤口所流出的汁液会变成黏胶,如果不小心碰着肯定会留下深刻“印象”。

可“食”——迷迭香是西餐常用香料,在沙拉、汤、烤肉、牛排、面包和馅料制作中都可以用到。作为天然抗氧化食物,迷迭香对人类健康和食物保鲜都具有重要作用。

可“药用”——迷迭香不仅可以镇静、安神和醒脑,对胃痛、失眠、心悸、头痛、消化不良等多种疾病都具有显著疗效,此外迷迭香还可以治疗外伤和关节炎。

实际上在曹魏时期,迷迭香就引种到中国,目前在南方大部分地区均有栽种。由于迷迭香原产地中海沿岸地区,在我国北方地区栽培并不容易,山东、河南和北京虽然也有引种记录,但选育出适合大田栽培的品种尚需时日,北方森林疗养林分调整还要依靠和挖掘乡土植物。

4.7 如何利用灌木林发展森林疗养？

【树先生】

在编制《北京市森林疗养产业发展规划》过程中，我们希望将北京的每一处林地都纳入到规划之中，让每一种森林都能够服务于公众健康管理。不过这种想法在实践中面临着很大挑战，北京市低矮的灌木林总面积超过29万公顷，约占全市林地面积的三成。在西南部的房山区和门头沟区，灌木林面积特别大，太行山区降水足，地质条件恶劣，千百年来山区植被都是“薄薄的一层”，绝大部分现有灌木林没有提升改造为森林的可能性。那么，这些灌木林该如何用于森林疗养呢？

我们调查发现，在普通公众眼中，低矮的灌木林也是“森林”。不仅如此，我国的《森林法实施细则》规定，在计算森林覆盖率时，“国家特别规定的灌木林地”可以折算为森林。这样看来，森林疗养基地如果选在灌木林地，访客接受起来不会太困难，经营者也不用担心是在“欺骗消费者”。从技术层面来看，与普通森林相比，灌木林最大弱点是没有林荫，导致森林小气候不够理想，作为康复景观也存在缺陷，开展一些森林疗养课程肯定会受到很大限制。但是没有林荫，森林疗养师可以巧妙利用山阴、坡度等地形优势，挖掘出适合灌木林开展的森林疗养课程。实际上，很多避暑胜地的植被类型是灌木林，一些利用灌木林的休闲度假经验可以为森林疗养工作所借鉴。另外，像日光浴、空气浴这样的森林疗养课程，或是开展荒原疗愈，说不定灌木林比普通森林更有优势。当然，灌木林能够开发出哪些有特色的森林疗养课程，依然有待于循证医学的研究结果。

房山区和门头沟区的灌木林地，大部分位于“距离城市2～3小时的黄金度假带”，尽管森林质量不高，但是自然资源丰富，文化底蕴深厚，如果以灌木林为基质建设森林疗养基地，或许能够成为风格独特的自然疗养地。

4.8 兼顾疗愈和教育的自然观察林

【树先生】

自然缺失问题在大城市及其周边地区尤为严重，所以有必要把我们身边的森林整理出来，让人们充分接触野鸟、昆虫和植物。去森林中观观鸟，认识下各种林下植物，这种观察自然的方式，不仅能够提高大家对自然科学的兴趣，深刻理解森林保护的意义，还能让我们的内心安静下来，因此自然观察活动从来都具有疗养和教育的双重功能。

很多朋友关心自然观察林应该建设哪些设施，我们认为与其强调“建设”，不如把侧重点放到“选址”。一方面，自然观察林要选在交通便利的城市周边地区，确保市民的利用频度；另一方面，自然观察林还对生物多样性要求较高，物种资源越丰富越适合做自然观察；而同时较好满足这两个条件的森林并不多见。如果一定要说“建设”，可以根据实际情况建设自然体验中心和观察设施。自然体验中心一般要具有展示、资料收集和研修功能，它不仅汇集森林的各种信息，展示动物、植物和昆虫资料，还要有放映厅、交流研究室和日常管理工作室，满足研修和管理需要。在自然观察设施方面，自然研究路或自然观察径是必不可少的，有时会在观察路径沿线设置眺望台和观察小屋，以方便雨雪天气条件下自然观察。在大多数国家，自然观察林都坚持公益属性，无论是自然体验中心，还是自然观察设施所在的森林，都是免费的，只有极个别地方会收取一些停车费。

在日本，除了林业部门推出的171处“自然观察教育林”之外，环境保护部门也推出了10处“自然观察之森”。“自然观察之森”致力于区域内森林资源的保护，努力营造和保持杂木林、人工林、草地、水塘等多样的环境载体，为各种生物提供生存场地。环保部门要求“自然观察之森”要常驻自然观察引导员，定期组织各类自然体验活动，大人和孩子都可以参加自然观察活动。另外，大部分“自然观察之森”有自己的出版物和会刊，还会面向体验者提供纪念邮章和自然观察手册。与“自然观察教育林”相比，“自然观察之森”虽然数量不多，但是运营管理似乎更为出色。

4.9 户外露营，什么样的森林更吸引人?

【树先生】

最近森林露营很受访客欢迎，相信经营露营地也容易收回投资，所以我们建议把露营地作为森林疗养基地的必选设施。但是设置露营地并不简单，理想的森林露营地既应该有舒适森林，也应该有完备实施，并需要在设置设施和保护森林方面实现平衡。说到森林露营地的舒适性，它可能会受到森林小气候、以芬多精为代表的森林挥发物、丰富野生动植物和恰到好处的水系等多方面因素影响。但是对大多数体验者来说，选择森林露营地还是靠第一印象，那么究竟什么样的林相更受露营者欢迎呢？北海道曾经有人选择 89 处不同林相的露营地，针对露营者做过问卷调查研究，一起来分享一下相关成果。

（1）露营者都从哪里来？森林露营者以本地人为主，外地人大约只占 20%。从另外一个角度来看，家庭露营最多，约占 35%；然后是朋友聚会，约占 25%；学校组织的露营、公司组织的露营、一个人出游的露营者所占比例相当，均不超过 15%。

（2）露营者对森林第一印象有哪些要求？露营者对森林的第一印象要求主要集中在两个维度：一个维度可以用“舒适、新鲜、清爽、容易亲近”来形容：另一个维度可以用“整洁、明亮、干净”来形容。对于单层阔叶林、复层阔叶林、针阔混交林和幼龄人工林这几种常见林分，露营者的第一印象是如何排序的呢？幼龄人工林肯定是垫底，但是最受露营者欢迎的竟然是复层阔叶林，而单层阔叶林也比针阔混交林更受欢迎。

（3）舒适的森林到底长什么样？研究者还对露营者的第一印象与营地林分树高、直径和树种组成等因素做了回归分析，结果发现：“舒适”的印象与露营地森林面积与上层乔木直径有关系；“明亮”的印象与阔叶树的比例、混交情况和林分高度有关；而“清爽、容易亲近”这样的印象，与露营场地的大小、露营森林面积和有无大树有关。

4.10 自然休养林的性格

【树先生】

在自然休养林的发源地日本，据说最初设置自然休养林是为了应对快速城市化过程中休闲绿地的不足。而现在国内有些城市，大小各类公园遍地都是，那么这种情况下还有必要设置自然休养林吗？从林种上来看，自然休养林又与现有的景观游憩林有哪些不同呢？我们今天就来分析下自然休养林的性格，顺便来回答这两个问题。

（1）功能不同。喜欢亲近自然，喜欢定期换换环境，这是人类的本性。从康复景观角度来看，城市公园和居住小区的绿地管理得越精致，可能距离人们心目中的“自然”就越远。大多数人都希望有机会短暂离开熟悉的环境，到更狂野的“自然”中去释放压力，而自然休养林正是满足这些需求的一个选项。传统的景观游憩林也能够满足一些上述需求，但景观游憩林主要是为应对高人流密度的观光休闲需求而设计的，而自然休养林侧重于满足休闲娱乐、体验教育和健康管理等方面的低人流密度需求。

（2）经营管理方式不同。自然休养林与景观游憩林的经营方式有显著的不同。比如，景观游憩林是不允许挖山野菜的，如果您在奥林匹克森林公园中挖了山野菜，即便没受到管理方的批评，相信自己心中也会惴惴不安。而自然休养林是允许在生态承载力范围内进行合理利用的，也以挖山野菜为例，自然休养林会是怎么做呢？首先自然休养林的管理者会指定特定时间和专门区域用于挖山野菜；然后如果有游客到访，管理方会组织一个简单而有趣的培训，让游客了解山野菜的基础知识，知道哪些山野菜能吃，而哪些不能吃，哪些能够采挖，而哪些必须留种；最后才是游客自由采集时间。

4.11 自然休养林该如何经营？

【树先生】

森林疗养离不开跨领域合作，在这种合作过程中，林业人应该多从森林角度来做工作和考虑问题。现阶段，由于对森林疗养感兴趣的医生和心理学专家不多，我们更多关注了森林疗养的作用机理和疗愈效果，反而忽略了林业人最擅长的森林经营问题。那么，作为森林疗养基地的绿色基础设施，自然休养林该怎么经营呢？

今天先来说说我们的不成熟想法。

自然休养林的经营目标应该是分层次的，第一层次是满足森林健康的基本需求。作为一类生态系统，森林本身也有健康需求，只有森林本身足够健康，才能够满足人类的合理需求。想象一下，如果是被害虫爬满枝叶的森林，大家可能都不喜欢；如果眼前是一片几十年仍长不大的“小老树”，任何人都会有一种压抑感。关于森林健康经营问题，北京市2010年发布了《森林健康经营与生态系统健康评价规程》（DB11T 725—2010），其中很多技术措施对北京之外的森林也具有一定指导价值。

自然休养林经营的第二层次，是满足人进入森林的一般需求。访客自发走进森林时，一般会关注自身安全、风景质量和参与程度这三个问题。大多数学者认为，扩大透视距离能够有效提高访客的心理安全感，而透视距离、风景质量和参与程度与密度、郁闭度、径级和林下灌草密度密切相关。通过调整林分密度、修剪枝条和割除灌草等措施，重点改善步道和休闲设施周边林分的透视度、美景度和可及度，这是自然休养林第二层次经营的主要内容。对于满足人进入森林的一般需求，风景游憩林经营方面已经积累了成功经验，我们需要从森林疗养的角度再借鉴。

自然休养林经营的第三层次才是满足森林疗养需求，这其中重点应该是增加五感体验资源和改善五感体验质量，也包括通过调整树种组成来利用植物挥发物或负氧离子，还有就是因地制宜地设置森林疗养辅助设施。“增加五感体验资源和改善五感体验质量”不是一句空话，比如鸟鸣是构成森林声景观的重要组成部分，对缓解心身压力具有重要作用，因此可以通过营造诱鸟森林来提高这一疗养功能，而设置鸟类饮水点、开辟林间空地、种植食源植物、提供营巢繁衍的隐蔽空间等，都被认为是营造诱鸟森林的有效措施。

4.12 韩国人如何选自然休养林？

【树先生】

什么是自然休养林？在韩国民众心中，自然休养林就是“为了发挥森林休闲娱乐功能而设立的设施”。像公园一样，自然休养林并不是作为“森林”在经营，而是作为“市民福祉设施”在管理。尽管强调设施的重要性，但在设置设施前的选址环节，韩国人也制定了严格标准，一起去了解下。

（1）看森林景观。美景度是韩国人选择自然休养林的第一标准。是否有地形变化?环境是否被破坏?有没有独特的瀑布、岩石和沼泽?动植物的多样性以及林分年龄等都被作为衡量美景度的指标。

(2)看林地位置。越接近城市,或是交通越方便,自然休养林的实际利用价值越高,所以林地位置和交通条件是选址的重要指标。

(3)看面积大小。森林面积反应森林环境的连续性,面积越大越有优势。韩国区分国有林、集体林和私有林来确定面积大小。如果被指定为自然休养林,私有林面积应不小于20公顷,而国有林和集体林面积应不小于30公顷;如果是岛屿地区,森林面积可放宽到10公顷。

(4)看水系情况。水系对休闲娱乐功能的发挥作用很大,韩国自然休养林一般要求具有"自然长流水"。此外,水质、流长、河宽、岸线长度、水景观和枯水期等都是考量水系情况的重要指标。

(5)看吸引客人因素。除了森林之外,当地吸引游客因素的多寡关系到自然休养林的利用强度。有没有历史文化遗迹?有没有农业特产资源?有没有其他关联休闲娱乐设施?这些都是需要评估的内容。

(6)看开发条件。设置休养设施和开发森林休养活动需要较为平缓林地,因此"坡度15度以下的林地面积"是作为开发条件的重要指标。此外,自然灾害频发的地区不适合作为自然休养林,受所有权和开发用途限制的森林也不适合作为自然休养林。

4.13 日本自然休养林经营现状

【树先生】

韩国的自然休养林采用预约制经营,这种"饥饿销售"策略,让入园门票一票难求,也让我们这些旁观者把韩国的自然休养林工作作为榜样。其实,日本的自然休养林工作比韩国早将近20年,由于不收取入园门票,年受益人数和利用强度应该远超过韩国。不过,今天我们不是想说日本经验,而是搜罗下日本自然休养林中所存在的问题,以供各位参考。

(1)投入不足,设施老化。日本自然休养林建设和运营一直以政府投入为主,近年来由于经济不景气,政府财政投入不足,步道和相关设施老化严重。林野厅最近组织的一次行政评价显示,部分自然休养林的设施老化程度甚至威胁访客安全。从事自然休养林经营管理工作的人员也以临时工为主,由于不能提供稳定的雇佣关系，在人口老龄化严重的日本，很少有年轻人愿意从事自然休养林经营管理工作。

（2）提振地方经济作用受质疑。原则上，自然休养林所在林业部门应该与当地利益相关方合作，在自然休养林协会框架下共同负责运营管理工作。但实际上这项措施在很多地方并没有落到实处，部分自然休养林主管部门依然是孤军奋斗，当地人没有参与进来，当然也不容易从中受益。另外，到访自然休养林的游客数量，受季节影响较大，客源并不稳定，这也是当地观光业难以从中受益的主要原因。

（3）过度设施化。在自然休养林中设置设施，不仅要符合自然休养林的“气质”，而且种类和数量都要有一定限制。也许是担心被上级主管机构认定为“不作为”，日本部分自然休养林的设施设置有过度倾向。过度设施化不仅破坏森林之美，影响休养保健机能的发挥，也增加了运营管理成本。在尊重市场原则和设施利用实际的前提下，日本国内正在重新审视自然休养林设施的设置标准。

4.14 自然休养林也需“休息”

【树先生】

忘了在哪里得到的信息，韩国的自然休养林是需要轮休的。为了保护好森林资源，韩国的自然休养林通常会轮换开放不同区域，或是整体开放一段时间后便关门休息。实际上，人类进入森林，对森林带来的影响是巨大的。暂不说修建步道等相关设施对森林的影响，在运营过程中，也难免会干扰野生动物、践踏林下植物、破坏土壤结构以及带来外来入侵物种等等。在日本的一些森林疗养基地，为了防止访客将外来入侵物种带入森林，经营者为每位访客准备了林地靴，访客到达基地的第一件事是换鞋，以避免鞋底裹挟外来物种。

要不要这么夸张？相信很多人看过上段讯息后，第一反应都是这样。对于森林疗养基地或是自然休养林来说，森林保护和经营是最重要课题之一。一般认为，具有不同于城市的植物环境，是满足森林体验教育和森林疗养需求的基本条件，而保持这种不同就是在保持森林的魅力。最近“伴人植物”引起了我们的注意，这些植物会随着人为活动而迅速传播，抗逆性极强，很容易取代森林中原有植物，从而造成植物环境的同质化。除了植物入侵之外，踩踏对森林环境的影响更为直观。在八达岭国家森林公园的天坑附近，那里原本有林场长势最好的油松林。但由于近几年森林体验活动频繁，林下的土壤被踩实，导致林下缺少植被，树木也显现出生长不良的苗头。

进入森林是为了让人们得到休息，而森林本身如何“休息”这一问题同样亟须解决，未来应该在森林轮休的时机、周期、方式和效果等方面加强研究和实践。

4.15 湿度：森林疗养不可忽略的因素

【树先生】

据研究，林区旷地的多年年均空气相对湿度值比市区大 2.2% ~ 11.0%，森林的增湿效应非常明显。那么，湿度增加对人体健康到底是好事还是坏事呢？或许这得具体情况具体分析了。

如果探讨湿度对人体健康的影响，必须和温度一起来分析。医疗气象研究报告指出，如果人体感觉非常舒适，空气温度在 20℃、25℃、30℃、35℃ 时，与其相对应的相对湿度分别应该为 85%、60%、45%、33%，极端温湿度都会对人体造成不利影响。以呼吸系统疾病为例，湿度过高或是过低都会增加呼吸系统疾病的发病率。在北京地区，湿度的最适值为 51%，当相对湿度≤ 51% 时，相对湿度每减少 10%，呼吸系统疾病急诊就诊人数增加 3.43%；当相对湿度 >51% 时，每增加 10%，呼吸系统疾病急诊就诊人数增加 1.80%。当然这其中受到温度协同作用的影响，低温低湿和高温高湿都会增加呼吸系统疾病急诊就诊人数。

在森林疗养过程中，我们很关心高湿对人体造成的损伤。研究表明，高湿是诱发呼吸道、消化道和皮肤病等多种疾病发作的重要因素之一。尤其是在高温高湿环境下，由于身体散热困难，更容易引起生理功能紊乱。这样说来，南方地区的森林疗养或许会受到高温高湿时间段的限制。但是在森林中，湿度不只是受到降水影响，海拔高度、小地形、植被类型等各因素都会影响林内的湿度。在地形有变化的森林内，用心寻找总能找到一块让体验者非常舒适的场地。在北方地区，春秋季节空气容易干燥，由于增湿效应的存在，使得森林比城市更舒适，而夏季进入森林时，同样应尽量避开高温高湿的时间段。不过对于运动员来说，在高温高湿环境条件下，长期合理训练可以培养机体生理适应，进一步提高运动能力。

需要警惕的是，随着湿度的增加，一些自然疫源疾病爆发风险也会增加。例如在华北地区，斑疹伤寒、乙脑等自然疫源疾病的发病率与平均相对湿度高度相关。所以对于那些容易持续出现高温高湿、蚊虫密度较大的森林，应设置警示牌，避免人员进入。

4.16 森林疗养基地怎样才能不被蚊子打败？

【树先生】

在城市中，很多人向往森林的好，越是森林经验不足，这种向往越强烈。但是真正来到森林之中，尤其是被蚊子叮了几个大包之后，各种美好憧憬都立刻化为乌有。我们苦苦思考，如何才能让市民喜欢上森林？可有时隔在市民和森林之间的，却是蚊子这样的小小昆虫。

像北京松山这样海拔高、气温低的森林，原本没有蚊子，随着游客数量的增加，蚊虫叮咬也在逐渐成为问题。这可能与雌蚊有更多人体血液吸食而增加繁殖机会有关，也与环境条件控制有一定联系。森林疗养基地追求的是舒适最大化，而我们又该如何控制蚊子以确保舒适性呢？

（1）控制林分密度。蚊子通常偏好隐蔽、阴暗、通风不良、空气湿度较高的环境。如果控制好林分密度，尤其是水边的林分密度，通过合理疏伐来增加透光度和通风性，相信能够有效提高林地卫生质量。

（2）控制垃圾桶和洗手间密度。我们建议森林疗养基地中不要设置垃圾桶，森林疗养过程中产生的垃圾应由体验者自己带回住处。这样不仅可以减少垃圾驻留，减少滋生蚊虫，还能降低运营管理成本。日本森林疗养基地一般都采用“垃圾持归”的方式。洗手间排水不畅和异味也是滋生蚊虫的重要原因，森林疗养基地不仅要控制洗手间密度，还要有密闭的污水处理系统。

（3）补植驱蚊植物。在没有化学驱蚊剂的年代，各地民众在使用驱蚊植物方面就积累了丰富经验。据统计，我国有500种以上植物具有驱蚊和灭蚊活性，艾蒿、大蒜、烟草、荆芥、薄荷、薰衣草、茴香、野菊等常见草本都有驱蚊功效，而花椒、野瑞香等灌木同样驱蚊效果明显。

（4）选择合适的森林疗养路线。把体验者带到舒适的森林中，这也是森林疗养师的基本功。森林疗养师开展场地评估时，就应该掌握当地“什么时间什么森林里蚊子会比较多”，从而避免误入不合适的林分。根据以往经验，芬多精挥发量较大的林分，蚊子密度会比较低，比如柠檬桉、香樟、侧柏林中就少有蚊子，而落叶松林内的蚊子密度比较大。

作为传粉昆虫，蚊子是森林生态系统的组成部分，人类没有理由将其斩尽杀绝。另一方面，无论在森林中还是城市中，夏天不小心被蚊虫叮咬都是在所难免的，也许做好自身防护才是解决蚊虫叮咬问题的根本。

4.17 如何选择森林疗养路线？

【树先生】

森林疗养步道是森林疗养最重要的基础设施之一。“森林疗养步道”在日文语境下有更丰富的内涵，绝不局限于我们所理解的道路。森林疗养步道通常包括出入口、绘文字标识、坐观场、点视场等相关疗养设施，这些疗养设施和沿途的自然疗愈资源结合在一起，才能为访客提供更好的疗养服务。所以森林疗养步道不仅是设施，还暗含着合理选择疗养路线的意思，或许把“森林疗养步道”翻译为“森林疗养路线”会更准确一些。

目前国内尚没有一个成熟的森林疗养基地，如果开展森林疗养体验活动，踏查几条合适的森林疗养路线就成了森林疗养师重要的必修课。而路线好坏直接关系森林疗养服务质量，也更能体现森林疗养师的价值。那么，应该如何选择森林疗养路线呢？

首先，要了解不同的森林类型，根据访客需求来选择路线。森林有很多种，有针叶林、阔叶林、针阔混交林，有原始林、次生林、人工林，有乔木林、竹林、灌木林。不同森林会带来不同感受，不同访客也会有不同喜好，森林疗养师要自已走过很多森林，了解很多森林，才能知道自己想去什么样的森林，才能基于自身价值判断给访客提供更多建议。

其次，要了解不同的树种，掌握不同树种芬多精和负氧离子的挥发动态。很多访客是冲着森林中的芬多精和负氧离子来体验森林疗养的。只有把芬多精等挥发物动态说清楚，把特定树种与健康联系起来，访客才会觉得不虚此行。另外，容易到达的地方，也容易丧失自然森林的好，而某些树种只分布在特定区域，带领访客找到这些特定区域，也是一个疗愈过程。

当然，选择森林疗养路线还应该遵循场地评估的一般方法，森林密度、步道坡度、步道距离、铺装情况、水体、目标吸引物、应急管理的便利性等都应该考虑在内。目前森林疗养体验活动主要集中在森林公园，由于没有预约管理机制，难免会有很多突发状况，比如某条线路突然来了很多游客等等。森林疗养师应该准备足够多的替代方案，再热闹的森林公园，也会有一条少为人知的小径，这就是我们一直强调森林疗养师要对疗养环境绝对熟悉的原因之一。

4.18 有关森林疗养步道设计的几点建议

【树先生】

我们陆陆续续设计和建设了多条森林疗养步道，这其中有成功的经验，也有不尽如人意的遗憾。今天我们不追究步道设计的细节问题，只在设计原则层面，谈谈除了“安静、安全和安心”之外，森林疗养步道还应该注意些什么？

（1）把选线放在第一位。森林疗养步道有别于登山步道，它不以最短距离到达目的地为目标，更注重如何把森林中“拿得出手”的五感体验资源连接起来。所以在步道设计之初，要充分调查森林中的疗养资源，步道选线要体现出五感体验的变化，让访客能有丰富的自然体验。另外，从实施森林疗养课程的角度出发，步道选线应结合软件建设，沿途要灵活设置一些辅助疗养设施。

（2）做到步道与自然共生。最近我们发现，一些地方森林疗养步道对当地森林环境造成了严重破化。这种破坏不仅让人心痛，而且也让步道失去了应有的“景观康复”功能。森林疗养步道有别于车行道，所以在设计和建设过程中要尽量减少土方工程，避免对步道沿线植被造成破坏。如果是在既有步道基础上改建森林疗养步道，应该首先考虑步道沿线森林环境能否得到复原。为了做到步道与自然共生，很多细节上都要特别注意，比如要绕开野生动物的巢穴、保留动物的迁移路径、保持水系畅通、尽可能多地采用原状铺装、防践踏铺装和木栈道等等。

（3）优先照顾弱势群体需求。随着国内社会人口老龄化的加剧，以老年人为主体的社会弱势群体，对森林疗养步道的利用频度可能会不断增加。此外，残障人士、幼童、病后康复人群等都是森林疗养的主要客户群，如何优先照顾好这些弱势群体需求，是设计森林疗养步道需要重点关注的问题。根据步道设计和建设经验积累情况，未来我们考虑在适老性改造、轮椅和婴儿车通行、导盲系统等方面起草统一的标准。

（4）考虑运营维护和成本控制。森林疗养步道应该尽量就地取材，这不仅是成本控制的手段，也是降低环境负荷的有效方法。比如在平缓的松林内，松针就是很好的步道铺装材料，间伐下来的枝干可以作为路肩。这样不但节省建设投资，后期的运营维护成本也不会太高，重要的是，松针步道更受森林疗养师的青睐。不过在容易出现侵蚀、崩塌等问题的地段，考虑到自然条件的严酷、日常清扫方便以及雨雪天气使用等问题，也不能排斥水泥等耐久性材料的使用。

4.19 森林疗养步道：木片铺装到底该怎么做？

【树先生】

首次出国考察森林疗养时，当地用木片铺装的森林疗养步道，绝对让我们所有团员眼睛一亮。国外木片铺装步道的种类很多，木片铺装的森林疗养步道也很受体验者欢迎。回来之后，我们迫不及待地尝试修建了几条木片铺装步道。不过照猫画虎总会存在一些问题，今天我们就梳理下相关经验，并结合最新木片铺装技术，一并分享给大家。

（1）木片铺装的优势。“木片铺装是最适合森林疗养的步道铺装方法”，在我看来这种说法一点也不为过。总结起来木片铺装优势很多：一是铺装材质源于自然，即便废弃后也不会污染环境；二是不会像水泥铺装那样改变地表的温热环境，冬暖夏凉，透水性好，又能够抑制杂草繁殖，更接近自然铺装；三是木片铺装能够减震，访客的体验感好，如果选用有香味的木材，不仅有芳香疗法的功效，还能够趋避蚊虫；四是木片铺装可以结合间伐取材，用材成本低，另外铺装工艺简单易学，还可以开发成为森林疗养课程。

（2）木片铺装存在的问题。尽管木片铺装优势明显，但如果铺装工艺的几个关键点把握不好，木片铺装的效果会大打折扣。目前我们发现存在的问题主要有以下几个方面：一是木片大小和厚度不够，容易被踩碎，这将直接影响步道的耐久性；二是绝大部分为木片无胶合铺装，且厚度不够，在践踏作用下容易出现路面结构不稳定，甚至会露出路基；三是材料选择不当，经常将枯枝落叶和木片混合铺装，在林外设置这样的步道不仅没有美感也容易滋生蚊虫；四是直接用锯末或刨花来铺装步道，这样会增加森林火灾隐患。

（3）改进木片铺装的建议。选择木材的时候，尽量选择耐久性好、不易腐烂的树种，有些木片本身会形成一个特殊涂层，从而能够维持结构稳定。现在有些胶合剂能够达到食品级，如果把这种胶合剂应用于木片铺装，对于提高耐久性具有重要意义。据说日本木片铺装协会的一处应用环保胶合剂的木片铺装步道已经维持了 9 年。当然使用胶合剂的木片铺装也存在一些问题，比如雨雪天气时会比较湿滑，而且不同胶合剂混合比例的步道性能差异很大。也许沙土和木片混合铺装会是一个不错的办法，沙土虽然没有黏性，但是对木片铺装来说却可以起到黏合剂的作用。

4.20 上松町的“亲近小径”

【树先生】

长野县上松町是“森林浴”的发源地，在那里有多种类型的森林疗养步道，其中一条专门为残疾人设计的森林疗养步道特别引人注目。这条步道被称为“亲近小径”，之所以叫这个名字，设计者希望它不仅能够让人和自然亲近，也能够让人和人之间更亲近。

亲近小径宽 1.8 米，全长 1046 米，路面有木栈道和木铺装两种类型。考虑到轮椅行走的便利性和安全性，步道坡度大部分控制在 4 度以内，难以控制在 4 度以内的地方，最大坡度也不超过 8 度。如果是连续 3 ~ 4 度的坡面，每 50 米设置了一处 1.5 米长的水平步道，用于轮椅使用者休息。除了步道，盲人用的标示物、残疾人专业洗手间和五感体验小品等设施，亲近小径也是一应俱全。当然，作为林业部门主抓的项目，森林经营工程必不可少。项目对步道周边 13 公顷的森林进行了景观伐，补植了约 1000 棵树，以增加五感体验资源。另外，对于修路而产生的 0.1 公顷边坡，也通过治山措施进行了加固。

与普通步道最大的不同，还是亲近小径对细节的把握。为了让残疾人利用起来更容易，无论是步道防滑，还是安全护栏的设计都非常人性化。残疾体验者无需额外帮助，就能完成整个森林疗养过程，这对于竖立残障人士的自信心非常有帮助。另外，亲近小径在设计和施工过程中，非常注意对自然的保护。项目地的土层非常薄，即便是很小的土方工程，也会对植物造成很大影响，所以大部分步道是栈道的形式。项目地森林以扁柏为主，扁柏根系发达，经常暴露在地表。项目首先在根系上方覆盖了一层厚厚的碎石，然后再进行木质铺装，这样不仅保护了扁柏根系，还解决了寒冷地区木质铺装容易变形的问题。

4.21 森林疗养步道：德国的学习森林小道

【树先生】

准确地说，德国既没有“森林疗法”，也没有“森林疗养”，让德国人自豪的只有发源于温泉保养的自然疗养地。最新统计，德国的各种自然疗养地已接近400处，无论哪种类型的自然疗养地，好像都会有一个不小于40公顷的疗养公园。每处自然疗养地丰富的历史文化、生活文化和自然资源多集中在疗养公园，而连接这些资源的，就是我们所说的“森林疗养步道”。走在这样的步道上，不仅可以休闲娱乐、放松身心和开展地形疗法，甚至可以让疗养客重新发现自我。

德国从上世纪九十年代，开始把步道作为为丰富疗养课程和提高疗养地魅力的主要手段，着力修整各种步道，并开发相应课程。这其中最有名的案例，便是巴登·威利斯赫恩的“学习森林小道”。其实这条步道大部分路段很久以前就有，不过步道上的信息和标识已经残缺不全，主题也和时代脱节，逐步开始被废弃。1999年，巴登当地政府、自然疗养地管理协会、园林部门、森林经营局等机构合作，重新梳理了各个方面对这条步道的需求和构想，确定了步道的重建方针。

为了修好这条步道，当地人定下了五条基本原则。第一，森林学习小道要按照克耐普疗法的要求进行建设，能够满足运动、药草、水疗、食物和秩序调理，具有服务于健康管理的综合系统。第二，步道应该全年都能够利用。第三，无论是年轻人、老人、徒步旅行者和骑行者都适用。第四，步道的总距离控制在 10 公里以内。第五，在步道的不同区间，任何一个地点都可以作为散步的出发点。

这条总长 10 公里的步道被修复后，形成了可以为疗养客提供丰富体验的多样场地。比如，适应性教育场地（步道的入口处，有 4 处）、运动场地（设置有体操方法的展示牌）、祈祷场地（休憩）、森林和湿地保护区、了解森林功能的场地、认识历史文化的场地、感受树皮香味的场地、感受触觉的场地（能够光脚走 80 米），有水的场地（能够接触泉水或溪流）、植物治愈的场地（能够体验药草疗法）、营养场地（卡路里步道、介绍正确的营养摄入方法），群落生境场地等等，不同森林疗养主题场地有 27 处之多。

4.22 向德国人学做森林疗养步道

【树先生】

德国气候疗法疗养地有 61 处，约占全部疗养地的 16%。在这种类型的疗养地中，森林疗养发挥着重要作用，作为主要疗养设施的步道，设计也最为讲究。一起了来解下德国森林疗养步道的设置要点吧。

（1）总长度至少 30 公里。用于临床医疗的森林疗养，原则需要三周的疗养期间，所以步道要足够多，方便医生开具多样的森林疗养处方。

（2）设置长度不同的步道。在疗养期间，有人需要 1 小时步行，而有人需要 1 天步行。设置长度各不相同的步道，方便医生应对访客步行距离需求的变化。

（3）准备不同坡度的步道。平坦步道和高差百米的步道都要有，既要考虑心肺功能不能承担较大负荷患者的需求，也要满足运动医学对改善体力和耐久力的主动锻炼要求。

（4）设置不同海拔高度的步道。如果条件允许的话，在不同海拔高度设置步道是理想的。方便医生将不同强度的大气辐射、风速和温湿度等生物气象条件作为治愈手段。

（5）步道要远离日常道路。步道不能有汽车尾气和噪音，空气越清洁越好。

（6）步道内要有遮阴。疗养要避开过强紫外线和过于暑热的地方，所以步行需尽可能利用步道内的遮阴。郁闭不足或是森林以外设置的步道，只适合早晚日照强度较低时步行。

（7）步道铺装要多样化。步道要确保一年四季任何气候都能够使用，边坡、排水和铺装材料都要格外注意。步道不宜用非自然材质铺装，沙土或落叶铺装要做到表面整洁。为了让步道富于变化，有些地方要特意做得凹凸不平。冬季下雪的地方，还要考虑冬季除雪方便。

（8）步道起点要设置在离集合点较近地方。访客步行或乘坐联络巴士就能够轻易到达步道起点，可以不使用私家车。

（9）设置休息场所。在中途设置长椅或凉亭，设置地点可以是能够晒到太阳的地方，也可以是有遮阴地方。如果条件允许，在步道终点要设置永久性小木屋，储备休息和应急避险设施。

（10）设置足部浴或手臂浴设施。在步道终点要设置能够浣洗足部或手臂的冷水浴设施，方便访客除汗和调节体温，强化疗养效果。

（11）制作正确的导游图。为确定步道的身体负荷，开出合适的运动处方，要对步道进行编号，并把长度和坡度都标记在地图上。

4.23 一条废弃农道的重生之路

【树先生】

史长峪村是密云与平谷交接的一个小山村，从北京城区出发，大约一个多小时就能达到。虽然离城市很近，但这里的落寞与城市的喧嚣有着巨大反差。缺水、上学不方便，没有奋斗的职场，村里年轻人流失严重，现在只剩下十几位老人。大约从五年前开始，北京林学会来到这个小山村，希望引入森林疗养和森林体验教育理念，用森林文化的力量来复活它。

我们今天介绍的案例，就在史长峪村南沟的一条支沟中。这条支沟东西走向，全长不超过一公里，虽然自然资源非常丰富，但是没有水源，森林质量也不高。山沟的底部曾是当地人修建的梯田，被废弃几十年后已杂木丛生。沿着梯田而上，有一条石材铺装的步道，步道宽度不足一米，铺装工艺不过关，行走起来很不舒服。而且在修建这条石材步道时，忽略了村民务农的便利性，有些路段很难从步道进入梯田。不过，这条步道距离居住地很近，未来即便是体弱的人，也能够轻易到达。

另外，步道选线在阴坡，虽然森林并不浓密，但是有山阴的庇护，舒适性还是比较理想的。

步道密度过大，会有损于森林的复愈性环境，所以我们决定森林疗养步道将在原有步道基础上改建，而不是另外选线。当然，改建之初要确立步道定位和改造原则。关于步道定位，我们设定它可以适用于身体最弱的来访者，大约能够支持 8 ~ 10 人体验三小时森林疗养课程。另外，我们定下了四条改造原则：一是步道不能太陡，以无阶梯步道形式来满足“无节律运动”要求；二是能够安心地赤足行走，是一条自由的步道；三是要低成本、低维护，尽量不用木栈道和木屑铺装；四是有完善的上下边坡防护、排水、护栏和导盲标示设施。

设计从沟口开始，沟口处原有一户农家，为了增加治愈素材，也考虑恶劣天气下也能有森林疗养课程，我们以农家遗迹为中心，设计了大约二百平方米的“感官花园”。农家宅院的墙壁恢复后，将罩上巨大的玻璃顶壳，这个构筑物可以作为作业疗法的工具房，可以进行受理面谈，还可以在其中享受一杯咖啡，或是晚上躺在里面数星星。感官花园将种植能够带来不同五感体验的植物，园路满足无障碍通行要求，坐在轮椅上的人，也能轻易享受植物和森林带来的疗愈作用。

感官花园的园路可以与原步道衔接，它考虑了来访者进入梯田的需求，弥补了沟口附近原步道选线过高的弊端。原步道中段有一处林相较好油松林，我们设计了森林浴场，它可以满足森林浴、腹式呼吸、森林冥想、森林瑜伽等课程对场地的要求。一条木栈道将森林浴场和原步道连结起来，形成了局部小环线。之所以“妥协”了木栈道，是因为它可以最大程度减少对森林的破坏，无需上下边坡修复，也能节省相关费用。对于步道的其他部分，按照改造原则，设计了放坡、拓宽和加装护栏，以满足森林疗养师和来访者并排行走的需求。步道铺装重点以落叶、原石和成土母质三种为主，对于落叶铺装来说，原步道位于山脚，落叶堆积自然而形成铺装，无需刻意收集落叶。步道终点还设计了避险小屋，它能够满足来访者休憩、避险、终了面谈和交流分享的需求。

除此之外，我们挑选了部分条件较好的梯田进行复垦，种植芳香、药用和染料植物。这样一来，相关农产品可以加工成为商品，也可做作为森林疗养的治愈素材，而整个农事体验过程都可以开发成为作业疗法课程。我们希望通过融合一二三次产业的方式，创造出更多盈利机会，以此来复活当地农业。当然，种植离不开水，足部浴、手部浴离不开水，造景也离不开水，在资金预算允许的前提下，项目将结合布设灌溉设施，适当添加水疗和水景观节点。

4.24 日本：森林保健设施设置有基准

【树先生】

在颁布《关于增进森林保健功能的特别措施法》之后，1991 年日本政府以“农林水产省令”的形式，发布了森林保健设施的设置基准。这项标准很短，只有五条十款，一起来看看会对我们有哪些启示！

1）森林经营方式

对于保养地的森林经营方式，标准限制使用皆伐。只有发生病虫害、火灾或严重气象灾害的时候，才允许使用皆伐清理森林。对于正常的森林经营，只有同时满足以下三个条件才能够皆伐：一是单个采伐地面积须在一公顷以内；二是两个采伐地间隔超过 50 米，采伐地内没有保健设施；采伐地周边 50 米范围内林龄在 15 年以上。

2）设施的位置

具有水土保持、水源涵养等防护功能的森林内，原则上不设置保健设施。容易发生水土流失、塌方、泥石流等地质灾害的森林，也不应该设施保健设施。除必要防护设施以外，如果林下无植被，允许设置保健设施的最大坡度为 15 度；如果林下植被丰富，允许设置保健设施的最大坡度为 25 度。

3）设施的规模

如果郁闭度不足 0.3，单处设施所占林地面积不应超过 0.6 公顷；但如果林下植被丰富且坡度不大于 15 度，单处设施所占林地可以不超过 3 公顷；如果林下植被丰富且坡度在 15 ~ 25 度之间，单处设施所占林地可以不超过 1 公顷。

对于一处设施内的建筑面积，标准也有规定。如果郁闭度不足 0.3 且林下无植被，设施中单体建筑面积不超过 1000 平方米，总建筑面积不超过 2000 平方米。

如果郁闭度不足 0.3，但是林下植被丰富，或是郁闭度超过 0.3 时，设施内的建筑面积不应超过 200 平方米。

如果修步道需要采伐林木或是改变林地形态的时候，对于步道沿线允许变更的宽度，坡度小于 15 度是 10 米，坡度 15 ~ 25 度是 6 米，坡度大于 25 度是 3 米。

4）设施的配套

设施间的距离应该在 50 米以上。如果打算在森林中做建筑，或是森林中有建筑的时候，建筑物之间的距离应该在 100 米以上。

5）设施的构造

建筑物类的设施高度，不应该超过当地成熟期森林的平均高度。在修建设施时，如果有土方工程，挖土和填土高度不应该超过 4 米。如果有铺装工程，应充分考虑地表水渗透、排水处理和其他森林保护问题。

4.25 森林疗养基地：座椅设置有说道

【树先生】

森林疗养基地的访客组成复杂，有幼童，有成年人，也有老人。为了应对不同需求，除了主体设施要多样之外，对座椅这样细部设施的设置也需要有所考量。

比如说座椅密度，我们一般会根据体弱老人的需求来设置座椅。王晓博老师调研发现，体弱老人的步行速度约为 0.4 米 / 秒，如果以 15 分钟需要休息一次计算，两处座椅的适宜间距为 360 米。但是森林疗养步道并不都是平坦的，有时需要根据坡度对座椅密度进行修正（表 4-3）。

表 4-3　座椅的适宜密度

森林疗养步道坡度	成年人休息频次	座椅设置密度	备注
0 ~ 5 度	每 60 分钟休息一次	适宜间距为 360 米	
5 ~ 10 度	每 30 分钟休息一次	适宜间距为 180 米	
10 ~ 15 度	每 20 分钟休息一次	适宜间距为 120 米	
15 ~ 20 度	每 10 分钟休息一次	适宜间距为 60 米	15 度以上需设置台阶
20 ~ 30 度	每 5 分钟休息一次	适宜间距为 60 米	不适合体弱者使用
30 度以上			只用于特定需求

可能有人会问，设置如此多的座椅，投资会不会很大。其实座椅不拘泥于形式，它可以是一块能坐下的石头，也可以是特意留高的伐桩。座椅基本是就地取材，这样既能保持自然，又不会增加投资。此外，有些座椅要结合坐观场进行配置，一处座椅最好能满足 3 ~ 5 人同时就座，以满足访客交谈需求。有时还要考虑设置一些可移动的座椅，以满足访客不同行为及对控制感的需求。

4.26 森林体验馆该怎么用活?

【树先生】

在武田杜森林疗养基地调研时，无意中发现基地里有一个“森林学习馆”。森林学习馆位于半山腰，山下就是拥有 85 万人口的甲府市。森林学习馆有主、副两个场馆，相信在过去某个时刻，有很多孩子曾光临过这里。不过我们调研时，偌大的主馆内空无一人，副馆内倒是有一对谈恋爱的年轻人。年轻人选择森林学习馆幽会，我想是因为他们知道，这里平常不会有客人。我们调研的 11 月 3 日，是日本新宪法纪念日，全国放假一天，而这样的公共假期并没有为森林学习馆增加客源。馆内的展示项目从另一个角度述说着没落，控制声光电展示设备的是 586 台式电脑，用于展示当地森林资源的投影设备已无法使用，所有项目都缺乏更新。这就是日本的森林体验馆?这就是日本的森林体验教育?有些让人难以置信。

国内第一批森林体验馆建成已经三年了，运营情况又如何呢?有北京两千多万人口作为支撑，又有国内林业和自然教育交流团经常到八达岭森林体验中心“朝圣”，现阶段八达岭森林体验馆接待任务很重，利用率也比较高。但是作为场馆建设的参与者，每次到体验馆，我都有一种失落和隐忧。受欢迎的展项有些已经受损不能使用，不受欢迎的展项依旧不合时宜地那么放着。而国内同期建设的另一个森林体验馆，甘肃省天水市秦州森林体验中心好像没那么好运。今年“十·一”期间听当地的朋友介绍，体验馆刚开馆那会，很多家长还会带孩子去体验。后来有些家长觉得提前预约很麻烦，去过体验馆的孩子也不想再去了，据说体验馆已经安静了下来。

森林体验馆该怎么用活？这确实是一个需要大家共同探讨的问题。过去一提到推动森林疗育或森林体验教育工作，人们总是想在森林中折腾出点动静来，没有动静好像就没做工作。其实森林体验教育需要道具，但也许不太需要森林体验馆这种大玩具。孩子们需要自然，与其费力不讨好地布设室内展项，不如在室外森林体验环节多做点文章。对于森林体验馆这种场馆设施，只有依托森林体验实际需要，挖掘出更实用的功能，或许才能够走出困境。

4.27 森林疗养应注意臭氧污染

【树先生】

没注意从什么时候开始，臭氧开始作为主要污染物，出现在城市天气预报之中。臭氧是大气中天然存在的一种痕量气体，在距地面 10～35 公里处存在一个臭氧层，它可以有效吸收短波辐射，保护人类和整个生态系统。但是臭氧本身具有强氧化性，如果出现在近地面会对人体健康造成不利影响。据了解，短期暴露在臭氧环境中，会引起咳嗽、咽干、胸痛、有痰、疲乏、恶心等症状；长期暴露在高浓度的臭氧环境中，会损伤肺功能、改变呼吸道结构，甚至导致死亡。

近些年来，随着各种污染物排放的增加，城市上空光化学变化非常活跃，导致近地面的臭氧浓度不断升高。美国科学家 Haggen Smit 教授认为，臭氧污染的形成过程就像“缓慢燃烧的火焰”，空气中挥发性有机物可看作燃烧中的燃料，阳光是引燃的明火，而氮氧化物则是助燃剂，这三者都具备后才会造成空气臭氧污染。氮氧化物主要来源于工业排放和汽车尾气，而对于空气中有机挥发物，除了人为来源之外，植物挥发的有机物也是空气中有机挥发物的重要组成部分。那么发生臭氧污染时，城市周边的森林地域会不会更严重？

中科院生态环境中心等单位在 2014 年曾经研究过“北京夏季地表臭氧污染分布特征”，学者们发现北京西北部山区臭氧浓度要显著高于平原地区，山区臭氧浓度最高值为 118.79 微克／立方米，而平原地区最低值为 57.02 微克／立方米，前者是后者的一倍。研究者认为北京夏季风向是东南风，西北地区地势较高，容易出现污染物累积。我个人推测这其中可能还包含着另外两方面因素，一是北京西北部地区植被茂密，植物有机挥发物浓度较高；二是山区空气能见度高、光线能量更高。究竟哪些因素是主要因素，这还需要更多的梳理和研究。当然无论是哪种成因，当首要污染物是臭氧污染时，应该谨慎前往北京西北部山区森林开展森林疗养。需要说明的是，那些远离城市的森林，因为空气中没有氮氧化物这种助燃剂，肯定不容易出现臭氧污染，大家是可以安心前往的。

4.28 我心目中理想的森林疗养基地——从松山说起

【树先生】

松山森林疗养基地认证示范开始以后，已经有很多做实业的朋友“偷偷”去松山一看究竟，也反馈给我很多建议。在这些建议中，一些朋友的失望情绪难以掩饰，这让我倍感压力。目前松山森林疗养基地认证示范已经进入第二阶段。在第二阶段认证中，虽然森林疗养基地认证标准较为完善，但是以我个人的观点，松山作为森林疗养基地，至少要满足三个底线条件。

（1）公众在松山能够体验到不一样的森林疗养服务。公众到松山后能够体验到不一样的服务，这种服务不是观光，不是登山，不是体验教育，所以一定数量的、正式注册到松山的森林疗养师是必需的。这些森林疗养师熟悉松山的场地条件，能够定期到松山组织森林疗养课程，而整个松山的森林疗养活动能够保持常态化水平。

（2）能够预期森林疗养对松山带来一些变化。我们不在乎能挂出去多少块“森林疗养基地”的牌子，我们很在意挂上牌子后能为当地带来哪些变化。淡季以及非节假日游客数量不多的问题能不能改善？周围民宿等相关经营者能不能也分得一杯羹？我们希望从业内人士的视角来看，松山是一个国有林场发展森林疗养的成功模式，而那些曾经失望的朋友能够找回希望。

（3）在森林疗养相关机制方面有一些小突破。对于“森林疗养师和森林疗养基地”“森林公园和周边旅游资源”等合作关系，以松山森林疗养基地认证为契机要形成固定机制。例如，森林疗养师需要活动前反复勘察场地，而活动中或许体验者要多次出入森林，所以传统的门票收费就未必合理了，如何提出一个各方面都接受的入园方案，我们希望能够有所突破。

如何进行森林疗养基地认证？ 5

5.1 有关森林疗养基地认证的几个问题

【树先生】

我们的社会充斥着各种认证，这些认证究竟能够解决什么问题呢？我觉得无非是让产品和服务看起来更可靠，用来打消人们的消费疑虑。目前，我们的森林疗养基地认证还不成熟，在完善认证制度过程中，我们有几个不确信问题，想征求大家意见。

1） 森林疗养基地认证是什么类型的认证？

在现有认证活动中，以产品认证为主，有产品质量的认证，例如强制性产品认证、绿色食品认证等；也有产品的生产背景认证，例如森林认证、有机农产品认证、低碳产品认证等。除了产品认证之外，我国还有服务和管理体系认证。服务认证活动不多，主要有售后服务体系认证、体育服务场所认证等 16 个领域，影响力均不太大。近些年来，倒是管理体系认证越来越受到企业的重视，一方面是因为管理体系认证经常作为国内外招投标活动的必要条件，视为市场准入的门槛；另一方面还因为管理体系认证的确也能够提高企业的管理水平。如果想完善森林疗养基地认证，首先应该确定它是什么样类型的认证，然后才能对应借鉴产品认证、服务认证或管理体系认证领域的成功经验。说起来这个问题比较难缠，我们目前倾向于将森林疗养基地作为一类服务认证，而欧洲不太成功的品质旅游认证和森林环境质量认证，或许具有一定借鉴价值。

2）森林疗养基地认证要解决什么问题？

通过培训的森林疗养师都清楚，任何森林都能够实施森林疗养，那么森林疗养基地认证还有什么意义呢？其实作为自然疗养地的话，对森林治愈素材、环境条件、接待能力都是有质量和数量要求的。因此需要通过认证来评估项目地森林的治疗素材和治疗手段，评价项目地的气候、景观和污染控制等自然环境条件，评估项目地疗养设施和接待能力，基于步道开展循证医学研究，并在上述工作基础上，指导建立项目地的森林疗养课程体系和运营管理体系，以确保森林疗养基地的服务能力。

3） 森林疗养基地认证能不能评级？

最近有很多朋友反思，森林疗养基地认证工作迟迟不能向前一步，我们能不能对森林疗养基地进行评级，适当降低森林疗养基地的准入门槛。坦率地说，目前国内森林疗养基地还没有形成规模，不具备评级的前提，我们不会为了多挂出去几块牌子，为降低门槛而搞出评级。即便是将来有了足够多的森林疗养基地，做出森林疗养基地评级的可能性也不大。在现有国内外各种认证体系中，鲜有评定级别的，认证和评级都是评定工作，但在认证中做评级有可能会造成市场混乱，所以很少有认证体系做出评级尝试。

5.2 森林疗养应该坚持资格准入

【树先生】

国务院新一轮简政放权实施之后，如果没有相关法律规定，已经不再允许新增职业资格了，这使得我们对森林疗养师职业资格前景一度非常担心。前不久，在北京市园林绿化局组织的第二届自然讲解员培训会上，来自我国台湾地区杉林溪的主讲嘉宾，为我们带来了一些希望。作为环境教育的一部分，并受益于 2010 年出台的《环境教育法》，台湾的森林体验教育发展得非常迅速，一些类似于杉林溪的森林被认证为环境教育场所，很多从事森林体验教育的老师被认证为环境教育人员，而这些都是台湾地区《环境教育法》所规定认证制度的一部分。过去听自然之友的朋友讲，只要有墙缝中长出的一棵草，自然讲解员也应该能够作为素材开展环境教育。我觉得与森林体验教育相比较，森林疗养对人员和环境等相关要素的要求更高，也更需要设立准入制度，这让我们忽然找到了一些信心。

我们粗略的地查了一下，为环境教育立法的不只是我国台湾地区。早在 1970 年美国就颁布了《环境教育法》，开启了以法律手段推动环境教育的先河；巴西在 1999 年 4 月 27 日颁布实施了《国家环境教育法》；日本在 2003 年 7 月 25 日出台了《加强环保意识与环境教育推动法》；韩国于2008年3月21日通过了《环境教育振兴法》；菲律宾也在2008年12月12日公布了《国家环境意识与教育法》。在这些环境教育法律体系中，要素认证都是重要的组成部分，无一例外。目前我国对环境教育立法的呼声很高，相信不久的将来，我们会迎来《中华人民共和国环境教育法》，而自然讲解员职业资格将不再是梦想。与森林体验教育相比，森林疗养领域的立法速度明显滞后，目前似乎只有日本和韩国就森林疗养相关工作出台了法律。不过随着社会发展，对自然疗愈工作专门立法相信是大势所趋，而资格准入制度也会是立法重点。

5.3 森林疗养基地认证：究竟什么样的森林可“益康”？

【树先生】

日本琦玉县一位85岁的老人，患有认知功能障碍，过去的很多事情，都已经记不起来了。为了改善老人的认知状况，在了解老人大致人生轨迹之后，上原严安排他去了一处离家很近的森林。这片森林是老人年轻时亲手所植，来到这片森林之后，平常几乎失语的老人，话突然多了起来。他不但回想起当初植树的情形，连年轻时和姑娘约会这样的猛料，也意外地不断爆出。在上原严看来，之所以出现这样的疗愈效果，正是这片熟悉的身边森林，为老人搭建起情感连接。如果带老人去一片陌生的森林，即便环境质量再高，也难以取得这样的效果。

日本森林保健协会推广的森林疗养，主张利用身边的森林，认为任何森林都有疗愈作用。而日本森林疗法协会推广的森林疗养，追求舒适的最大化，主张特定森林环境才能实施森林疗养，要进行森林疗养基地认证。两个流派的理念有着显著的不同，要兼容并蓄地融合这两种理念并不容易。不仅如此，过去我们从康复景观角度考虑，认为过于原始和过于人工的森林环境均不适合开展森林疗养，这样的观点已经写入《森林疗养基地建设技术导则（征求意见稿）》。可实际上，原始森林适合于荒野疗法，而人工林适合作业疗法，不同森林具有不同的疗愈功能，任何森林对健康均有有益的一面，任何森林都能够为人类提供森林疗养服务。

那么，森林疗养基地认证还有意义吗？我突然骄傲地发现，在森林疗养基地认证框架构建时，我们就把这些问题解决掉了。我们的森林疗养基地框架是按照德国自然疗养地模式构建的，所以在建设和认证过程中，最大程度弱化了自然环境部分，而把森林疗养课程作为了主要内容。也就是说，无论是哪种森林，只要疗愈效果为循证医学所认可，它都有可能成为森林疗养基地。这样一来，森林疗养基地这把促进地域经济发展的好牌，就被完整而有意义地保留了。

5.4 森林疗养基地，怎样认证才有意义？

【树先生】

日本森林疗养协会开展的森林疗养基地认证，需要基于人体的心理和生理实验。这个实验的正常流程是，选择距离森林最近的城镇作为对照，志愿者在森林和城市同步进行漫步或坐观，研究人员也会同步监测志愿者的生理和心理反应。实验通常在生长季进行，日本人想通过这个实验来反映“森林环境”的好坏。其实包括我们自己在内，很多专家在质疑这个实验，质疑声音主要集中在以下两个方面。

1）城市与森林的差异，并不都是源于森林的“好”

森林与城市或许会有差异，但是这种差异未必是因为森林有多好，也决定于城市有多坏。最初，北京市与日本相关机构拟合作开展松山森林疗养基地认证示范，对照区一度选在了国家林业局门口。后来日方专家认为北京城区空气污染太严重，这样得出来的数据没有说服力，对照区才变更为延庆城区。即便是延庆城区，不同对照环境本身依然有很大差异，街心公园、有浓荫的道路、没有树木的闹市区，相信选择不同的对照对结果的影响很大。在预实验时，我们选择的是有浓荫的道路，想用这种环境来反映北京居民日常生活的平均状态，当然这可能有些主观。

2）城市与森林的差异，存在特定条件

森林的四季变化很大，芬多精和负氧离子暂且不论，景色变化是大家最容易感受的。还是以人工落叶阔叶林为主的共青林场为例，如果是在生长季，也许志愿者的心理和生理指标会和城市有差异；如果是在非生长季，出现这种差异的可能性几乎为零。所以我们认为心理和生理实验能够评估森林疗养课程，而很难反映森林疗养基地的环境。但是，

现阶段直接评估森林疗养课程的效果，并不是那么容易。疗养本来就是长期调理的过程，有足够充裕的时间才会产生效果。如果我们用一天两天的短期研究方法来评估森林疗养课程，可能很难达到预期效果。

5.5 图解森林疗养基地认证体系

【树先生】

为什么要做森林疗养基地认证？如图 5-1 所示。

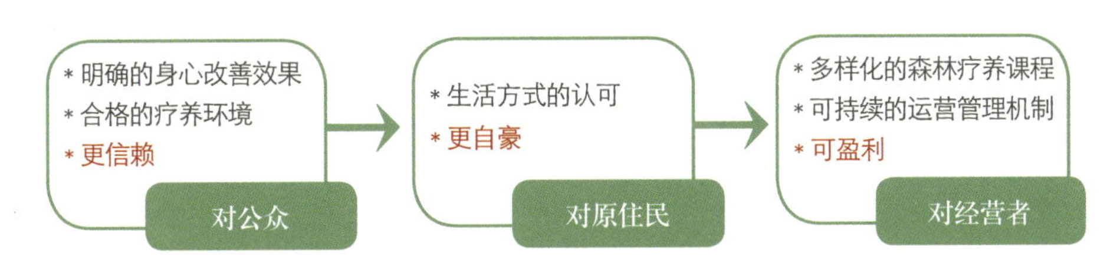

图 5-1 森林疗养基地认证原因

森林疗养基地有哪些核心要求？如图 5-2 所示。

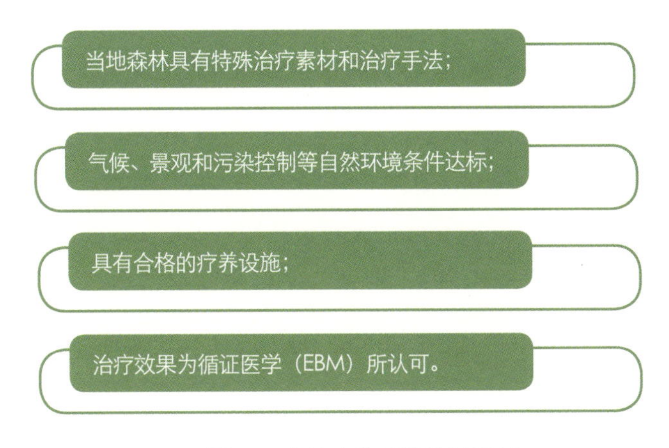

图 5-2 森林疗养基地认证指标

森林疗养基地认证具体有哪些指标？如图 5-3 所示。

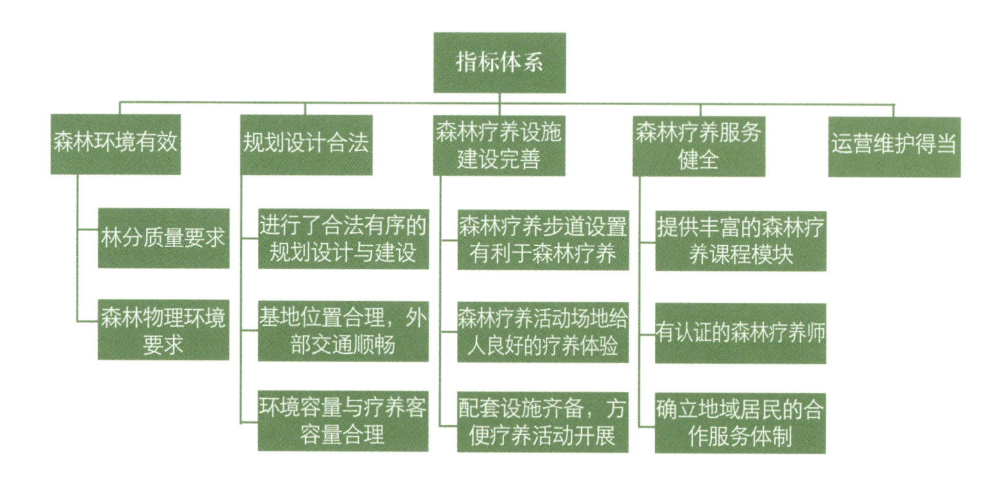

图 5-3 森林疗养基地认证指标

认证大约要多长时间？见表 5-1。

表 5-1 森林疗养基地认证时间

年份	月份	内容
第一年	11 月	开始公募，召开认证说明会，提交申请
第二年	2 月	第一次审查（书面审查）
	4 月	预认证，指导建立森林疗养课程体系和运营管理机制
	6 月	下达整改意见
	8 月	通过野外心理、生理实验评估“必选类替代治疗课程”
	10 月	正式认证评估
	11 月	公布认证结论，每年核查一次

人体心理、生理实验要测些什么？如图 5-4 所示。

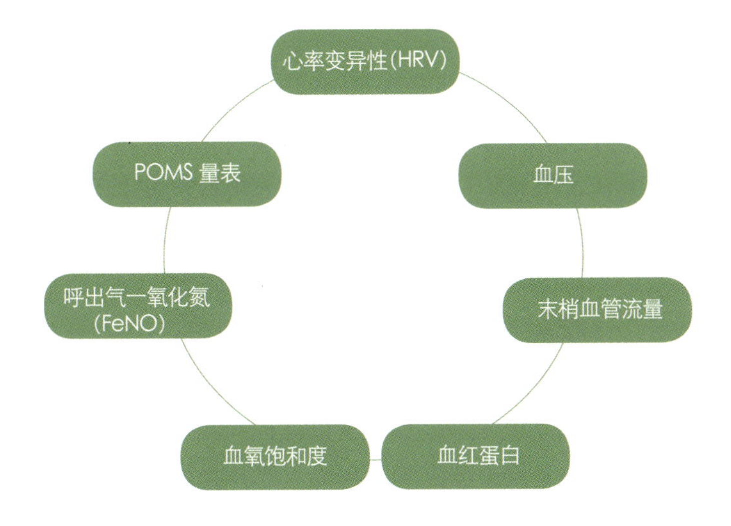

图 5-4 人体心理、生理实验监测指标

我们的公信力会从哪里来？如图 5-5 所示。

图 5-5 公信力的来源

森林疗养专业委员会对“认证体系”拥有最终解释权。2016 ~ 2017 年度，我们计划选择合适地区，再开展 1 ~ 2 个森林疗养基地认证示范。地不分南北，只要您认同森林疗养理念，我们都愿意为您提供服务。

5.6 健康旅游认证启示

【树先生】

健康旅游认证在日本小有影响力，最近我们仔细研究了这一认证体系，以下几种做法或许对森林疗养基地认证有参考价值。

（1）**针对课程开展认证。**健康旅游认证是针对课程（或翻译为“活动”）开展认证。以熊野县的一个健康旅游认证为例，它的认证对象是从早上九点到下午五点之间的整体课程，这些课程既包括面谈、健康调查，也包括徒步走、温泉浴和特色午餐，审核项目是支撑以上课程的所有要素。目前森林疗养基地认证是对地域的认证，究竟哪种认证方式更具优势？今后需要深入研究。

（2）**面向所有健康管理机构。**健康旅游认证对象不仅有森林疗养从业机构，对于旅行社、旅馆、温泉、水疗、海洋度假、野外教育、餐饮等从业机构，只要能够提供医疗（非临床医疗）、护理、福祉和健康增进服务，都可以申请参加认证。森林疗养基地的认证对象能否扩大呢？这也值得进一步研究。

（3）**让生产者和消费者都从中受益。**健康旅游认证对生产者和消费者的需求了如指掌。在消费者方面，它侧重通过认证来表达旅游品质，建立不同健康管理课程的比较方式，创新健康管理体验。在生产者方面，侧重通过认证来提高工作人员素质，改善旅游服务质量，促进产品宣传和销售，最终达到增加客源的目的。

（4）**审核方式多样。**健康旅游认证采用书面审查、访问审查和用户满意度调查三种方式进行审核。在书面审查阶段，有无产品手册、人才培养、设施维护、个人信息管理方法以及课程目标和内容等信息，实施者都要填入申请书中。访问审查是对申请书中内容进行现场确认，重点关注应急管理、课程内容、访客参加条件控制和对地域经济发展的贡献等。用户满意度调查一般由课程实施者来调查，调查内容包含工作人员服务能力、课程有效性、有无改善生活习惯等，然后向认证机构提出。

5.7 奥地利：养生旅游需认证

【树先生】

在养生旅游领域，消费者希望以有实感的养生效果来选择旅游项目，企业希望通过权威的评价来增加销售业绩，在这两种需求的促进下，孕育而生了健康旅游认证。奥地利的“Best Health Austria”认证是健康旅游认证成功案例之一，相关经验或许能够为森林疗养基地认证所借鉴。

“Best Health Austria”认证由奥地利品质推进协会主导，主要对象是温泉等疗养设施、康复和医疗机构，认证为期三年，认证费用大约年均2900～6700欧元。品质推进协会自2004年以来，总共认证了20处设施，而奥地利全国还有980处相关设施有待认证。现阶段，小企业似乎对取得认证资格并不积极，通过认证的20处设施均隶属于规模企业。取得认证的设施能否适用于健康保险？对于大家关心的这一问题，据说目前奥地利相关机构也还在深入研究。

“Best Health Austria”认证的审查方式有书面审核、现场审核和问卷调查三种，将顾客问卷调查作为审核方式，这或许是认证审核的一次创新。“Best Health Austria”认证的品质指南有八大类项目，想要通过认证必须要符合所有指标。在人员方面，品质指南对企业组织能力、从业人员素质和人才储备有明确要求。在养生资源方面，品质指南的要求主要集中在自然环境质量、设施、饮食、卫生、资源整合能力、缺陷管理等方面。此外，品质指南还对经营战略、顾客满意度、隐私保护和社会参与度等方面做出了要求。

布鲁茂百水温泉酒店（Rogner Bad Blumau）通过了“Best Health Austria”认证。这个酒店地处温泉地带，占地约40公顷，主要针对“什么都不想做，只想安静放松”的客人。酒店每日最大可容纳700人住宿，年均接待17万访客，年销售额2500万欧元。酒店有330名员工，其中全科医生1人，按摩医生1人，普通按摩师17人，美容师6人，健康管理人员非常多样。酒店的主要养生方式有温泉、瑜伽、冥想、水上运动、按摩、泥疗等，遗憾的是，酒店不提供与森林有关的疗养服务。

5.8 关于森林疗养基地认证的一次坦白

【树先生】

梳理下国外与森林疗养基地认证类似的认证体系，我们发现了一个规律。那就是与“健康旅游”“养生旅游”相关的认证体系，基本上不需要开展心理学或医学实验；而与“医疗旅游”“疗养地医疗”相关的认证体系，治愈效果则必须基于人体的心理和生理实验。之所以出现这种情况，我想可能是“养生”这样的词汇比较泛化，虽然养生活动具有正向健康管理效果，但实际效果很难以医疗检测的方式量化出来。而疗养地医疗则有所不同，没有明确的疗养效果，就失去了开展疗养地医疗的工作基础。

回到森林疗养基地认证这个话题，我们是想做成养生旅游认证？还是想做成疗养地医疗认证？这必须在制度设计之初就谋划好。过去我们在一直在学习和研究日本的森林疗法基地认证制度，并在此基础上提出了森林疗养基地认证。但是坦率地说，日本的森林疗法基地认证不太成功，虽然号称是疗养地认证模式，实际上却是在走养生旅游认证的道路，它没有习得德国疗养地医疗的真谛。

日本森林疗法基地认证是以疗养地认证作为模板，通过引入循证医学研究，来证实森林疗养的效果。但是它的循证医学研究指标，仅限于心率变异系数、血压和脉搏，目的是想用心理学和医学手段来证实“放松”效果。对于森林疗养的放松效果，我们积累的研究数据还不太多，但是按照现有研究经验来看，什么样的森林具有放松效果？这通常用眼睛就能看出来。日本人硬要通过“精密”实验来证实一下，这确实有制造噱头的嫌疑。真正的疗养地医疗是针对特定病征来开展循证研究，比如针对心血管疾病、慢性阻塞性呼吸系统疾病等等。

在日本森林疗法基地认证过程中，通常是将森林步道和相邻城镇的市内步道做对比实验。这看似更能突出森林是否具有治愈作用，实际上却隐藏着更多不合理假设条件。在北京松山森林疗养基地认证示范过程中，我们选择距离松山最近的延庆县城作为对比。结果发现在“放松”效果方面，松山森林比延庆县城有所提高，但并不是很显著，倒是两地均与北京城区存在显著差异。在现实生活中，延庆有良好的植被、海拔和空气优势，很多朋友认为包括松山在内的整个延庆都是“疗养地”，所以想要证明松山比延庆更好，这可能不太容易。这样看来，日本的森林疗法基地认证主要看跟谁比，也许本身“资质平平”，如果能找到一个更差的对象，或许就能够顺利通过循证医学试验。

以上就是有关森林疗养基地认证的一切，如果我们想用好这着棋，需要借鉴更多经验来重新设计制度。

5.9 制度创新：森林幼儿园认证

【树先生】

森林幼儿园难以纳入普通幼儿园和保育园的管理框架，推广工作受到很大限制。2015 年，鸟取县创立了森林幼儿园认证制度，满足一定基准的森林幼儿园均可获得财政补贴，当地的森林体验教育工作由此获得长足发展。

鸟取县的森林幼儿园认证标准有八项内容，包括实施主体、入园儿童年龄、开园时间、野外活动时间、班级定员、教师配置、相关设施和应急管理对策等（表5-2）。

表 5-2 森林幼儿园认证标准

认证项目	认证标准
实施主体	个人、法人和任意团体都能够申请认证，只要在鸟取县内有固定住所、对森林幼儿园经费独立核算、没有不良记录即可。
入园儿童年龄	入园孩子为 2 ～ 5 岁之间。
开园时间	原则上，一年需达到 39 周，每周需要开园 5 天。
野外活动时间	一周要有 3 次野外活动，每次活动时间不少于 4 小时。
班级定员	要求每个班级的人数在 2 ～ 30 人之间。
教师配置	6 个孩子至少配 1 位老师，无论孩子多少，至少要有 2 位老师；每个班级至少有一名老师具有幼师资格，同时需要有一名经过专门培训的森林幼儿园指导研修生。
相关设施	有多个自然场地，每个场地日常维护良好，适合开展野外活动。场地需要平坦，远离危险因素，具有午餐、早会等集体活动场所；恶劣天气发生时，有避难场所。
应急管理	安全的儿童转运方式；受伤或发生事故时能够迅速应对。

森林幼儿园认证工作由鸟取县政府委托一家民间机构开展，2015 年县内森林幼儿园财政补助预算为 1570 万日元，有 6 家森林幼儿园运营实体通过认证并获得了财政补贴。此外，选择被认证森林幼儿园的家庭，也像选择普通幼儿园一样获得了育儿资助。

5.10 日本森林疗养基地认证动态

【树先生】

最近，日本森林疗法协会的第 13 期森林疗养基地认证工作又开始公募了。截至 2016 年年底，日本森林疗法协会已经认证了 62 处森林疗养基地。不过如果细究的话，这 62 处森林疗养基地还有一些差异，有 3 个地方只被称为“森林疗养步道”，这是怎么回事呢？

目前日本森林疗养基地认证共有 8 项内容，包括森林疗养效果的身心实验、基于五感的自然环境评估、访客到达条件、森林疗养步道有无管理主体和管理实态、整个地区经济社会环境等硬件条件、地域接待能力等软件条件、长期规划和可持续性以及有无特色服务产品。其中特色服务产品一项，之前一直作为森林疗养基地认证的二级指标，2017 年首次作为主要认证内容。在这些认证内容中，满足前四项便可以认证为森林疗养步道；满足全部条件，并且拥有 2 条森林疗养步道，才能成为森林疗养基地。换句话说，日本的森林疗养基地认证是基于森林疗养步道认证进行的。

对于普通大众来说，或许没人有兴趣去区分森林疗养基地和森林疗养步道，那么单纯的森林疗养步道认证还有意义吗？最近我们发现，日本森林疗法协会保留森林疗养步道认证，实际上是想为森林疗养保留一个发展模式。在日本森林疗法协会的决策者心中，森林疗养基地可以分为当地居民利用型、短期利用型和长期利用型三种。当地居民利用型森林疗养基地就是一条步道再配置一些休憩和简餐场所，由于以当地居民为服务对象，所以无需考虑住宿和交通。这种类型的森林疗养基地会定期组织森林疗养活动，当地居民可以保持一定频度地享受森林疗养，从而能够预期更好地发挥森林疗养的预防医学效果。不过这种做法实际效果如何，还有待进一步的调查研究。

5.11 森林疗养基地认证第一阶段报告新鲜出炉！

【树先生】

松山森林疗养基地认证示范分为两个阶段，第一阶段是基于志愿者的心理和生理实验，第二阶段基于审核员的现场评估。最近我们开始筹备第二阶段工作，而第一阶段成果有必要陆续和大家分享一下。今天就先来分享北京大学医学部邓芙蓉教授主持的部分实验结果。

（1）实验目的：验证松山森林公园能否很好地改善人体的肺功能和气道炎症。

（2）实验对象：14 名健康的年轻女性。

（3）实验地点：北京市延庆区城区和松山森林公园。

（4）实验方法：于 2016 年 9 月 11 日，在北京市对所有研究对象的肺功能指标（PEF 和 FEV1）和气道炎症指标（FeNO）进行基线数据测量；然后将研究对象随机分为两组，分别前往延庆和森林居住两天（12 日和 13 日）并在同一时间测量上述指标。在研究期间，所有研究对象的作息时间、活动方式和饮食都保持一致。在饮食方面，某些含高硝酸盐的食物（如菠菜、甜菜、芹菜、萝卜、卷心菜及腌制肉类），在测试前一晚及当天不要吃。测量前 1 小时，不能进行剧烈运动及饮食。

（5）统计方法：为了消除两组研究对象健康指标基线数据不一致的差异，选择健康指标的相对值（% 基线值）来比较延庆组和森林组研究对象的肺功能和炎症指标的变化差异。

（6）实验结果：对研究对象肺功能的测试选择最大呼气峰流速（PEF）和一秒最大呼气量（FEV1）作为观察指标；选择呼出气一氧化氮（FeNO）作为反映研究对象呼吸道炎症的指标。具体结果如下：

①肺功能指标 PEF：森林组的研究对象变化不大，延庆组的研究对象有很大升高，PEF 在第三日的测量值水平升高 12%（如图 5-6）。

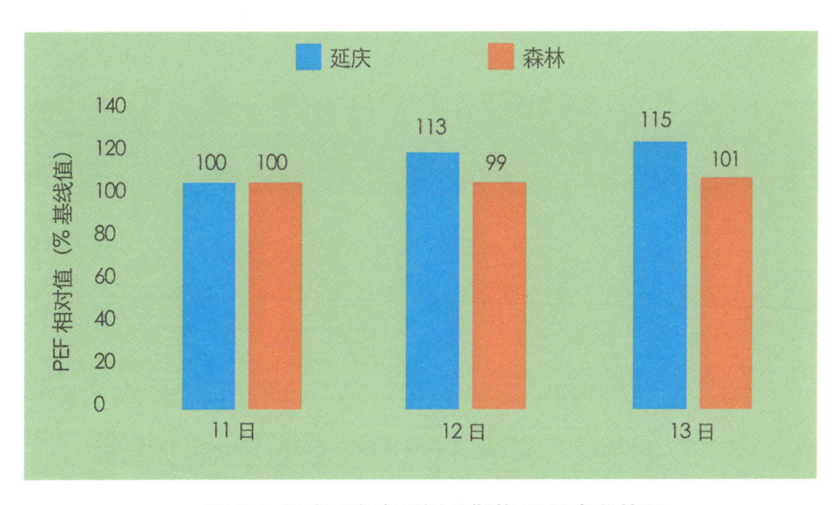

图 5-6 研究对象在不同日期的 PEF 变化情况

②肺功能指标 FEV1：延庆组研究对象稍有下降，森林组研究对象在第三日的 FEV1 测量水平升高 8%（如图 5-7）。

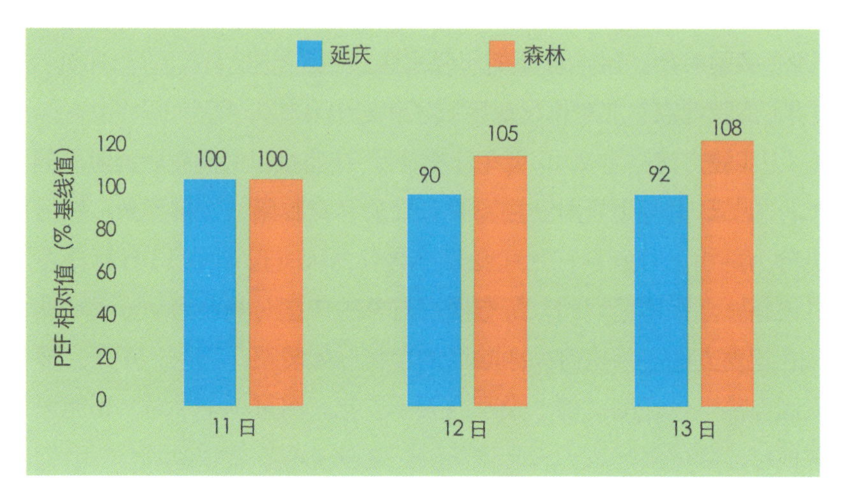

图 5-7 研究对象在不同日期的 FEV1 变化情况

③呼吸道炎症指标 FeNO：延庆组和森林组研究对象的变化情况相差不大，均有很大程度的降低，延庆组降低 16%，森林组降低 17.5%（如图 5-8）。

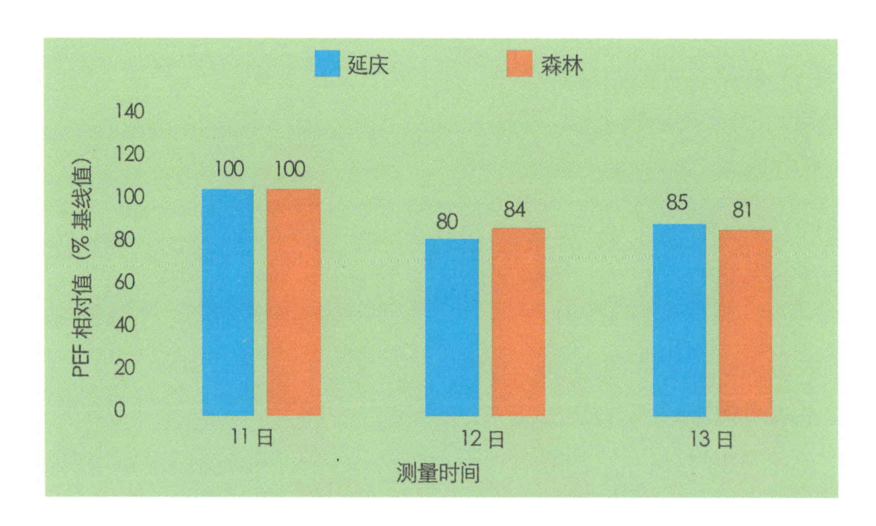

图 5-8 研究对象在不同日期的 FeNO 的变化情况

（7）结论： 延庆组研究对象的 PEF 有上升趋势，FEV1 有下降趋势；森林组研究对象的肺功能有一定程度的改善；两个研究组的呼吸系统炎症指标（FeNO）明显降低。

（8）讨论： 本次研究期间，相比较于北京市城区，延庆组和森林组研究对象的 FeNO 的平均值均明显降低，提示与在城区相比，延庆和森林环境可能对研究对象的呼吸系统健康改善有益。整体而言，森林组研究对象的肺功能指标 PEF 变化不明显，肺功能指标 FEV1 有一定程度升高。有研究者得出类似结论，在一项以 40 名健康大学生为研究对象的定组研究中探索研究对象从北京郊区搬迁到市区后肺功能的变化情况；另外一项以 40 名健康大学生为研究对象的随机双盲交叉设计的研究中，探索地铁和公园对研究对象肺功能影响的差异；研究发现，研究对象在地铁中暴露一小时后，FEV1 降低 3.48%，公园的研究对象降低 0.32%。延庆组的研究对象的 PEF 明显升高，PEV1 却有一定程度的降低；这可能是因为研究对象在测量肺功能指标时，研究对象呼气技巧的掌握程度有一定差异；另外相比于森林组研究对象，在测量之前延庆组研究对象静坐 40 分钟面对的建筑物以及路边噪音等因素可能都会影响结果的测量。

6 森林疗养基地该怎么运营？

6.1 森林疗养：我们正走入“无人之境”

【树先生】

很多人对我说，树先生你们既搞研究，又做标准，既培养森林疗养师，也建基地，相关工作渐入佳境啊。我不敢说是不是已经渐入佳境，倒是最近隐隐感觉，我们工作正在走入“无人之境”。

我们推广的森林疗养有两种模式，一种是利用身边资源的森林福祉，一种是是要认证的疗养地医疗，后者才是森林疗养更有技术含量的核心。国内的森林疗养喊了这么多年，很少有人能够从中盈利，也没有形成固化的模式，这都与缺少一个像样的森林疗养地有很大关系。但说起做森林疗养地，那并不是一件容易的事。我们考察过很多地方，有些地方森林资源禀赋不够，有些是受体制和管理机制制约，但更多情况是业主缺乏投资信心。不只是业主，也包括我的同事，大家对以森林为主体的自然疗养地建设存在疑虑，这是我进入“无人之境”的主要原因。

投资讲求回报率，想赚钱没有错，但如果想轻而易举地赚钱，恐怕会有些问题。那些轻而易举能够赚钱的模式，也会轻而易举地被抄袭和复制，相信大家对这一点会看得清清楚楚。如果修一条软质铺装步道，就期待能够访客源源不断，未免会有些不切实际。森林疗养地不仅需要吸引访客的核心环境要素，还涉及人员能力建设、疗养课程研发和证实、疗养设施建设等诸多方面，它不是农家乐能够玩转的体量，也不是森林公园换块牌子就能够完成的工作。接下来，我们或许应该把寻找志同道合的业主或投资人作为最优先方向。

6.2 森林疗养：亟待先行先试

【树先生】

“森林疗养”公众号开通以来，我们收到了很多留言，“人类又要去糟蹋森林了”这样的提醒，让我们时刻保持清醒。实际上，森林疗养“以林为基”，各项工作都会考虑森林保护问题，倒是在现行森林管理政策约束下，森林疗养产业化之路走得步履维艰。

北京西郊有一座九龙山，距离市中心不足 30 公里，那里森林植被良好，山顶曾建有古庙群，一直是市民休闲的好去处，林地所有者由此面临很大管理压力。有一家企业看到其中商机，提出顺应市民需求，合作利用九龙山森林资源发展森林疗养。本来是双赢的好事，但是修建设施过程中，已被林业部门约谈多次，项目被政策捆住了手脚。

无独有偶，建设中的史长峪自然休养村，几家 NGO 与村民达成宅基地租赁协议，计划依托废弃宅基地建设森林体验教育和疗养所需设施。但不知何时开始，村民的宅基地已变为林地，国土部门下达了停工整改意见，公益投资或许会遭受损失。

森林疗养不同于观光旅游，达到预期疗养效果依赖于“距离”和“时间”，需要一定的滞留设施。我们国家没有自然休养林这样的林种，林下可以种菜养鸡，但是没有办法种“设施”，这已经成为制约森林疗养产业发展的瓶颈。我们的国情、林情与日韩有很大不同，设立自然休养林这样的林种，在政策和技术层面还有很多不成熟的地方。如果能够针对不同林地所有形式和发展方向（福祉和产业），设立几个森林疗养产业示范区，允许在政策和技术方面进行先行先试，或许可以加速自然休养林等新林种的出台进程。

森林疗养产业示范区应该大有可为。在政策方面，不仅是林地利用政策有待突破，企业合作模式、项目融资方式、产品或福祉的提供形式等内容，同样有待于探索突破。在技术方面，不同类型设施的设置面积和形式究竟会对森林生态系统的结构和功能产生哪些影响？我们应该采取哪些代偿森林经营措施？等等，相关技术问题有了答案之后，才能为自然休养林等新林种的设立和区划提供指导意见。

6.3 有关森林疗养产业的一点担忧

【树先生】

森林疗养实际上是一种医疗旅游，不过这种医疗旅游的吸引物，不是超高性价比的传统医院，也不是神秘的中医文化，而是以森林为主体的疗养地医疗，它靠的是当地丰富的自然治愈素材和治愈手段。最近我们接触了很多企业，大部分民间资本很迷茫，或许是找不到太多合适的投资项目，所以对投资森林疗养的意愿很高；但是另一方面，很多投资人又强调本身需要盈利，担心健康管理需求不足，对于涉足疗养地医疗存有疑虑，思考和行动还止步于休闲旅游。

我们觉得企业方面的担心不无道理。2010 年前后，曾有学者估算过国内健康管理为主的生态旅游市场规模，当时大约在 240 亿到 460 亿之间，最近几年经济有所发展，但国内森林疗养的市场规模应该不超过 1000 亿。有些地区希望通过发展森林疗养产业就实现经济收入超过几千亿，这种独吞市场的想法恐怕是不现实的。随着社会经济的发展，社会需求会从观光到体验，从体验到疗养进行转变。我们现在认为这种转变的速度不会很快，而且转变的比例不会很大。大家可以看看“五·一”小长假期间的新闻，故宫依旧限流、张家界也依然爆满。这样看来观光旅游不但不会过时，而且永远不会过时，倒是现在的休闲体验产品出现了过剩的趋势。据说北京地区休闲旅游行业存在“7∶2∶1”这样一个比例，亏损的企业占 70%，能够维持经营的占 20%，而能够盈利的只有 10%。对于把“森林康养”理解为休闲旅游的企业来说，或许从投资一开始就会面临很大挑战，而我们要发展的森林疗养，是想为部分休闲旅游投资过剩找一条出路。

我们最近担心的另外一个问题，是森林疗养会不会随一阵风过去？现在年龄超过 35 岁的人应该都记得，在过去我们曾经全民转过“呼啦圈”，也全民练过“气功”。我的一位朋友，还曾经头戴铝制电饭锅的内胆，和一大群人到妙峰山山顶接收“来自宇宙的能量”。不过这些曾被大家追捧的健身方法，现在都随风而去了。更年长一点的朋友应该记得，上世纪八九十年代，国内曾经掀起过“森林浴”的小热潮，可是现在市民对“森林浴”的认可度并不高，它只是特定时代的一阵风。或许任何事物都应该有它的生命周期，一种药品况且摆脱不了这样的规律，一种替代治疗方法恐怕也是这样。森林疗养如果没有随风而去，那一定是我们抓住了它的核心——森林疗法，而且能够不断创新森林疗法的形式，丰富森林疗法的内涵和挖掘出森林疗法的优势。

以上是我参加中国林业学术大会期间被泼的两盆凉水，也泼给准备投资森林疗养的朋友们。

6.4 森林疗养：产业发展切身谈

【树先生】

十年前，由于工作关系，我接触过一位被称为“欧洲生态城之父”的大人物。最近无意在书架中发现了《欧洲的未来》这本大作，才想起那位出生于芬兰的帕罗海默（Eero Palonheimo）。当初没能够从这位老爷子身上学到东西，对他的大作也不存好感，就想翻翻就扔掉了。不料，书中第一页的一句话就又重新吸引了我，“消费资金将更多地投向教育和健康，而不是物质商品”。这是帕罗海默援引罗马俱乐部对未来世界的预测，而这样的预言正在逐步变成现实。随着社会发展和公众认识水平提高，我身边很多人的消费不再局限于物质，更多地选择教育和健康服务。或许也只有建立了这样的消费倾向和消费模式，才能有效保护环境和实现可持续发展，人类才能够有未来。而森林疗养就是服务于这种消费的，所以我们要对未来有信心。

如果有时间，我每周都会带孩子去接触自然，通常会是奥林匹克森林公园（我们私下简称为“奥森”），也会去百望山和西山。奥森离我家比较近，坐出租车只需二十几元且无需门票；西山较远，坐出租车需八十元还要十元门票。对于我来说，如果能在奥森达成目标，就绝对不会去西山。但无奈孩子很是喜欢西山的毛毛虫滑梯，光是去坐毛毛虫滑梯，就害我打车去了五六次。可是假设密云的大山里也有一座毛毛虫滑梯，我这样的阶层就可能就不会特意带孩子去。我会计算出行的“性价比”问题，相信大家都会这样做。所以无论是发展森林

疗养，还是发展森林旅游，距离消费人群不同路程的森林，应该有不同等级的吸引力。如果是偏远地区，我们应该想清楚森林的吸引力究竟在哪里，发展哪些森林服务产品才能吸引访客。如果仅以大部分森林都应该具有的治愈效果，恐怕难以产生核心竞争力，只有被证实的突出治愈功效才能吸引到更多客人。

6.5 发展森林疗养，你了解高层的思路吗？

【树先生】

为了发展森林疗养，德国、日本等发达国家均出台了相关法律。据我了解，很多企业家计划投资森林疗养产业，一直在观望国内能否出台相关政策。2016 年 1 月，国家林业局发布了《大力推进森林体验和森林养生发展的通知》，这让业内人士为之一振。但是坦率地说，“通知”在土地利用和森林经营等核心问题方面并无突破。

2016 年 9 月 18 日，亚太森林恢复与可持续管理组织董事会主席、中国林学会理事长、原国家林业局局长赵树丛先生到松山森林公园调研森林疗养工作。也许是同时具有医疗和林业工作经历的缘故，赵树丛先生对森林疗养工作格外关注，认识也特别深刻。梳理他的调研讲话，不仅是为我们自己鼓劲，相信也能让您从中寻找到一些高层对发展森林疗养的决策思路。

（1）“保人也要保地”。赵树丛先生非常关注森林资源保护，他指出，森林疗养也好，林下经济也罢，发展重点始终是在森林，不要过于看重经济效益，否则是一种舍本逐末。对于企业参与问题，他认为既要与企业结合，又要抑制企业掠夺式开发的冲动。发展森林疗养并不是一定要大规模新建各类食宿设施，而是要立足当地现有资源，盘活现有设施。统筹地域内的“游、住、疗”设施，不仅可以保护好森林资源，也能实现经济效益最大化。

（2）“主题不要无限制扩大”。赵树丛先生敏锐地发现森林疗养有“东拉西扯”的倾向，他指出，森林疗养主题是森林，泉水疗法、洞穴疗法以及中医手法只能作为必要补充。要正确认识森林疗养的作用，它只是传统医疗的一个补充，它不会立竿见影，也不会包治百病。在现阶段，森林疗养在林业建设中的地位和作用还非常有限，我们不排斥森林旅游，但是要坚持以“疗”为核心，要总结制定自己的技术规程和行业规范。

（3）“工作推进不能太着急”。有些理念内涵还不明确，就大肆推广，这明显有些急功近利。赵树丛先生认为，森林疗养工作推进不能太着急，公众认识森林疗养需要一个过程，森林疗养消费市场需要培养，这些都受制于社会经济发展水平。现阶段，要在松山森林公园这样的场所，设置必要的医疗检测设施，从流行病学角度积累大样本数据。此外要用好生态系统定位研究站的监测数据，使其更好地为市民健康服务。

6.6 说说森林疗养产业发展的政策需求

【树先生】

过去我们一直把国有林作为推动森林疗养工作的突破口，而实际上发展森林疗养的主要动能也许在集体林。森林疗养是依托森林的健康管理服务，是服务就离不开人。国有林所在地往往人烟稀少，而集体林地的状况要好得多，不仅依靠村落，有人力资源保障，有当地居民通过林业改善生计的动力，而且集体林经营权流转也比较顺畅，更方便企业投融资。

目前北京地区森林疗养产品的市场需求潜力巨大，很多人都认识到发展森林疗养对提高集体林经营收益具有重要意义，各地集体林经营者发展森林疗养产业的动能也很大，但是包装和实施森林疗养项目进度并不是很快。这是为什么呢?或许现有的林地利用和森林经营政策应该革新了。

我们建议要细化森林经营分类，设立自然休养林。作为一个林种概念，自然休养林主要用于满足市民的休闲娱乐、自然教育以及健康管理需求。自然休养林与森林公园有所不同，他可以开放式经营，进而能够将周边民宿等旅游资源有机整合，从而全面带动林业社区经济发展。如果有自然休养林，又能够满足发展疗养地医疗其他条件的区域，还可以进一步认证为森林疗养基地。当然作为自然休养林的最大优势,应该是允许一定比例的林地用于设施建设,以满足森林疗养步道、露营地等基础设施建设要求。

为防止设立自然休养林后出现林地破坏情况,还要为这项政策打一个“补丁”,那就是强化规划审批和指导。一方面要加快制定地区森林疗养产业发展总体规划,依托总体规划，为集体林地经营者选择森林疗养业态提供指导，避免一哄而上。另一方面，要借鉴国家森林公园的管理经验，加强自然休养林规划的编制和审批工作，以严格的规划审批来控制自然休养林的开发强度，保护好现有森林资源。

6.7 转变！从“做大”到“做精”

【树先生】

我过去痴迷于研究日本问题，热衷于比较国人和日本人的不同。比较了这么久，我发现国人和日本人做事好像是有所不同。比如国人做事喜欢做大，而日本人做事喜欢做精。以森林疗养为例，我们引入日本“森林疗法”之后，便以“森林疗法”为核心提出了“森林疗养”，而四川林业厅又以“森林疗养”为核心提出了“森林康养”。实际上作为替代治疗方法，森林疗法尚没有完全确立。在过去六年时间里，无论成功与否，日本各流派始终把工作重点放在森林疗法本身上，努力在解决森林疗法成为公众认可替代疗法的障碍。如果核心问题没有解决，森林疗养最终还是森林旅游和森林体验，而所谓的产业化也是空谈。有些朋友也许认为我是妄自菲薄，但是森林疗养没有一个硬质的核心，这是很多朋友的共同感受。

对于森林疗养师培训，我们同样存在贪大求多的问题。我们希望森林疗养师既掌握运动疗法，也掌握作业疗法，既通晓食物疗法，也了解芳香疗法，既能够做心理咨询，也懂一些中草药。这么多技艺加身，听起来森林疗养师应该很了不起，可是实际未必能培养出那么优秀的人。拿运动疗法来说，在首都医科大学，这是一名本科生四年的学习内容，我们又怎么能苛求学员两年内就拿到七八个这样的“学士学位”。日本的森林疗养师培训，虽然也要对林学、心理学和医学知识有一定掌握，但学员培训重点始终是“健康面谈”“场地评估”“课程设计”这样的科目。而从国内外的实践来看，利用森林开展健康管理时，往往是由森林疗法师、运动疗法师、作业疗法师和言语治疗师等不同专业人士组成一个团队，以团队的力量来完成健康管理任务。

6.8 森林疗养落地的支撑在哪里？

【蒲公英】

接触森林疗养以后，很多人问我，森林疗养收费一定很贵吧。大家普遍认为森林疗养很“高大上”，有钱有闲有心情才行。仔细想来，大家是把森林疗养和休闲度假业态混淆了，其实森林疗养和上述业态是有所不同的。首先，森林疗养的对象是有健康管理需求的人，单从这个角度而言，它的受众群体更像是“弱者”，如果没有健康需求，就不是森林疗养的目标群体。另外，观光度假景区的经营模式不见得适合发展森林疗养。一方面景区经营讲求的是客流量和利润，而森林疗养需要考虑疗愈效果，更倾向于常态化、长期化和生活化。另一方面，大部分景区以外地客源为主，与当地森林与人缺少联系，容易受到经济波动和流行风向的影响，地方振兴和社区服务功能有限。

森林疗养想要落地，最有说服力的方式，恐怕还是原住民利用森林疗养实现健康方面的改善。如果能以当地健康的森林环境和生活习惯方式作为基础，吸引和接纳外地人来参与森林疗养，这样的模式才接地气。最近全国多地在规划建设“森林康养小镇”，动辄投资高达数十亿元。对于这种成建制的景区模式，我有一种隐隐的不安。这些以外地游客为主要目标、经营模式又割裂社会资源的森林康养小镇建设，或许只是三四线城市房地产泡沫的延伸，搞不好风潮过后难免各方大失所望。森林健康小镇、健康村建设，只有把森林疗养与原住民的生活场景融为一体，才会更具有活力和持续力。

6.9 森林疗养最大的客户群在哪里？

【树先生】

有时我在想，对于幼时缺少森林经历的人来说，森林疗养可能只是新奇体验，而只有深受森林文化熏陶的人，才能在森林中找到价值所在。一位朋友曾对我说，霓虹灯永远是她心中的最美，看到漂亮的霓虹灯，她会感觉整个人都好很多。我也会觉得霓虹灯很美，但是却没有特别的心灵需求，看不到霓虹灯也不会想，倒是青龙河穿过的那片杨树林，反反复复地进入我的梦境。我的朋友是出生在北京的城里人，而我是在森林边长大、又跑到城市“奋斗”的农村人。我们之间的内心差异，反映了两个群体的文化认同。

我成长在一个以进城为荣的时代。从我记事开始，周围的人就不停向我宣传城市的好。“下雨天，鞋子也不会粘泥”，“窗明几净的环境，天天坐办公室，不用受累”。但是最近几年，以进城为荣的观念悄然发生了一些变化。随着互联网＋时代的到来，只要有网络信号，“天下”就在眼前，城市信息便捷的优势已不再明显。很多人也在反思，那种与自然割裂、“天天做办公室”的工作方式就真的好吗？恐怕在森林中劳作会更有吸引力吧。另外，再加上城市空气污染和常态化的交通拥堵，城市正在变成我们的“围城”。

粗略地查了一下资料，在我出生的 1980 年，中国的城市化率只有 19.39%，而2016年城市化率达到57.35%，这期间几乎翻了三倍。换句话说，现阶段大约40%的中国人口是从农村迁移到城市的，这是一个庞大的群体。在这一群体中，大部分人像我一样，对包含森林在内的农村环境怀有亲切感，对森林具有魂牵梦绕的故乡情结。这一群体的自然缺失症会定期发作，或许他们才是森林疗养最大的潜在客户群。

6.10 森林疗养：公众认知与需求抢先看！

【树先生】

2017年上半年，我们委托一家专业调查咨询公司对首都公众森林疗养认知与需求情况进行了调查，目前问卷调查工作已经结束，详细数据挖掘工作正在进行之中。今天我们就把面上的发现，和大家分享一下。

1）参与意愿较强，但认知不足

公众对森林疗养的认知不足。超八成公众不了解森林的医疗保健功能；没听说过森林疗养基地和森林疗养师的公众占比七八成左右；调查也显示，只有12.0%的公众声称体验过森林疗养，实际上接触到正规基地和疗养师的比例应该更低。在普通公众眼中，森林疗养还是一个新鲜事物。目前森林疗养还是高收入人群（年收入15万及以上）的活动，但不同阶层公众表达出的参与意愿较强，即使是中低收入人群，其接触意愿都达到了40%左右，参与意愿在不同收入等级人群间的差距不大，森林疗养有可能成为更具普适性的服务产品。

2）产品包装和营销有技巧

对森林疗养产品的印象，公众更多感知“养”这个维度的信息，对于“疗”并不太信任和关注，更多人倾向将森林疗养作为休闲放松活动来理解。从公众对森林疗养周期（两天一夜）、收费水平（600元左右）、出行方式（与亲朋好友）的偏好上看，公众对森林疗养的预期也更类似于周边游。而在参加过森林疗养活动的公众群体中，休闲旅游是主要动机之一。所以在包装森林疗养产品时，除了健康疗养功能，休闲旅游属性也不可忽视。

但不可否认，适度专业化包装对森林疗养产品优势的建立有一定好处。大多数公众对森林疗养持谨慎肯定态度，对森林疗养需要专业人员引导也相当认可，甚至多半数人想要参加森林疗养师培训，专业性带来的“好奇感”对于产品营销有很大的帮助。

3）宣传要靠新媒体

对公众信息渠道接触习惯的分析显示，不管是想要去郊区进行休闲，还是寻找康复疗养信息，六成公众首选问朋友，四成公众会在微信朋友圈搜索，三成公众会进行微博搜索，只有不到一成公众会关注电视、报纸等传统媒体上的广告。而另一方面，目前公众了解森林疗养的渠道较为分散，从亲朋好友（29.0%）中了解的比重最高，紧随其后的是电视（25.3%）和社会组织宣传（22.5%），而网站、微信公众号、APP 的占比仅 15% 左右。这两方面信息渠道有所错位，互联网、社交媒体等新媒体并没有在森林疗养宣传中发挥应有的作用，今后应在投放微信朋友圈广告、激励体验者微信微博分享森林疗养活动信息、策划大转发量的微信微博活动、借助大 v 广告提升公众号文章转发量等方面有所行动。

6.11 如何发展满足不同层次需求的森林疗养？

【树先生】

一位朋友前几天给我们提意见，“你们只知道埋头做自己的工艺品，却忽视了社会需求”。最近在四川、湖南等地调研，才发现这种意见的可贵之处。我们过去把森林疗养定义为“替代治疗方法”，能提供的健康管理产品过于单一，而发展满足不同层次需求的森林疗养，这是任何经营主体必须要面对的问题。

与推广森林疗养的发达国家相比，中国社会贫富差距大，地区间经济发展不平衡，所以公众的森林健康管理需求差异很大。北京、上海的中产阶级或许需要精细的森林疗养服务，而中西部城市居民现阶段依然以森林观光旅游为主要目标。即便是一线城市，森林疗养服务到底能够为多少“有闲的有钱人”接受，同样是个未知数。与发达国家相比，中国社会还有一个不同需求，就是由于环境污染引起的健康问题。总体来看，发达国家的环境污染问题基本已经解决，而国内以空气污染为代表的环境问题依旧深刻，这导致国内外的森林健康管理目标完全不同。在国内，良好的森林环境本身就是“康养产品”，而提供多样化的、有深度的森林疗养服务，反而成为锦上添花的事了。针对不同层次社会需求，应该有不同层次的森林疗养服务，而长期以来我们确实忽视了这一点。

那又该如何满足不同层次的森林疗养需求呢？我们建议在不同层次的森林服

务和产品中嵌入健康管理因素。以森林旅游为例，它本身就是转地疗法的一种方式，对体验者的身心健康都有一定促进作用。如果体验者在规划森林旅游行程之前，能够确立简单的健康管理目标，这种形式就是一种森林疗养。比如体验者自我感觉肺功能不好，可以到侧柏林丰富的森林地域旅行。当然，什么样功能障碍适合什么季节到什么地方森林中度过，这可以基于医疗大数据由相关部门来提出意见。

6.12 做好森林疗养的五个 W

【树先生】

做好森林疗养需要在这五个方面都多下功夫。

1） When

选择合适时间对于森林疗养非常重要。例如对于神经质倾向的体验者，他们习惯独自活动，在人流量较大的中午或者夜间进入森林的话，都容易引发不安。所以最好选择早晨进入森林，其他时间则可以选择一些体验者感兴趣的非森林活动。

2） Where

要激活体验者对森林环境的亲近感，选择场地也非常重要。例如在闷热的夏季中午，需要选择有浓荫的场地，春季或秋季则可以享受温暖阳光的场地。夏季适合在落叶阔叶林中散步、坐观，这样体力消耗比较少；而春秋季则可以选择自然游戏、园艺、植树体验等具有运动效果的课程。

3）With whom

相对于没有固定人数的团体课程，单独或只有少数人参加的课程更有魅力。与不会抢话的森林疗养师在一起，神经质倾向体验者的安心感和积极性更高。而据说让体验者携带宠物一块进行森林疗养，减压效果也会有所提高。

4） What

基于实证研究，向体验者提供各类有效的森林疗养课程。例如考虑到神经质倾向体验者的特点，课程应该主要为漫步、静坐、冥想、森林瑜伽等静态活动，但如果能够开发出森林艺术节、森林音乐会等，也应该是不错的选择。

5） Why

在掌握体验者需求特征的基础上，必须要提供有准确治愈目标的方案。例如还是对神经质倾向的体验者，如果设置运动类课程，必须要有明确的运动目的和疗愈目标。在掌握体验者神经症倾向的程度、压力状态和来访目的之后，森林疗养师应该提出疗愈效果最大化方案。

6.13 想做森林疗养？硬件软件要一起抓

【树先生】

森林疗养师培训班学员通过森林疗养师资格考试后，将进入在职训练阶段。除了松山森林公园、八达岭森林公园和史长峪自然休养林，学员们还能去哪儿在职训练？相信很多学员都很关心这一问题。现阶段，国内森林疗养基地的建设和认证进度，还无法满足森林疗养师培训需求。不过，在我们发出成立“森林疗养基地联盟”的倡议之后，社会各界的申请非常踊跃。从今天起，我们将逐批公布联盟成员信息，为学员们打打气。

1）吉林红石国家森林公园

基地位于吉林省桦甸市，面积 28000 公顷，目前初步形成以“亲近大自然、感受原生态”为主题，以森林景观为主体，以白山湖、红石湖为脉络，以自然生态、森林文化、红色迹地为特色的疗养目的地。当地有住宿床位 200 张，步道 6 公里，休闲体验设施、保健设施齐全，具备春观山花、夏游两湖、秋赏红叶、冬览雾凇的四季体验项目。

2）大连云都实业有限责任公司

大连云都实业有限责任公司拟建设的森林疗养基地，位于大连市普兰店区双塔镇栗寺村。该基地总面积约 800 公顷，拥有约 600 公顷原始森林，主要树种为落叶松、油松、柞树和胡桃。该基地人为干预和污染少，具有较完备的无铺装步道，行走方便。基地的其他设施计划于 2017 年 5 月份开工建设。

3）北京棠棣自然学校

北京棠棣自然学校由六个家庭和贝格尔游学号在北京昌平山谷生态涵养区里创建。学校四面环山，风景优美，占地1500平方米，拥有图书屋、活动室、书法绘画区、多功能厅、中西餐厨房、秘密花园等区域，可容纳住宿50余人，非住宿活动100人。自然学校通过提供一个灵性自然的教育平台，致力于唤醒现代城市人亲近自然和热爱自然的天性，摆脱对电子产品的过度依赖，享受真正的自然生活，从而树立恢复野性、滋养灵性、发现自我、培养平衡的生态观。学校开设有植物、昆虫、地质、观鸟、观星等自然体验课程，同时还有野外生存教育、环境教育和生活教育等课程。

4）秦岭华阳基地

基地位于陕西省洋县华阳古镇，距西安242公里。这里植被茂密，境内森林覆盖率达95%以上，素有秦岭南麓“高山氧吧”之称。基地为4A级旅游景区，集山水风光、人文古镇、生态休闲、珍稀动植物观赏、科考探险、红色旅游为一体，步道、休闲体验和住宿设施完善。基地属于国家级长青自然保护区范围，平均海拔1700米，自然风光以“高、寒、奇、险、秀”为特点，“一山有四季，十里不同天”是其气候变化多样的生动写照。

以上单位只是有森林疗养发展意向，还不是真正意义上的森林疗养基地。我们将信守承诺，在规划建设及运营管理经验交流、森林疗养师派遣和广告宣传等方面，为联盟成员提供帮助，共同建设合格的森林疗养基地。

6.14 没有建设用地咋发展森林疗养?

【树先生】

很多朋友想发展森林疗养，但是森林中缺少建设用地，设施自不必说，连基础的食宿也解决不了。另一方面很多人意识到，只有提升森林周边的食宿设施，或是将农家院改造为民宿，才能让整个林业社区从森林疗养产业中受益。能不能将森林内的临时居住产品和森林之外的永久居住产品结合起来？比如白天利用森林中的临时居住产品，而晚上利用森林周围的永久居住产品。这样可能既解决了土地政策限制，满足了地域经济发展需求，又能够创新森林疗养体验形式，达到预期的森林疗养效果。最近，我们发现了一个名为“green style”的机构，她们同时运营着民宿、木屋和露营等三类居住产品，这让我顿时有脑洞大开的感觉。

"green style"的民宿一般在森林周边，民宿内不仅具有家具和餐具，洗手间、冰箱等设施也一应俱全，访客不需额外准备，就能全身心投入放松的新生活中。民宿体量都很大，一般可以容纳6～10人，绝对是亲朋好友一起出行的最佳选择。民宿的价格也不太贵，每天只需要1500元人民币左右，如果超过2个人，每增加一人需增加90元人民币。每一处民宿不但建筑风格不同，也有自己独特的主题，比如有观星的、有适合与宠物一起出行的。民宿一年四季均可对外营业，由于冬季会提供壁炉取暖服务，访客可以在房间内"玩火"，所以冬季通常比夏季更难预约到客房，房价也比夏天贵200元人民币。

"green style"的木屋大多在森林里，木屋几乎没有家具，有接入电源，但是没有下水和燃气。木屋的体量比较小，一般最多也仅能容纳4～6人。每一座木屋都是大海里的一艘小船，就像漫画书画的那样，木屋可以给访客带来无穷的智慧和想象空间。每一座木屋也都有自己的设计风格和主题，就连木屋内的壁炉也很少有相同样式的。木屋也是一年四季均可对外营业，但冬季营业时会增加保温设施，木屋的价格比较便宜，大约每晚900元。

"green style"的露营地非常多样，夏季大约有20种，冬季也可以提供10种。从风景来区分，有观山的、有草坪的，也有林间的；从隐私要求来区分，有一块大草坪允许多人随意使用的，有用栅栏刻意区分的，也有林间用树木区分的；从设施上来区分，有临近管理用房可以用电的，也有不提供任何服务的；从铺装上来区分，有体验纯自然的，也有精致铺装的；就连很多朋友都喜欢的吊床，在"green style"也实现了设施化。露营者可以根据自己的喜好来选择。露营地的收费方式不一，有的按面积收费，有的按访客数量收费。一块有隐私保护措施的、面积约120平方米的露营地，一晚大约要300元人民币。

6.15 什么样的森林疗养才配占用林地?

【树先生】

青海省林业厅在北京调研森林疗养过程中，就如何取得建设用地这一问题，引发各方探讨。在大家激烈讨论过程中，我们受到了一点启发，梳理下分享给更多朋友。

发展森林疗养需要一定面积的建设用地，这是现阶段任何人都不能回避的问题。我们最初希望林地所有者能够整合周边食宿等资源，尽量减少占用林地。但是实践中，能够资源整合的地方少之又少，再加上涉及利益分配问题，资源整合难度也比较大，林地所有者更倾向于在自家林内新建设施。

说到在林地中新建设施，我们不能忽视企业的投机倾向和投资冲动。调研中我们发现，很多企业投资目的并不单纯，嘴上说是要发展森林疗养，可投资建设主体还是度假村和高档酒店，重点在休闲产业。坦率地说，以常规休闲用途而占用了林地，作为林业人我们是有罪恶感的。上世纪九十年代，日本休闲产业曾出现投资过剩，经济泡沫至今无法化解。发展森林疗养产业，经济泡沫也是我们最担心的问题之一，假如周边设施尚不能合理应用，又在森林中修建了同类设施，相信这就是一种泡沫。

发展森林疗养，很多人认为瓶颈在于政策滞后，可是森林疗养是新事物，现阶段缺乏实践和示范，国家很难出台政策。如果只是发展森林游憩，现有林地使用政策是完全能够支撑的。2016 年我们在巴中调研时，当地的章怀山森林公园让我们眼前一亮。这家森林公园完全是由企业投资建设的，林地归村集体所有，在森林体验和森林教育方面做得非常出色。作为成功经验之一，这家企业首先申请成为四川省级森林公园，按要求制定和报批森林公园发展总体规划之后，各类用地便得到很好解决。目前，这家企业带领乡亲共同致富的事迹，已经得到了政府和林业主管部门的认可。

如果有人问我，什么样的森林疗养才配占用林地？我个人认为，真正的疗养地医疗，或是将森林疗法用于养老、助残和儿童疗育，这样的森林疗养才有资格取得建设用地。只有把森林用于公众健康管理，砍几棵树，社会才不会心疼。为了确保林地被占用之后真正用于森林疗养，林业主管部门有必要尽快推出自然休养林这样的新林种，建立项目总体规划事前审批制度，核查项目建成后的床位和设施，防止森林疗养、森林康养名义下的林地乱用。

6.16 森林疗养：从公益林中找空间

【树先生】

对于森林疗养基地，我们一直避免它被以中国式挂牌方式进行指定。找到条件合适的地区，通过“疗养地认证”来确定其合法性，这是我们的基本工作思路。虽然目前尚未完成一处森林疗养基地认证，但是这种工作思路我们会坚持下来。

不久前调研时，一处县级自然保护区给了我很大启发。这家自然保护区的工作人员搞不清自然保护区为何物，不清楚当地核心保护物种是什么，保护区内甚至没有进行任何区划。虽然保护工作不得力，但被挂上保护区牌子之后，地方政府的开发冲动就受到了一定限制，当地自然环境得到了实实在在的保护。我想与自然保护工作相比，森林疗养工作是新事物，得到基层的认识和理解需要更多的时间，或许中国式挂牌是森林疗养推广进程中不可或缺的一环。我本人过去不看好中国式挂牌的方式,现在逐渐能够理解这种方式对于推广森林疗养的现实意义。

说起“挂牌”，除了自然休养林等“放松之森”以外，日本还“指定”过保健保安林。保健保安林主要是防治噪音、缓和气象和净化大气的森林。或许是因为临近街区，或许是因为对“保健”一词存在误解，日本民众习惯将保健保安林用于自身保健。日本林野厅大约从 1973 年开始“指定”保健保安林，现在这一林种达日本森林面积的 6.8%，已成为日本民众休闲放松的重要场地。

保健保安林只是保安林家族的新成员，日本的保安林有 15 种之多，除我们熟悉的水源涵养林、水土保持林、防风固沙林、海岸防护林之外，防雪林、防雾林、防火林带、护鱼林、航空标志林都属于保安林范围。过去我理解“保安林”应该相当于国内的“防护林”，现在看来它更像国内的“公益林”概念。与其他林种相比，保健保安林的指定时间较晚，所指定森林不可避免地肩负着其他功能。为此日本林业厅专门出台了《促进保健保安林指定的意见》，规定建设保健保安林的同时，必须同时满足其他部门对森林功能的要求。

随着我国经济社会的不断发展，民众对森林的医疗保健需求越来越大，或许我们也应该在公益林范围内，“指定”出与社会需求规模相适应的“保健林”。

6.17 如何确定森林疗养基地的访客容量?

【树先生】

据说旅游行业存在一个魔咒，如果游客数量超过目的地环境容量，接下来就会出现游客数量大幅减少。想想这应该不难理解，之前我去香山看过一次红叶，结果被人流堵在山上，半夜才赶回学校，所以十五年来我再也没去过香山。现在我身边很多人反映，平时香山的游客，还不如隔壁新建成的西山森林公园多，可见环境容量控制有多么重要。森林疗养有别于观光旅游，但控制好环境容量，对于延长森林疗养基地的生命周期一样重要。

森林疗养基地的环境容量是一个综合概念，它包括森林生态环境的承载力、体验者心理满意范围，也包括基本生活条件的承纳量；它既包括生态因素，也包括经济、社会和文化因素。现阶段，很难通过科学计算，给森林疗养基地的环境容量确定出一个有意义的数值。正如大部分学者所认可的，环境容量是一种管理理念，而并非科学问题，价值判断和利益分配始终是确定环境容量所绕不开的话题。如果有人去刻意寻找一个神秘的环境容量极限值，那极有可能是走弯路了。

不过，森林疗养对环境容量的控制，应该远远高于观光旅游。对于森林资源来说，观光旅游只是“看”，而森林疗养是“用”。举一个简单的例子，我们的森林疗养师会随手摘一片叶子或折一小节树枝，来激发体验者的嗅觉。如果不考虑环境容量，恐怕树叶会被摘光，树枝会被折尽。另外，相对于观光旅游，体验者对森林疗养基地的空间拥挤度也会有更高要求，如果不确定一个容易执行的环境容量，会严重影响森林疗养服务质量。

基于以上情况，在最近的一次《森林疗养基地建设技术导则》内部讨论会上，我们拟根据国外调研的经验数据做出规定，“森林疗养基地瞬间疗养客容量不宜大于12人/公顷，平均步道面积指标不低于10平方米/人，年间疗养客容量不大于2000人/公顷”。这只是我们的经验数据，需要大家提出更好的意见，以便进一步修正。另外需要注意的是，对于较大型的森林疗养基地，整体环境容量和局部环境容量之间还存在差异，经营者需要通过合理规划设计和巧妙课程管理安排，把体验者均匀地分配到森林之中。

6.18 森林疗养：如何从“小众”到“大众”

【树先生】

上周末，与一位长者聊起森林疗养如何从“小众”到“大众”这个问题，深受启发。我们觉得这是个不错的议题，值得大家一起思考。

1）受欢迎的产品是根本

我们认为受欢迎的产品是“小众”到“大众”的基础条件，森林疗养产品必须要解决人们的一些实际需求或痛点，在体验者周围形成口碑效应，才能对大众保持足够的吸引力。所以在策划森林疗养服务产品的时候，切入点一定要足够细，要细分人群，要细化需求。开发出更有针对性的产品，才有可能提供高质量的服务。

盲目地贪多求大，很难掌握体验者的具体需求，推广起来可能会更难。

2）价格是重要的影响因素

根据我们的最新调查，对于两天一晚的森林疗养产品，82% 受访者支付意愿在 1000 元以下，44% 受访者支付意愿在 500 元以下。而构成森林疗养产品价格的主要因素，包括食宿、交通、场地使用和雇用森林疗养师等多个部分，500 元不是一个容易产生利润的价格。坦率地说，我们的经济社会发展水平还不高，发展什么层次的森林疗养，又如何保证森林疗养产品物美价廉，这也是影响森林疗养从“小众”走向“大众”的重要因素。

3）改善组织形式是突破口

我们要发展的森林疗养有两种形式：一种是利用身边森林资源的福祉型森林疗养；另一种是以森林疗养基地认证为特征的疗养地医疗。对于福祉型森林疗养，随着“自导”技术条件改善和组织者水平提高，或许可以不用刻意强调“一位森林疗养师最多同时服务八位客人”。在福祉型森林疗养之中，森林疗养师更倾向于“健康管理方法的传播者”，有些森林疗养方法会让体验者终身受益。

6.19 如何面向农村地区居民发展森林疗养？

【树先生】

近年来，随着国内城乡二元社会结构的缓慢溶解，居住在农村居民的消费热情正在逐步显露出来。从年平均收入来看，农村居民虽不及城镇居民，但是农村居民休闲时间自由且充裕，又没有房贷这样的压力，旅游等相关消费意愿出奇地强烈。另一方面，大部分森林疗养基地都建设在农村或小城市周边，如果没有本地客源作为支撑，很难得到健康发展。如何面向农村地区居民发展森林疗养？这可能是推广森林疗养过程中亟需破解的难题。

过去我们一直关注城镇居民的森林疗养需求，对农村居民关注不多。我想作为旅游产品的话，进入本地森林对农村居民似乎没有太大吸引力，但是作为健康管理产品，农村居民能不能接受森林疗养呢？今天我们一起来梳理下思路。

首先需要明确我们能够提供什么样的健康管理产品。倘若是农事体验、森林劳作这样的作业疗法，即便经营者在实施过程中加入评估、监测这样的健康管理因素，但在农村居民眼中，作业疗法恐怕只是劳作。既然是干活，还不如在自家地里干活，类似于作业疗法的健康管理产品是不会受欢迎的。但如果说某些森林环境能够提高自然杀伤细胞的活性和数量，或者能够提高抗癌蛋白数量，或许本地农村居民也会争着抢着去体验。不过这需要拿出确凿的证据来，需要有公信力的第三方来出示证据，并且森林疗养效果不只是方差分析才能够发现的微小差异，而是大部分人都能够切身感受到的实实在在的变化。

其次，我们还需要搞清楚农村居民常见的健康问题有哪些？或许大部分人认为森林疗养最擅长解决自然缺失而引发的健康问题，而农村居民恰恰最不需要自然。其实森林疗养是借助自然而帮助体验者重建生活秩序，在面向农村居民的课程设置方面，会有很大挖掘潜力。另外，除了挖掘“疗”的潜力之外，应该适当加重“养”的比例，把当地森林文化包装成为农村居民喜闻乐见的形式，确保森林疗养基地之内有足够多的吸引物。

利用森林为当地人提供健康管理服务，而且不是公益性的，这的确是一个难题，需要大家一起来探讨。

6.20 自然休养村：山区农业的华丽转身

【树先生】

在日本林野厅提出自然休养林的同一时期，农林水产省和国土交通省还联合推出了自然休养村。到本世纪初，日本已经建成511处自然休养村。作为有疗养功能的休闲农业形态，自然休养村的相关经验值得我们关注。

1） 自然休养村的由来

我老家地处丘陵，每户农家大约有5亩土地，2016年每亩玉米产量约为1200斤，如果以目前0.46元/斤的玉米收购价格计算，一户农家一年种地的毛收入还不足3000元。不光是玉米产区的情形不好，在东北每吨国产大豆要比进口大豆贵1000元左右，即便2017年换种大豆，种地收入也不会有太大改观。为什么我们的农产品没有竞争力？说到底还是因为农业生产效率不高。作为提高农业生产效率的前提，农地集中经营已经非常急迫。但是在山区，耕地本就不多，又多以梯田形式存在，即便是集中经营，也难以应用大型农业机械，提高农业生产效率谈何容易。社会经济的发展，不可避免地会对农业生产效率提出更高要求。1970年前后，日本也经历了这样一个时期，建设自然休养村就是在类似背景下提出的。自然休养村把农业生产、农村环境和农民生活打包成为健康管理产品，满足了城市居民回归自然的需要，也为不适合发展集约化经营的山区农业找到一条出路。

2） 自然休养村的实态

日本自然休养村已经存在了半个世纪，对地域经济和社会发展产生了深刻影响。千叶县的上永吉村并没有像样的观光资源，在建成以自然观察植物园为核心的自然休养村后，当地每个时节都会组织主题体验活动，全年访客接待量在12万人以上。爱知县凤来村是由78户农家合作经营的自然休养村，不仅额外创造出4名全职和30名短工的就业机会，还通过设置乡土料理体验教室为村里的农妇和老年人提供了就业机会。当然，最近几年自然休养村经营也出现了一些问题。首先是受人口老龄化影响，日本的自然休养村明显“后继者不足”。兵库县的一处自然休养村鼎盛时期曾经有50处农园，但是目前只剩下了27处，经营规模几乎减半。另外，由于人们休闲方式的流行风向变化，访客数量减少也是自然休养村面临的一大问题。群马县的一处自然休养村，最初设置了房车露营地、滑雪场、网球场、露天温泉等户外设施，但是最近访客好像对运动类产品失去了兴趣，只剩下露天温泉还在维持运营。

6.21 健康旅游：人口流失小城的救赎

【树先生】

2016年8月24日，是日本铫子市健康旅游事业推进协会成立的日子。全市工商业人士、旅游团体和农林水产从业者都参加了成立大会，协会的会长由越川信一市长担任，当地计划搭建一个广泛听取业界人士意见的平台。不过话题一出，成立大会就立刻变成了诉苦大会，当地餐饮、住宿经营者纷纷哀嚎"经营不下去了"，"很多人都关门了"。怎么会出现这种情况？原来当地人口显著减少，年轻一代流失尤为严重，这已经成为不得不直面的社会问题。正是由于这种原因，铫子市想通过发展健康旅游产业，来重新获得活力。

"健康旅游"对应的英文是"health tourism"，译为"养生旅游"或许比较贴切。2007年，日本内阁批准成立了NPO法人"日本健康旅游振兴协会"，在这个机构眼中，健康旅游是以旅游为契机，来达到增进、维持、恢复健康以及预防疾病的目的；健康旅游对象既包括健康人，也包括亚健康人和病人，它适合从孩子到老人的所有群体；健康旅游要有科学依据，必须满足循证医学的要求。日本很多地方希望发展健康旅游，仅仅十年间，健康旅游振兴协会的工作就遍及日本大部，而铫子市就是其中之一。

铫子市的健康旅游筹备工作，是从2014年12月启动的。铫子市有森林，有大海，也有温泉，当地一家俱乐部利用这些资源，策划了"身体调养之旅"，面向企业、高龄人群、初次生产妊娠夫妇开展了健康旅游体验活动，边探索需求，边积累实证研究数据。最初这些工作只是想创造就业机会，但工作铺开之后人们发现，这些尝试是创造了一些就业机会，但是本地产品和服务的销售额并没有太多增加。如果想要全面发展健康旅游产业，必须由专业机构从头开始包装和策划，日本健康旅游振兴协会就在这个时候登场了。

日本健康旅游振兴协会调研后发现，在发展健康旅游的成功案例中，政府主导和密集宣传是两个成功秘诀。铫子市疗愈资源丰富，有温暖的海洋性气候，盛产鱼贝类海产品，适合建立以海洋疗法为主、以森林疗法和温泉疗法为补充的健康旅游体系。另外，铫子市距离城市群很近，如果开发出针对上班族的健康旅游产品，打造有特色的健康旅游品牌，对创造就业和减少人口流失都会有很大帮助。

在主要受众方面，日本健康旅游振兴协会调研后也有不同发现。如果说起健康旅游客源，大家首先会想到追求健康长寿的老人。但是在2016年的市场调查中，铫子市的主要客源，是日本关东地区30岁左右的女性，职业以IT相关工作居多。所以有人就提议，这些女性面临着结婚生子，铫子市的健康旅游形象定位应该是“健康养育小镇”“健康育儿小镇”，重点为妊娠、生产和育儿提供完整的健康管理服务。有了很多孩子，或许铫子市就不再缺少活力了。

6.22 森林疗养酒店该是什么样？

【树先生】

都说人类起源于森林，但是人类文明并不都是森林文明。在西亚和北非地区，人类文明是一种旱作畜牧文明，与森林的关系并不太大。既然缺少森林，当地人又是如何疗愈自己的呢？在埃及东部距离利比亚50公里的地方，有一处人迹罕至的绿洲。绿洲上的Adrere Amella酒店，既没有电力供应，也没有手机和网络信号，就是这样一个鸟不拉屎的地方，每年却吸引着成千上万来自各地的游客。

Adrere Amella酒店原本是荒废多年的Siwa传统民居，酒店经营者将其恢复重建，而且建筑工艺刻意沿用了传统工法。酒店结构性建筑由盐岩和泥土堆砌而成，建筑各方面都回归自然的基本面，因为保持了天然的舒适感。厚实的土墙能够阻挡白天炎热的阳光，使室内保持凉爽，而到晚上又能把热量缓慢释放出来。虽然酒店由传统民居改造而来，但是各式露天餐厅、酒吧和游泳池等休闲设施也应有尽有。

“让每位客人从工业时代解放出来，穿越时空，体验异域文化”，这是Adrere Amella酒店的经营理念。酒店共有40间手工打造的客房，每间客房都与众不同，能够让游客体验原始的部落风情。酒店的公共区域夜间是用火把和油灯照明，房间里没地方放蜡烛，因此客人最好日落而息。酒店没有现代科技痕迹，家纺以及简单家具全都采用古老技术完成。酒店中所提供的食物，也都是当天从本地采购的有机食品。因为有这些最原生态的奢华服务，所以人们可以从喧闹的城市中短暂解脱出来，好好放松自己。

当然这样的酒店价格不菲，酒店经营者对埃及人的收费标准为每晚310美元，而外国人每晚最低要付460美元。

6.23 企业如何参与森林疗养?

【树先生】

说起森林疗养的企业参与，也许您会想到企业开展森林疗养基地和认证。实际上日本一些知名大企业，却以自己的方式推动着森林疗养工作。

1）森永乳业

森永乳业最近在致力于“森林浴疗愈效果”食品开发工作，希望能够开发出“吃东西也能获得森林浴效果”或是“提高森林浴效果”的食品。森永乳业研究素材主要有两个：一个是从树木中提出的精油；一个是牛奶蛋白中得到的乳素肽。嫩叶的芬芳能够让身体恢复健康状态，而摄取乳素肽能够缓解长时间步行所引发的疲惫感，如果能把这两个元素有机组合起来，也许能够在食品开发领域有所突破。

2）朝日啤酒

朝日啤酒也在开展利用森林相关成分的基础研究，研究主要包含两个方面：一方面是确立评价技术（情绪调查、唾液测定等基础研究；探索能够降低压力和促进放松的香气素材）；另一方面是评价食品形态。朝日啤酒以 42 名本公司工作人员为对象，让受试者分别食用添加森林相关成分食品和未添加森林成分食品，休息 10 分钟后，分别调查受试者唾液压力生物酶和精神疲劳感。结果显示，摄取含有森林相关成分食品有助于受试者精神压力的缓解。

3）小林制药

树木中含有被称为“芬多精”的芳香成分，有关芬多精对人体生理影响的研究很多。小林制药关注的是一种檀木中特有的芬多精，业界称之为白檀油烯醇。研究者安排受试者连续两个礼拜睡前都要嗅一下这种芬多精，然后评价了自律神经平衡状况以及唾液淀粉酶活性变化。如果以早晨唾液淀粉酶浓度作为基准，使用芬多精的受试者唾液淀粉酶活性中午增加了 16.4%，夜间增加 5.6%；而未使用芬多精受试者唾液淀粉酶活性中午增加了 19.0%，到夜间增加了 22.3%。这个研究结果提示我们，睡前吸收足够的芬多精，能够调整身体压力状况。

6.24 森林疗养如何结合企业需求?

【树先生】

从经营角度考虑，散客很难支撑起森林疗养基地，向团体客提供服务才有可能实现盈利。在众多团体客源中，企业员工绝对是个优质客源。过去我们关注员工心理健康，提出利用森林疗养来缓解员工身心压力，但是如果能够提高员工的能力和素质，似乎企业主更愿意买单。

拓展训练是提高个人能力和素质的有效途径，它以心理挑战为主要手段，以团队游戏为主要形式和载体，以促进身心健康、锻炼技能和完善人格为主要目标。在学院派看来，拓展训练与心理、体育、管理等多个学科交叉，和森林疗养有很多相似之处。实际上，在森林中进行的拓展训练，一直被认为是森林疗养的一种形式，不过拓展训练要比“森林疗法”成熟得多，形成时间也要更早一些。1995年左右，拓展训练理念被引入我国，目前在国内有很高的认知度。遗憾的是，现在很多机构的拓展训练科目陈旧单调，千篇一律，如果能够利用森林优势开发出更多训练科目，相信来访者的满意度会更高一些。

说起为企业员工提供森林疗养服务，我们的森林疗养师一直比较纠结。考虑到森林疗养师的服务能力和疗养质量，我们通常要求一名森林疗养师一次最多服务6～8人。如果是40人的企业团队，至少需要5名森林疗养师，人力成本控制不住，报价就会居高不下，难以对企业产生吸引力。实际上，森林疗养应该有多种形式，森林中的心理咨询肯定是一对一的，而面向企业团队提供的森林疗养服务以拓展训练为主，疗养目标简单一致，所以没必要特别限定服务人数。

另外，光靠森林拓展训练是难以满足企业需求的。据调查，大约只有40%的员工愿意参加拓展训练，50%的员工喜欢偏静态的度假，剩余10%的员工没有特殊偏好。如果是企业团队，我们建议根据员工需求，制定偏动态的森林拓展训练和偏静态的传统森林疗养，供来访者自由选择。

6.25 有关森林疗养的新鲜事

【树先生】

在新媒体的冲击之下，报纸、广播等传统媒体日渐式微。捷克的一家广播公司为了扭转局面，将业务拓展到了“森林疗养”领域。这家公司的声音收集装置被放到了人迹罕至的森林深处，因此可以 24 小时不间断传递森林的声音。听众打开广播就能够听见虫吟、鸟鸣和松涛，有时还能听见野兽的嘶吼。忙碌一整天的人，傍晚听听这些声音，疲惫感或许就会消失；而清晨在清脆的鸟鸣中醒来，也定会是最美好一天的开始。据说听众对广播的反应都还不错，很多人承认这样的广播具有身心治愈作用。其实，十年前就有人把森林的声音灌成 CD 来出售，我觉得比起出售罐装森林空气，出售森林的声音应该更靠谱，至少它不会受保质期困扰。

纾解人口老龄化所引发的医疗费用问题，这是国内引入森林疗养的重要社会因素。但是在德国，具有森林疗养特征的“自然疗养地医疗”本来就在医保支付范围之内，为了控制医疗费用，德国政府在上世纪末进行了医疗改革，有意削减“自然疗养地医疗”的医保支出。受此影响，德国有两成的自然疗养地在寻求转型，目前多家的经营形态已从传统“疗养型”向更自主的“保养型”成功转变，以此来适应不断增加的自费客人需求。忽然想到一句话，“家家都有一本难念的经”，这对不同国家的“森林疗养”同样适用。我们一直在学习日本、德国等发达国家的先进经验，可是最好的“经验”，或许需要自己来创造。

6.26 森林疗养：产业投资有诀窍

【树先生】

贵州产投集团首期投资 5 亿元，在黔东南加榜梯田打造“森林康养基地”；青岛林业投资开发有限责任公司等三家企业投资 15 亿元，在山东即墨打造“森林康养小镇”；四川玉屏山“森林康养基地”改造项目投资规模在 3 亿元以上；北大未名集团在湖南青羊湖森林康养基地的投资将不低于 30 亿元。

最近，“森林康养”很火，虽然服务还没有形成产业，但产业前期投资已经具有了经济拉动功能。您不要以为这是企业的“大忽悠”，据我们了解这些项目大多数投资已经到位，有些项目的工程建设部分已接近尾声。从 2013 年我们翻译出版《森林医学》起步，森林疗养理念迅速成就了一项产业，进程之快让我们自己也很是吃惊。或许是因为酸葡萄心理在作怪，面对一片大好的产业发展前景，我们又开始担心了。

首先是担心生态环境被破坏。从生态保护角度来看，有时候投资就像炸弹，投资额越大,炸弹威力越强,生态保护面临的压力也越大。现阶段,公众所认可的“森林康养”，主要吸引因素还不是森林的医疗保健功能，大多数人把森林理解为一片没有污染的净土，是人人向往的那片净土，这是“森林康养”在供给方面的最大优势。只有保护好和利用好这片净土，才能保住“森林康养”的优势。如何把“投资建设”真正变为“投资保护”？对这一问题国内缺乏成熟经验,需要大家一起探索。

其次我们担心这些投资难以取得预期回报。我们认为森林疗养首先是一种服务，是一种有关森林的创意服务，所以软件建设要始终优先于硬件建设，硬件要始终服务于软件。如果软件建设做得好，是可以节约很多硬件建设支出的。很多业主想“先建好庙，然后再去请和尚”，可实际上香火旺盛的庙，大多是由和尚筹建的。另外，基地接待人数、人均消费规模是比较容易推算出来的，那些动辄十几亿的投资，如果想要按期收回，经营单位恐怕要下一番工夫了。

6.27 看国外森林疗养基地如何做服务?

【树先生】

FuFu 山梨保健农园应该算是日本森林疗养基地的“标杆”，之前我们简单介绍了那里的运营概况，今天再说说作为软件的“健康管理课程”设置情况。保健农园的健康管理课程分为套餐课程、实践课程和可选课程三类。

1）套餐课程

面向所有住宿客人，无论客人住多久，酒店都会提供相应的健康管理服务，课程费用已经包含在房费之内。套餐课程分早晚进行，早晨是调节心情，晚上是整理身体。

（1）唤醒瑜伽 / 早晨 60 分钟。在清晨第一缕阳光中做瑜伽，不仅是活动筋骨，对内脏器官和神经系统也有很好的改善作用。深深吸一口森林中的新鲜空气，你会立刻获得都市中难以体会的放松感。

（2）坐禅 / 早晨 60 分钟。闭目端坐，凝志静修。“坐”就是让身体安定，让精神集中，综合调整身体、气息和内心。坐禅让你有意识地抛开个人喜恶，从而实现头脑清晰、思维有序、行动专一。

（3）身体清零 / 晚上 60 分钟。用健身球一边放松心情，一边寻找身体最放松最舒适的姿势。通过内侧肌肉的物理锻炼，调整身体轴心，让你觉得运动量刚刚好，从而让身心都非常舒适。

（4）围炉夜读 / 晚上 20 ~ 22 点。摇动的火苗，据说具有精神放松作用。一天结束，围坐在炉火旁边，可以静静地发呆，可以读一本喜欢的书，也可以和好友畅谈未来，也许这样便可以自然而然地找回自我。

2）实践课程

面向长期停留的客人，住宿时间超过三天两晚的客人可以免费参加；如果客人只住一个晚上，保健农园是要收取课程服务费的。

（5）森林散步 / 早晨 60 分钟。早晨散步可以帮生物钟“对时”，能够激发身体的适应反应。我们的身体都按照一定节奏运行，沐浴早晨的阳光，据说能够调整身体内的生物钟。山梨县四季分明，森林中每天都有不一样的发现。

（6）森林作业 /120 分钟。接触土壤，能够让人类感觉和自然融为一体。根据季节不同，森林和农事体验的课程也不一样，有翻地、间伐、种菜等等，每种活动都能和自然充分接触。

（7）田园料理 / 午前 120 分钟。用当地产的巨峰葡萄做果酱，柿子熟了后做柿子饼，你可以尽情体验田园料理的乐趣。如果是用心、愉快地做出来的产品，味道是不一样的。

（8）观星 / 晚上 60 分钟。保健农园有观星台，还特意准备了天文望远镜。喝一杯温过的日本酒，远望深邃的天空，看看星星是如何坠落的，这是一种乐趣。

3）可选课程

可选课程是收费的，当天往返的客人也能够申请参加。

（9）芳香疗法。保健农园里有一处药草花园，体验者可以采摘芳香植物蒸馏精油。有资质的芳香疗师会根据体验者体质，调配精油，并给出健康管理意见，这些知识是可以终身受益的。

（10）森林疗法。当地人认为森林疗法是基于医学证据的森林浴，有资质的森林疗法师会带你去感受被认证过的森林疗养步道所具有的自然治愈力。

（11）自律神经平衡测定。保健农园有一套韩国产仪器，可以轻松测定自律神经平衡情况，并当场打印评估报告。

（12）一对一心理咨询。如果你压力过大、轻度神经质，或是有生活习惯病，保健农园的心理咨询师会通过冥想治疗等方式，给出最专业的解决方案。

（13）艺术疗法。图画可以帮助我们从色彩中理解自己，艺术表现能够起到缓解精神压力的作用。在保健农园，你不用想画好一幅画，只需自由地表达心情，以消除压力感。

（14）芳香抚触。这项疗法根据使用精油不同而收费不同，保健农园有专门的按摩教室和按摩师，可以提供后背和足底按摩服务。

（15）小楢山徒步郊游。从保健农园出发，一直走到海拔 1713 米的小楢山，然后从山顶远眺富士山。整个步行线路耗时约 5.5 个小时，体验者需自带便当。

6.28 森林体验教育如何盈利?

【树先生】

与把疗养和体验教育混为一谈的森林康养有所不同，在我们办公室，森林疗养和森林体验教育由相对独立的两个团队分别负责。这两个团队之间偶尔会串场支援，但通常情况下会保持泾渭分明。倘若我染指了森林体验教育工作，尤其是对森林体验教育工作表达负面看法的时候，我的手指就会被“斩断”。负责森林体验教育的每位同事,都像老母鸡保护小鸡一样呵护着自己的工作。昨天是儿童节，想到那些在自然体验教育道路上苦苦摸索的朋友们，冒险和大家交流下感受。

（1）赚钱不容易。作为森林与教育的结合产物，我们是从公益角度出发来推广森林体验教育的，但是从市场角度出发，森林体验教育同样是一手好牌。很多朋友都敏锐地认识到，如果能够以孩子带动大人，森林体验教育市场前景非常广阔，似乎入行就能赚钱。但实际上，国内外通过自然体验教育赚到钱的案例都不多，到目前为止大多数人并没有用好这副牌。这里有很多原因，自然体验教育课程内容不够吸引人、学校和家长认可度不高、学生课业负担过重等都可能是重要因素。

（2）入行要谨慎。为森林体验教育付费的是成人，一定要从成人角度来思考森林体验教育的需求问题。如果站在行业立场，对孩子进行林业工作洗脑，相信不会产生太大吸引力。大部分家长的可能关注重点是自理能力、户外安全和野外生存教育，认知和环境教育可能会排在第二位。现在大部分家长都愿意把孩子送入各种培训班，只有让孩子们快乐地获得家长们期望的各种知识，森林体验教育才会有可能长远发展。而实现这一目标，森林讲解师等相关专业人才必不可少，他们是自然体验教育的核心，如果没有专业人才，请谨慎入行。

（3）基地建设要保守。森林体验教育要防止过度娱乐化，森林体验教育基地建设得越像“森林游乐区”，家长们就会越觉得没教育价值。丰富的自然环境本身就可以满足森林体验教育要求，过度设置不自然的“教育展项”，不仅会破坏自然，增加投资负担，而且距离森林体验教育的真谛也会越来越远。另外，“森林体验教育基地很难有回头客”，这确实是个难题，有时即便是开发出更为丰富的课程，大部分家长也不认为再体验会有更多收获。要解决这个难题，需要让大家明白自然中有用不完的智慧，需要提高公众对森林讲解师作用的认知，而不是简单地在森林中增加设施。

6.29 您了解自伐型林业吗？

【树先生】

养老、助残和儿童疗育是森林疗养福利化的三条支柱。在大多数人眼中，如果残障人士从事森林作业的话，危险系数还是蛮高的。不过近期日本千叶县香取市正在推广的自伐型林业，可能会颠覆人们的这种印象。

过去日本林业注重生产效率，重视大型机械设备在林业中应用。虽然林地权属比较分散，但是采伐等经营作业通常还是委托拥有大型林业机械设备的专门机构来完成。这样一来，林地所有者和当地居民就没有机会参与林业了，林业对当地经济社会的贡献也变得微乎其微。据统计，2016 年日本林业的从业人员数量已经不到 1956 年的百分之五，林业的衰退可略见一斑。自伐型林业就是在这样的背景下提出的，所谓的自伐型林业，就是抚育、采伐等作业均由林地所有者自主完成。这种林业不依靠大型机械设备、不做大面积皆伐、不修筑高等级道路，因此可以忽略森林作业对当地环境造成的损失。在这种近乎永续的森林经营过程中，使用最大的设备就是轻型卡车，而链锯等工具任何人经过简单培训都能够胜任操作。所以自伐型林业经常与扶助残障人士结合在一起，通过经营森林让残障人士获得收益并回归社会。

最早提出自伐型林业的，是一位姓饭田的福利企业家，他在雇用残障人士从事养猪和肉制品加工领域具有丰富经验。由于企业被山林包围，饭田意识到林业对促进残疾人就业也会很有帮助。饭田反复考察日本各地林业，并认真对森林作业流程进行分解研究后，他确信残障人士也能胜任林业工作。目前自伐型林业所生产的木材主要作为燃料使用，据说农业温室和养老院使用这种薪柴的话，燃料成本能够降低到 40%。未来随着新型燃柴锅炉的普及，自伐型林业可望为发展地区经济和促进残障人士就业做出更大贡献。

6.30 发展森林疗养需借鉴温泉疗养经验

【树先生】

如果说“森林疗法是温泉疗法的一部分”，大多数人会当成是疯话，过去我们也是这其中的“大多数”之一。随着掌握文献资料的增加，我们隐隐发现，森林气候疗法、地形疗法这些替代疗法，过去极可能只是以温泉为主体的自然疗养地的外围疗法。因此，无论是实证研究，还是自然疗养地建设，温泉疗养都有很多成功经验可供森林疗养借鉴。

从实证研究来看，对心血管疾病、类风湿关节炎、内分泌和代谢系统疾病、慢性阻塞性呼吸系统疾病、消耗系统疾病和脑血栓，温泉疗法有很多的实证研究案例。针对特定病征，温泉疗法有明确的治愈方法，包括温泉利用形式、水温控制和水质选择等等，这些方法大多为临床医生所认可。与温泉疗法相比，森林疗法的实证研究工作要粗犷得多，这可能是森林比温泉更为复杂的缘故。对于心身疾病的疗愈来说，一般认为是森林中的诸治愈因素同时在起作用，抽出单个治愈因素未必有实际意义。另外，对于森林这个生态系统，抽出单个治愈因素也并不容易。所以森林疗法的实证研究工作难度要更大一些，这是我们要知难而上的地方，有针对性地使用森林治愈素材和治愈手段亟须研究支撑。

从自然疗养地建设来看，温泉疗养地是温泉资源产业群，它不仅有疗养功能，而且兼具休闲功能。在疗养功能方面，根据理疗时间和护理程度不同，温泉疗养业态也有休养、保养和补全三种类型。所谓休养，是日常的短期压力疏解，大约1～3天，通过放松心理来缓解疲劳。所谓保养，是长期压力的疏解，大约1～3周，以恢复体能和调理亚健康状态为主要目的。所谓补全，是指慢性疾病的调理，或是外伤与术后运动机能的恢复，时间一般为3～7天。这样看来，未来的森林疗养地，功能趋于多元才能满足不同层次的需求，才能更具盈利前景。

6.31 露营地：市场火爆商机多

【树先生】

据说所有户外设施之中，露营地是少数几种能够盈利的。在八达岭国家森林公园，以“大本营”为核心的森林露营地，在2017年年初，2017年全年的周六日时间就被预约完，甚至连暑期的非休息日也被预约完。我们有幸能够在这里做森林疗养体验活动，完全是得益于公园几位“内线”的强力坚持，露营地市场的火爆情况可略见一斑。

之前野外露营被认为是欧美文化的典型代表，随着我国城市化进程加速和家用汽车的普及,欧美盛行的露营活动正在逐步进入我们的生活。在我们的邻居之中，韩国和日本的这一进程要稍快于我们。韩国的自然休养林主要是以森林露营为核心，而天天喊着脱亚入欧的日本，露营文化丝毫不逊于欧美。日本露营地的种类、数量和经营主体都非常多，为了确保露营环境和服务质量，大部分露营地实施预约制经营。那么，普通日本人平常怎么选择和预约露营地呢?

“nap-camp”是日本最大的露营地检索和预约网站，这有点像国内的“携程”或是“途牛”，不过它不能检索酒店，只能检索露营地。据说全日本超过3500处露营地，都能够在这个网站检索到详情并完成预约。在这个网站中，从都市周边的露营地到秘境和孤岛露营地都有提供,而且网站承诺同类产品的预约价格最低，消费者无需刻意比价。这个网站还有一个好处，它能够看到体验者对到访过露营地的评价，这不仅能够督促经营者改善服务，那些现身说法的评价也更能激发体验者的到访热情。除此之外，“nap-camp”还提供户外用品的租赁和销售服务。

我们关注到这个网站，是缘于日本森林疗法协会与“nap-camp”达成合作协议，目前日本62家森林疗养基地中已经有18家入住“nap-camp”，相信这是增加森林疗养客源的有利措施。话题回到国内，随着加入森林疗养基地联盟（候补）成员的增多，我们也在考虑提供类似服务，让森林疗养基地联盟成为更有价值的组织。

7 如何成为一名森林疗养师？

7.1 新兴职业探索：森林疗养师是个什么东东？

【婷婷】

身体往往是最好的老师。几年前，基于身体的各种不适，我逐渐把重心转移到了关注身心健康方面，经常和一群热爱健身的朋友们健走，开始是在市内的各大小公园，后来慢慢地逐渐向北京的郊区发展。这个发展把我带回到了大自然的怀抱，身体是有记忆的，从市区公园到郊区的大自然，身体越来越好，感觉十分美妙。

带着这样美妙的感觉，想起了当年学习健康心理学时老师说过的话：国外健康管理做得很好，可惜国内目前没人做。当时就在心里暗暗下决心未来要在这个领域做些事情，没想到十年后我这有着医学背景的心理咨询师，竟然和森林疗养结缘，且深深迷恋上了这个新兴的职业——森林疗养师。

那么，您一定会问：什么是森林疗养师呢？这个职业的起源、发展和森林疗养的发展息息相关。且听我慢慢细说。

这个职业的起源，要追溯到十九世纪的德国的克纳普疗法，这是由德国的Sabastian Kneipp （塞巴斯蒂安克纳普，1821 ~ 1897 年）在德国的沃里斯霍芬村所创的一种自然疗法，为了纪念他，人们用他的名字命名。而在当时，他是一名天主教祭司。他所做的工作就是将温、冷水浴为主的水疗法，森林步行的运动疗法，均衡饮食的食物疗法，利用香草或药草加入料理或入浴可谓芳香疗法先驱的植物疗法，以及调和身心与大自然的调和疗法结合，在当地森林或郊外森林的大自然，为那些患有呼吸系统疾病的患者进行疗愈。因为他本人在青少年时期患了结核病，医生都放弃了，而他竟然用水疗法治愈了自己。他，就是最早的森林疗养师，只不过那时并没有这个称呼，这个工作是由教会在做。

瞧，早期的森林疗养师是一群教会祭司。

二十世纪八十年代初期，日本出现了“森林浴”一词，作为农业大学教授的上原严先生在读了神山惠三的《向德国学习森林浴》之后，赴德国考察、探索、学习和研究，并回到日本进行实践。森林疗法是一种新兴的学问，其实也是人类自古就存在的经验。主要的信念是：在森林环境中，人的身体结构可以恢复原有的平衡感和步调。上原严以实例在《疗愈之森——进入森林疗法的世界》一书中详细说明森林疗法在心理咨询、身心障碍者的保育、复健和教育中的运用。对于从小在森林长大的上原严来说，他对森林疗法的定义是：全方位运用森林环境，透过休息和劳动，身心疗愈和咨商等活动，来增进健康的自然疗法或环境疗法。所以，凡是在森林里散步及进行教育、复健、疗愈、咨商、团体活动或植物芳香治疗等活动，都属于森林疗法的范围。后来，日本发展出了自己的培训体系，专门训练那些热衷于森林浴的人员并实行考核颁发资格证书。

瞧，日本最早的森林疗养师是一位农业大学的林学教授。而他认为上述这些活动均属于森林疗法，那么开展这些活动的工作人员自然就是森林疗养师了。

1983 年年底，我国台湾地区林文镇博士引进森林浴到台湾，并进行本土化的实践和和探索，掀起了台湾的“森林益康”热潮，台湾马楷医学院林一真教授（教育学教授）兼心理咨商中心主任在她的《森林益康》一书中是这样说的：简单地说，森林益康是一种活用森林环境来促进健康的方法。也有人称为森林疗法。广义地说，人在亲近或欣赏森林时，感受到大自然的美好，使人心情舒畅，提升健康就是森林益康。而专业层面来说，是由受过专业训练的人员针对特定对象的需求，提出具体的目标，运用特定的森林场地和设施进行活动，评估效果，以促进人的身体、心理和灵性健康，并且促进生态环境发展的历程。

瞧，到了我国台湾，就有了更专业的训练，据几次研讨会交流得知，目前开展森林益康的工作人员以林业系统的人员居多。

从德国到日本再到我国台湾地区，曾经有天主教祭司、林学教授、教育学教授和心理中心主任，均在这个新兴的职业领域做过贡献，所以才有了我们今天的森林疗养和森林疗养师。

而在我国大陆，则是这几年才开始从日本引进森林疗养这个概念的，《森林医学》一书的翻译，打开了林业系统对森林的新认知，开始筹建、组织、规划森林疗养基地，并培训了第一批森林疗养师，我荣幸成为其中一员并理论考核过关，目前正在实践阶段。结合日本老师的培训和对一些书籍的研读，以及多次参与全国或者国内外相关研讨会，我在准备“森林疗养实践指南”课程时，得出了自己的认知，拿出来和大家分享，欢迎我们共同讨论。

森林疗养师是具有一定身心健康与森林疗养方面的专业知识和技能，利用森林资源进行身心健康管理的专业人员。

7.2 森林疗养师作用大不大？数据来说话

【树先生】

之前的一系列实验，让我们了解，“森林漫步能够提高主导放松的副交感神经活性、抑制主导紧张的交感神经活性；森林漫步能够降低以唾液蛋白酶为代表的体内压力激素水平”。这些都是被反复证实的森林医学研究结果，可是对于如何提高森林疗养效果，今后还有很多工作要做。例如，什么样的森林中疗养效果会更好？哪种利用形态疗养效果会更好？这些都亟待进行研究。

对于森林疗养师的作用，有些人非常认可，也有些人并不以为然。为此，日本岐阜县的研究者做了一个实验，他们选择 9 位 20 岁的体验者，前一天在森林疗养师带领下感受森林，第二天由体验者自行体验森林。两次森林疗养均是 45 分钟的森林漫步，步行路线也完全相同。研究者调查了两次森林疗养前后体验者的唾液蛋白酶水平和情绪变化情况。

结果显示，有森林疗养师存在的前提下，体验者的唾液蛋白酶变化情况更为明显；在情绪变化方面，除“混乱”一项指标外，森林疗养师存在时，体验者的情绪朝良性方向转变的趋势更为明显。也就是说，比起一个人森林漫步，在森林疗养师指导下漫步，体验者生理压力和心理焦虑水平都显著降低，森林疗养师的存在显著提高了放松水平。

当然这个实验本身还有很多值得商榷的地方，比如气象条件存在差异，虽然气温大致相同，但第一天是雨天而第二天是晴天。也许还有人会质疑，第二天体验者的“转地效果”在减弱。但这个实验的确能够证明森林疗养师发挥着重要作用，这与多数人的预期是一致的。

7.3 森林疗养师：距离国家职业资格还有多远？

【树先生】

2017年9月12日，人力资源和社会保障部印发了《关于公布国家职业资格目录的通知》（以下简称《通知》），这个目录明确了国家职业资格范围、实施机构和设定依据，140项职业资格被纳入其中，而目录之外一律不得许可和认定职业资格。今后像森林疗养师这样新职业资格的设置纳入，须由人社部会同国务院有关部门组织专家进行评估论证，广泛听取社会意见后，按程序报经国务院批准。另外，社会组织和企事业单位倒是可以依据市场需要自行开展能力水平评价活动，但不得变相开展资格资质许可和认定，证书不得使用“职业资格”或“人员资格”等字样。

《通知》印发之后，有两个与森林疗养师具有可比性职业资格的命运，引发了我们的关注。一方面，心理咨询师这个职业被剔除在140项职业资格范围之外。说实话我个人深受打击，像心理咨询师这样成熟度的职业尚不被认可，森林疗养师这种新兴职业被认可为国家职业资格，肯定是前路茫茫。另一方面，导游这个职业被保留在140项职业资格范围之内，而且是准入类职业资格。这又让我们看到一线希望，导游职业资格虽然成熟，但是“含金量”要比森林疗养师差一些，既然导游都可以成为国家职业资格，那么森林疗养师也应该可以。

在森林疗养师学员中，很多人具有心理咨询师资格。我本以为大家会有因为《通知》而感到焦虑，没想到很多人都拍手称快。在心理咨询师们看来，心理咨询师职业资格培训和考试存在很大问题，拿证的心理咨询师良莠不齐，再加上缺乏有效的行业管理，心理咨询职业活动混乱不堪，所以职业资格被取缔反而可能是一件好事。国内心理咨询的市场没有萎缩，有口碑的心理咨询师不会受到太大影响，真正受打击的是借心理咨询师名头来敛财的人。

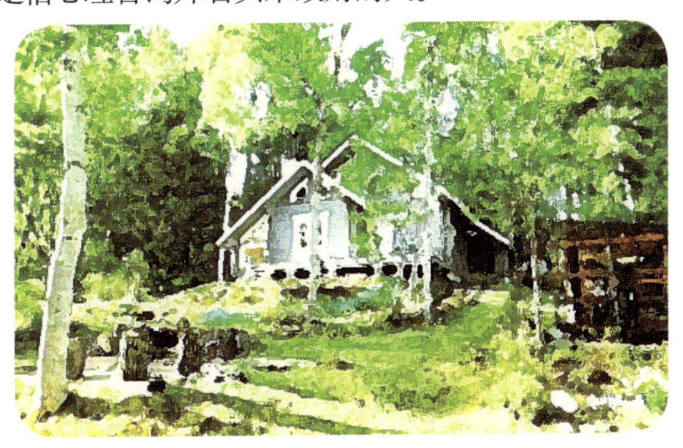

我突然发现，与其在意森林疗养师能否被国家认可，能否成为国家职业资格，不如多关注下市场需求，按照市场需求做好森林疗养师培训工作。如果长期没有形成成熟产品，没有人能够完全就业，没有成规模的群体，森林疗养师是如何也不能成为一个新兴职业的，更不用说是被国家认可的职业资格。我们的当务之急，是如何把前两批森林疗养师学员推销出去。

7.4 森林疗养师：悄悄迈向国家认可职业

【树先生】

2017 年 9 月，上原严、高山理范等人的新书《森林疗养学》将在东京出版，据说这是上原严等人 20 年工作的结晶，所以我们决定把它引进中国，中文版的翻译和出版工作正在出版社进行，未来这本书将作为森林疗养师的培训教材之一。在本土化教材方面，《森林疗养师培训教材：基础知识篇》《森林疗养师培训教材：应用技术篇》《森林疗养师培训教材：案例集》也已经都有了眉目，其中《森林疗养师培训教材：基础知识篇》2016 年已出版立项，预计 2018 年年初就能够与大家见面，其余两本教材将在 2018 年出版立项。此前我们已经出版了《森林医学》（引进版权）、《森林疗养漫谈》等 5 种辅助读本，森林疗养师的培训用书有望在两年内实现体系化。未来的森林疗养师学员们可能会暗暗叫苦，不过我们的森林疗养师培训会越来越正规，相信与国家认可的职业资格也会越来越接近。除了系列教材之外，《森林疗养师职业资格认定标准》正按照人力资源和社会保障部的通用要求进行修订。我们乐观地估计，国务院重新提起新职业审定闸门之前，森林疗养师培训教材和职业认定标准能够得到充分完善。

发展森林疗养产业，光有森林疗养师是不够的。在以温泉为主体的自然疗养地中，提供服务的专业人员不仅有温泉疗养师，还有温泉医生、温泉入浴指导员、温泉利用指导员、温泉休闲建议者。这些专业人员可以大致分为一般型和专家型两种，他们的工作职责、具备资格、认证部门、认证方法和服务范围都有所不同。下一阶段，我们也将尝试开展多层面的人员培训，为森林疗养专业人员分级做足实践准备。

7.5 行业动态：森林医学医生认定

【树先生】

国际自然和森林医学会 International Society of Nature and Forest Medicine（INFOM）成立于 2011 年，它是一个以日本学者为中心的国际组织。我们没有查到这个组织有多少会员，只见它声称在 13 个“国家”吸收了 32 名理事（2013 年年底）。这些理事是按国别分配名额的，其中日本 8 人、美国 5 人、韩国 4 人、芬兰 3 人、“台湾”、俄罗斯和中国各 2 人，英国、希腊、荷兰等国各 1 人。我们不清楚国内是哪两位学者参与其中，但如果了解这个组织将“台湾”称之为国家，应该有所行动才对。

作为社团组织，我理解国际自然和森林医学会的重点工作应该是为森林医学研究提供交流平台。不过从 2011 年以来，日本的森林医学研究似乎处于停滞状态，没有发表过有影响力的研究成果，因此也没有太多的交流必要。2014 年，国际自然和森林医学会成立了日本分部，这个分部就将工作重点放到了宣传和推广活动上。在所有宣传推广工作中，有两方面工作看起来是有亮点的：一个是“INFOM 认定的森林医学医生”；一个是“和医师同走森林疗养步道”。

推广森林疗养需要培养多层次人才，除了培养森林疗养师、森林向导之外，还需要培训处于“技术顶部”的医生，让医生理解森林疗养和开出“森林疗法”处方。以我们的经验，国内的医生通常都是超负荷工作，很难“拉拢”医生为森林疗养服务，愿意投身森林疗养的医生不多，如果有恐怕也会被同行视为“不务正业”。国际自然和森林医学会认定的森林医学医生主要是临床医生和牙科医生，我们不掌握现阶段 INFOM 认定了多少位医生，但这项工作机制本身就让我羡慕不已。

“和医师同走森林疗养步道”，是在理解森林疗养的医生带领下，调查访客压力状况，制定有针对性的森林疗养课程，一边森林行走一边咨询健康问题。它通常是日本森林疗养基地的品牌课程，据说有些森林疗养基地已经坚持了 7 年。不同森林疗养基地开展这一课程时间和频次不同，但大部分开展这一活动的医生都和国际自然和森林医学会有关联。

7.6 森林疗养师该如何定位?

【树先生】

森林疗养师培训工作，我们已经尝试做了三年。但您要是问我，森林疗养师该如何定位？我还是说不清楚。虽然说不清楚，但森林疗养师的定位是有比照目标的。这个比照目标就是被康复医学认可的运动疗法师、作业疗法师和言语治疗师。这三个职业怎样定位，我们的森林疗养师就该怎样定位。

据我所知，在学位教育方面，运动疗法和作业疗法等相关专业学生，在大学毕业时拿的是理学学位，并不是医学学位。而在临床治疗过程中，是由康复医生、运动疗法师、作业疗法师等组成一个团队，共同协商讨论后开具处方。康复医生掌握患者的病情，而运动疗法师和作业疗法师掌握针对病情的理疗方法；康复医生具有处方权，而运动疗法师和作业疗法师是康复过程的指导者。这样说来，我们的目标定位应该是：森林疗养师能够加入康复治疗团队，康复医生能够出具“森林处方”，而森林疗养师能够指导执行这个处方。

当然，现阶段森林疗养师培训还不到位，目前对森林疗养师的定位，只是进行森林健康管理的人，只是森林与人之间不可或缺的“中介”，森林疗养师最终能否成为独立职业还是一个未知数。最近，有些朋友可能高估了森林疗养师的定位，喜欢把森林疗养课程称之为“处方”，这是相当不合适的。处方是医生对患者的书面文件，是具有法律、技术和经济责任的，无论哪个国家都只有医生才有处方权。同样是去森林中散步，由医生出具就是“运动处方”，而森林疗养师建议就只能是“森林疗养课程”，滥用“处方”一词，有非法行医之虞。

7.7 森林疗养师：如何受理面谈？

【树先生】

无论哪个流派，受理面谈都是森林疗养的重要环节。在这个环节中，森林疗养师应该在最短时间内，掌握来访者的健康状况及健康管理过往信息，制定出森林疗养课程。此外，与来访者建立起信赖关系，通过暗示或者让来访者反思健康管理过程中存在的问题，这些也是受理面谈的主要目标。森林疗养有不同主题，来访者有不同目的，想要做好受理面谈并不容易。

受理面谈本来是心理咨询领域的专用术语，后来为森林疗养所借鉴。需要提醒大家的是，森林疗养并不是简单的“森林＋心理咨询”，虽然目前医疗专业介入不多，但是森林疗养是包含健康和林业的边缘领域，心理学方法并不能照搬照用。森林疗养师要考虑康复医学等方面的要求，在受理面谈过程中做到各有侧重，灵活应用受理面谈用纸（问卷）。基于以上考虑，我们有几点建议和大家交流。

森林疗养课程要不要小心翼翼地征求来访者意见？我们认为应该把握尺度。森林疗养需要来访者配合，森林疗养师要充分说明课程方案，不能强迫来访者，这些是森林疗养的基本要求。但是任由来访者来挑选森林疗养课程，选择度过大，森林疗养就会失去专业性，也无法显示森林疗养师的价值。我住在知春路的时候，旁边有一处药店，有一次我去买药，药店没有同类药物，刚要出去，店员突然追了出来：“先生，您要不要来点xxx尝尝，新出的。”尝尝？肚子疼却要卖我感冒药，我当时鼻子都被气歪了。森林疗养实践中也要注意类似问题，我们都不喜欢没主见、不专业的森林疗养师。

如何建立信赖关系？我想大家都看过医生，医患之间信赖关系的建立模式值得借鉴。从我个人的经验来看，进入门诊之前，这种信赖关系是基于医生的资质和口碑；进入门诊之后，这种信赖关系是基于医生的专业素养。嘘寒问暖等谈话技巧对建立信赖关系有帮助，但过度“讨好”来访者只会让森林疗养师失去专业性，对提高森林疗养效果帮助不大。

7.8 森林疗养师：如何把握住天时地利?

【树先生】

正如很多森林疗养师所认识到的，我们所推动的森林疗养师注册和在职训练，存在冒进成分。或许只有扎实积累一对一服务经验，才有可能为家庭这样的团队服务好，只有扎实积累小团队服务经验，才有可能同时服务好6～8位背景迥异的体验者，我们忽略这样一个能力积累过程。2017年，森林疗养基地联盟候选机构和森林疗养师已经有多场体验活动开展，为了能给公众提供更高质量的森林疗养服务，我们还想再提醒两点。

从某种角度来说，森林疗养就是将适宜环境有针对性地提供给合适的体验者，场地评估结果和对场地的熟悉程度是森林疗养质量的决定性因素之一。但最近我发现，有森林疗养师轻视场地评估，甚至在不太熟悉道路的情况下，就贸然把体验者带入森林。外行人看来，这样的森林疗养课程很丰富，森林疗养师的手法也很多样，但实际上体验者自身感受并不理想。例如，某日下午闷热森林环境中开展的活动，我们的森林疗养师使出了平生所学，一会睁眼、一会闭眼、一会平躺、一会打坐地不停折腾，但体验者的感受却是“不深入”和“没感觉”。试想一下，连最起码的舒适性都不能确保，体验者怎么会有心情享受课程呢？森林疗养首要目标是追求舒适的最大化。

同样一片森林，不同时期给人的感受是不一样的，一天内不同时间段的感受也是不一样的。森林疗养师必须把握好森林中的这种微妙变化，在合适时间带体验者进入森林，将最具疗愈功能的森林展现给体验者。除了“天时”之外，针对不同类型课程选择合适场地也同样重要。例如，尽管下午森林中会很闷热，但由于地形原因，或许存在特别舒适的森林小气候，森林疗养师必须在场地评估时把它找出来。森林疗养对环境的认识和挖掘是无止境的，就拿一棵树来说，林冠不同部位叶片上的细菌数量差异是很大的。据研究在哈尔滨地区，林冠中层叶片上的细菌数量比上层和下层高出40%。从这个角度来看的话，树屋以及穿行林冠的廊道可能于森林疗养无益。这也说明，只有充分把握好森林环境的时空信息，才能做好森林疗养课程。

7.9 怎样帮助森林疗养师熟悉场地条件？

【树先生】

森林疗养依赖于森林资源和森林疗养课程，需要森林疗养师对疗养资源足够了解，并且能够恰当应用治愈素材和治愈手段。目前业内普遍认为，森林疗养师在不同森林疗养基地间多点执业是比较困难的。这主要是因为不同场地的森林疗养资源差异很大，森林疗养师需要花费大量精力来熟悉场地和设计课程。日本森林疗养工作启动之初，森林疗养师数量非常有限，为了实现森林疗养师多点执业，日本森林疗法协会推出了“森林场地介绍用纸”。森林场地介绍用纸包含了区位信息、线路特征（森林的性质、地形和物种，以及步道类型和设施）、反馈良好的森林疗养课程、安全注意事项等信息，这对于森林疗养师熟悉场地条件非常有帮助。森林疗养基地甚至是候补森林疗养基地，都需要按照固定格式填报场地介绍用纸，而且相关信息会在网络上公开，任何人都能轻松查阅。

森林场地介绍用纸具有多重优势，它可以帮助森林疗养师掌握当地的森林疗养资源，了解适合开展的森林疗养课程，减少熟悉场地所花费的时间。对访客来说，如果看过森林场地介绍用纸，就能大致了解森林疗养基地情况，对森林疗养课程也能有初级认识。对于当地政府来说，森林疗养基地是面向当地人服务的，当地人如何利用本地森林进行健康管理，森林场地介绍用纸也会给出一个方案。

随着北京市首届森林疗养师学员进入在职训练阶段，如何让学员更好地积累实习经验，这是我们一直在考虑的问题。我想这不仅需要学员多参加实践，我们也应该建立一种机制，促进学员间相互交流。当然目前学员间的交流有多种形式，如果针对某个特定的森林疗养基地或候补森林疗养基地，日本编制森林场地介绍用纸的做法或许值得借鉴。第一版森林场地介绍用纸应该有森林疗养基地提供，但是每次森林疗养师实践之后，可以根据自己心得对森林场地介绍用纸进行完善，相信这种方法对编制通用森林疗养课程也会有一定帮助。

7.10 如何解放森林疗养师?

【树先生】

我们常说森林疗养师要有度人先度已的自知之明，把自己最好的状态展现在访客面前。实际上，做到这一点好像并没有那么容易，我观察了几次森林疗养体验活动，我们的森林疗养师累得面色枯槁，很难展示应有的状态。如果仔细分析让森林疗养师疲惫不堪的原因，有可能是没有统筹好以下三类时间。

（1）疗和养的时间。森林疗养以“疗”为内核，以“养”为外延。我理解“疗”的工作需要医生或森林疗养师的指导，而“养”的工作要基于访客的价值判断，选择一些适合自己的方式，比如去咖啡厅坐一下午，去看一场舞台剧，或是游览当地的民俗文化等等。如果是面向完全行为能力人的森林疗养活动，在访客自我休养的时候，应该不用森林疗养师刻意安排。

（2）林内和林外的时间。通常一次森林疗养课程以三个小时户外时间为宜。时间过长，容易造成访客疲惫和厌倦；路程过长，也不容易应对突发状况。虽然森林疗养是以森林相关的替代治疗方法为主体，但是不一定都在森林之中。合理安排一些芳香疗法和手工类作业疗法课程，增加一些在室内的时间，或许就能够降低森林疗养师的工作强度。

（3）陪伴和独处的时间。即便是在森林中的时间，森林疗养师也没必要时刻贴身陪伴。要根据访客需求，设计一些让访客独处的时间，发挥“森林是无言心理咨询师”的作用，让访客有足够的自由时间来反思过往，这种自我疏导在森林疗养中也应该被提倡。

当然，统筹好这三类时间不容易，需要森林疗养师自身努力改善，也需要森林疗养基地拥有良好的配套服务作为支撑。

7.11 听听森林疗养师怎么说？

【蒲公英、丁香】

两天一夜的八达岭森林公园森林疗养体验活动，在白桦老师倾情支持下顺利完成，期间有许多感受忍不住与大家分享。

本次森林疗养活动我们进行了大胆尝试，在文案设计、森林疗养课程设计、主题确定、线路选择等方面都有创新。此次体验的主旨定位在正念上，我们期许通过贯穿正念的相关课程，倡导体验者觉察当下，改善体验者对倾听和表达的认识。单纯从这个目标来看，森林疗养课程是有效的，体验者在两天一夜的活动中基本没有出现负情绪，例如语言打断、反对、质疑、拒绝、消极等阻碍表达和倾听的行为。

受理面谈环节，我们增加了对血型和课程喜好的了解，目的是对体验者进行轮廓判断。在课程实施过程中，我们对这种轮廓判断进行确认，并据此调整森林疗养课程。树先生所主张不向体验者提供时间规划和具体课程内容，现在看来是对的，因为森林疗养课程是一直处于动态的、依环境变化调整的状态。另外，如何快速准确地对体验者进行了解，还需要进一步通过实践积累，还需要对受理面谈的内容和形式进一步合理化。

在课程衔接方面，几乎所有森林疗养课程都存在延后的情况，这与活动增加了身体指标监测有关。我们采取了更加灵活的时间推进方式，在整个流程的流畅性方面，没有太大问题。需要探讨的是单一课程的时间，比如赤足长城行走，在体验者兴致高的时候适不适合打断？延长多长时间合适？群体活动中个体的不同步是必然的，如何协调这种不同步？需要大家提供指导和建议，在这个问题上我们还缺乏积累。

体验者普遍喜欢不需要刻意训练即能熟练领会或掌握的森林疗养课程，短时间无法熟练掌握就会出现挫折感和沮丧感。本次活动涉及游戏体验性质的森林疗养课程非常受欢迎，例如夜游、赤足、与大树互动等。而需要一定时间经过训练的模块，例如正念、八段锦、瑜伽等课程反应一般，这可能是因为训练和实施时间不充裕造成的，体验者虽然喜欢但无法快速掌握，这期间带来了一些心理变化。一次好的森林疗养活动，需要考虑课程的丰富性、时间的充裕性和实施的细腻性。

森林疗养依赖于实施环境，而森林环境又处于动态变化中。本次活动中，我们考虑了下雨会对课程影响以及如何应对，但是对大风问题缺乏经验，本来安排在长城上实施的腹式呼吸被迫进行调整。场地评估时我们发现的下午飞蝇会频繁活动，所以准备了清凉油和防蚊贴，但面对开放性的森林空间，这些措施就显得单薄了。如何趋避蚊虫，这也需要大家群策群力。

必要的户外知识介绍，例如帐篷的搭建、睡袋的使用、生活和用水的处理常识，动植物袭扰的应对处理等等。这次就出现了个别体验者因为缺乏户外经验，领错睡袋被冻醒感冒问题。

对于饮食问题，体验者更喜欢体验与日常生活环境有区别的时令野生饮食，尽管我们准备了松针茶、分心木茶、铁线莲野菜，但远远不能满足需求，看来在森林食材开发方面需要加快步伐。

由于没有进行招募条件限制，本次活动体验者之间年龄差距较大，有资深户外爱好者，也存在没有任何户外经历的，这增加了课程设计和路线选择的难度，所以招募时进行体验群体分类非常有必要。

另外，实施的细节性问题还需完善，例如“冥想引导语速过快，体验者的感受不同步问题”，“分享的时间和节点安排的问题”，等等，这些还都需要进一步从细节优化。

7.12 一次森林疗养师在职训练的冷观察

【树先生】

首届森林疗养师进入在职训练阶段快半年了，为了创造更多在职训练机会，我们的同事没少费心思。上周日，在小小卫士植树活动之后，森林疗养师们又获得了一次实践机会。作为不称职的组织者，我一直在旁边观察每一组的活动情况。总体上来看，无论是场地评估、课程设计，还是实际操作，几组活动都比我预想的好得多。今天只梳理活动中暴露出的几点问题，供大家日后借鉴。

（1）森林疗养通常是提前一天评估场地和设计课程。本次活动是趁上午访客植树时，森林疗养师进行场地评估，下午两点正式开始体验活动。仅仅由于这样的一点偷懒，结果让森林疗养效果大打折扣。我们上午九点、十一点两次进入森林时都是清风鸟鸣，而下午两点再进入森林时，不仅林中有些燥热，而且蚊蝇密度也突然增加很多。虽然几位森林疗养师都采取了因应措施，但相信严重影响了体验效果。我想或许再好的森林，也需要一个最佳的走进时机。

（2）本次活动以植树为主要目的，森林疗养只是附赠品。但如果能把植树作为森林疗养一部分来整体策划活动，或许能够取得更好效果。本次活动从停车点到植树点一公里多，从植树点到午餐点两公里多，而森林疗养路线大约还有两公里，活动结束后又得徒步原路返回，很多访客直呼吃不消。如果能把植树这种作业活动统筹到森林疗养之中，制定一个合理的活动路线，相信能够大大增加访客的满意度。

（3）尽管组织方要求访客来自带瑜伽垫，可实际带了的人寥寥无几。躺在松软的枯草上体验森林冥想倒也是一个不错选择，但大多数访客发现身边有一只蚂蚁后，就再也不能安静下来。这让我再次认识到森林疗养辅助设施的重要性，也许参加森林疗养的访客和组织者都是匆忙的，只有良好的疗养辅助设施，才能克服准备工作的不足。

（4）本次活动的访客是北京富裕阶层，也是森林疗养重要目标群体，他们对森林疗养的反应，也是我观察的重点内容。在本次活动中，大部分访客还是习惯不停拍照，也许是好久不见的缘故，访客之间交流多过访客与自然的交流，有时森林疗养师甚至感到插不上话。这可能是活动中缺少与日常切割的缘故，也可能是我们森林疗养师对场面的控制能力还不够强，但公众宣传不到位恐怕也应该是重要原因。

7.13 新兴职业探索：森林疗养师的定位

【婷婷】

随着物质生活的丰富，人们越来越重视生活质量。比起过去人们只知道赚钱的生活方式来说，如今大多数人都会花些时间出去旅游，喜欢感受大自然带给人类的馈赠。不过相对于身心疗养来说，人们目前还更倾向于选择旅游来放松身心。

我最近有幸体验了一周疗养团的生活。我注意到当地的居住环境非常有利于身心调适，青山做依靠，绿树做屏障，三面环山，院内坐落着疗养居住、医护服务、健身活动和餐饮服务的楼堂馆所，同时院子里还有一个设施完善的操场，湖泊、花草、大树、回廊及宽阔大道也是应有尽有，多么舒服安逸的疗养环境啊！然而，或许是旅游日程安排得太满，能够真正享受这里的疗养服务的却鲜有几人，倒是我这个随员去了好几次医护服务楼。连那里的保健医都感慨，你们这哪里是疗养团啊，简直是旅游团嘛。

每每在院子里散步，我都会想，如果这次的疗养活动是我来安排，我会怎么做？我心里在筹划着，我一定会安排这些人做森林疗养，每日早晚做正念冥想，来促使每个人把注意力放在自己的身体上而非外在的旅游和购物上。然而我同时又在想，假如真的是我来安排森林疗养，作为森林疗养师会被大家接受么？

绿色是天然镇静剂、芬多精是森林中的抗生素、负氧离子是空气维生素，在我们森林疗养师的眼里，大自然是最好的治疗师，森林疗养师就是协助疗养员利用森林中的环境因素来进行健康管理的职业。我们会事先对疗养员的身心状况进行全面评估，根据其健康程度和身体需求以及森林疗愈环境为疗养员制定适合且有针对性的疗养方案。我们会把握疗养节奏，充分利用植物的色、香、味，利用空气、水、岩石、声音及与环境接触来激发疗养员的视觉、触觉、嗅觉、味觉和听觉系统，使其进入到符合身体需要的疗养状况，并增强自身免疫能力，调动身体自身的调节能力，进而达到改善身心健康状况，逐渐减轻或治愈疾病。

因此比起只是到大自然中匆忙的旅游，森林疗养就专业多了。在经过认证的疗养基地开展森林疗养，专业的森林疗养师应该既是疗养员的陪伴者，又是特定病征疗养的指导者，既是疗愈效果的见证者，也是促进健康的教育者。

7.14 如何才能让体验者“入戏”？

【合影】

合影女士退休已有一段时间，她毕业于中国一流大学，有着光辉的奋斗岁月。去年受到我们“蛊惑”，加入到森林疗养师学员行列。不久前的一次森林疗养活动，让身为森林疗养师的合影女士倍感挫折，个中曲折还需要大家帮忙分析。

第一次独立做森林疗养师，我提前准备了一整天，紧张到睡不着觉。在去松山的路上，我还在完善课程计划，把电子版换手稿，把字体写大，免得摘戴花镜影响疗养时间。可真正来到森林之中，却没能完成疗养课程计划。打开五感并不成功，只是闭眼听水声，感觉脸手的湿润凉爽。身体扫描没能走到有瑜伽垫的地方，选在了“游乐场”边上，却因为蚊子多、游客乱，不能让人安心。其他课程也没有进行下去，压力外部化练习体验者不感兴趣，森林手工制作体验者不感兴趣，登高远眺体验者也不感兴趣，甚至连森林疗养效果监测都逃掉了。第二天，我索性就随体验者意愿，想躺就躺下，想洗脚就洗脚，想坐就坐下。倒是这样让体验者找到些感觉，她们捡了些喜欢的叶片，还高兴地采了蘑菇。

事后有些体验者认为，不做森林疗养课程，只在森林里转转，身体指标也会变好。我想将来应该做一些对比实验，一组做森林疗养课程，一组随便在森林里玩，实际比较一下这两种方式的疗养效果。由于本次活动的体验者怀有身孕，而目前没有成熟的胎教类森林疗养课程，全程都是在探索，安全地结束活动后，让我如释重负。这次森林疗养活动全是教训，我感觉自己太压抑，不敢说一句硬话，整个一个随从角色，没有引导好体验者。疗养师是否应该放松些？是否可以命令式进行森林疗养课程？今后还需要进一步摸索。

我一直在想，如何才能让体验者“入戏”？我觉得体验者要有迫切需要。我的第一位访客是林业工作者，她们每周都去森林，对森林比较了解，认识许多植物，所以对森林没有陌生感和探索欲望。我抹了小蜜蜂防蚊液，这也许让体验者有了反感，防蚊液也掩盖了芬多精的味道，影响嗅觉的触发。还有就是当地的硬件条件太差，雨声影响了体验者休息，如厕的味道使孕妇呕吐。

在日本考察时，我们发现很多森林疗养师是退休人员。退休人员具有良好的知识储备，时间充裕，阅历丰富，作为森林疗养师是很有优势的。合影女士是最认真的森林疗养师学员之一，真心希望她越挫越勇，为更多退休人员参与森林疗养工作创出一条路来。

7.15 森林疗养：在职训练后的几点想法

【蒲公英、白桦】

作为森林疗养师，经过几个月的在职训练，有几点想法和大伙说说。

（1）关于森林疗养课程。如何体现健康管理效果？什么样课程适合什么样健康管理？我们还把握不好。目前我们只是把自己掌握的全部技能都拿出来施展，针对性还不突出。另外，大多数体验者的健康管理需求并不强烈，很多人是抱着尝鲜或是游山玩水的目的，森林疗养课程从头到尾都缺少明确的目的。

（2）关于森林疗养师队伍。本期学员大多有本职工作，难以在森林疗养基础工作上投入太多精力，而编制不同主题的疗养课程需要持续投入，这导致更年期女性、高血压人群、儿童疗育等方面的课程都是浅尝辄止。

（3）关于产业化。从市场培育、课程成熟度、队伍建设等方面来看，我们认为目前不宜马上产业化。任何一个行业都需要经历一个市场培育拓展的阵痛期，大家需要在心理、经济投入、精力投入方面有思想准备。政府应该主导森林疗养宣传与推广工作，前期森林疗养活动应以免费体验为主，让大家接受森林疗养，喜欢森林疗养，进而离不开森林疗养。

（4）关于今后工作。一是利用学员遍布林场、保护区和森林公园的优势，就地开展多种宣传和体验活动。二是推动森林疗养进学校、进社区，整合现有森林疗养活动的客户资源，通过群福利群活动巩固森林疗养推广成果。三是在森林疗养基地建设方面，推动形成城乡共建共享机制。四是推动森林疗养与特殊教育、特定群体康复等特定行业的定向互动。

7.16 记森疗培训中的一次“冷场”

【大葱】

把合适的森林提供给合适的来访者，这是森林疗养师的重要价值之一。对于我们一直强调熟悉场地和多重场地评估的重要性，很多朋友也有同感。这不，我们收到了一封来自第二届森林疗养师学员的培训反馈。

五天四晚的学习结束了，课程丰富且精彩，师生互动积极，身心俱悦，而让我记忆最深刻的是整个疗养培训中唯一的一次“冷场”。

在我们到百望山森林公园培训的第四天下午，由史良老师给我们上关于场地评估的课程，开篇便简单地问了我们几个问题：百望山森林公园有多大？绿化覆盖率是多少？百望山森林公园最高点有多高？百望山森林公园主要有哪些乔木品种？百望山名字的来历？教室里顿时静悄悄的，仅有一个有林业专业背景的同学基本答出了最后一题。当时我也倒抽了一口凉气，有头皮发麻的感觉。自己从事园林景观设计工作十多年，日常工作中就有对项目基地特征与文化的挖掘，此刻却完全答不上来，虽然待了三天，却完全忽略了对培训环境的关注，实际上这应该是在培训之前就做好的工作。（后来我专门跑到公园大门口，在宣传窗里面找到了完整的介绍，请忽略我的无视，也许有部分同学到现在还是不清楚，笑。）

工欲善其事，必先利器。从这次冷场，我觉得作为一个森疗师，需要关注学习疗养的流程和技巧，但更需要关注所使用的森林本身。对场地的敏感度，对森林各个层面信息的捕捉应是森林疗养师重要的职业素养。毕竟，一个优秀的森林疗养课程，很大一部分取决于疗养师对场地的熟悉程度，感谢史良老师给我们上了如此重要的一课。

7.17 我的一日心得

【树先生】

2017 年 5 月 13 日，西山和八达岭国家森林公园各有一期森林疗养课程。在参加体验的朋友之中，我相信会有单纯享受森林疗养的人，也会有很多关心森林疗养发展的人，所以去八达岭蹭了一天森林疗养课程。去了之后更加确信，闭门读书固然重要，与朋友交流收获更多，今天就说说我的一日心得。

或许是因为多了几位有影响力的体验者，我们的森林疗养师略显紧张，当天上午活动组织的流畅性有待提高。在受理面谈环节，森林疗养师考虑到体验者互不认识，为了保护个人隐私，采用了一对一的受理面谈形式。但是有人在面谈，就会有人在等待，对于不愿意和陌生人交流的人，这种等待是一个难捱的过程。有朋友建议，可以在受理面谈过程中安排一些“与日常生活切割”的作业活动，比如可以考虑将“制作自然名牌”与受理面谈结合起来，或许这会让活动流畅得多。

森林疗养活动组织亟需专业化，这种专业化不是有森林疗养师就能够解决的，而是参与活动组织的各个环节，都能够理解森林疗养的理念和意图。本次活动除了两位森林疗养师之外，还有两位评估体验者身心改善效果的研究生，公园管理方基于防火和安全考虑还派出了两位消防战士，再加上送餐和值夜的工作人员，粗算起来服务者比体验者还多。所以有朋友建议，我们要培养精简和专业的服务保障队伍，购置必要的健康监测设备，尽量减少不必要的人员投入，确保盈利前景。

我们过去爱用数据说话，但相对于冰冷枯燥的数据，公众更希望见到鲜活的森林疗养案例。如果那些从森林中获得健康的普通人能够现身说法，或许会更有说服力。但是森林疗养能够发挥作用，必须确保一定的疗养时间和疗养频率，“疗程”这样的概念很重要。所以在下半年，我们考虑整合森林疗养师的时间，充分挖掘北京周边市民容易利用的森林疗养资源，适时推出类似“健身卡”的森林疗养服务产品，培养更多能够现身说法的森林疗养客户案例。

7.18 森林福祉：利用身边森林的经验分享

【西山晴雪、涓】

如何提高森林疗养师实践能力，确保森林疗养服务质量，这是近期我们关注的热点问题。2017 年 5 月 13 日，我们在西山森林公园做了一次有益尝试，活动的主要目的是利用身边森林开展森林疗养。本次活动有两个特点，首先是场地选择，我们希望选择离森林疗养师及市民较近、交通便利且适宜活动的场所；其次是时间设计，我们觉得对于生活工作忙碌的市民，3 小时或许是容易接受的时间，这也是森林疗养一次课程的适宜时间。根据体验者活动前后测试的生理指标及问卷数据来看，此次森林疗养达到了预期效果。

3 小时的森林疗养活动在方案设计方面需要更严谨，因此我们活动前进行了 3 次实地踏查、反复推敲活动方案。整体来看森林疗养活动比较顺利，但活动中也遇到了一些突发状况。例如，活动当天瞬间风力达到 4～5 级，出现局部地区扬沙等，由于现场没有配套设施保障，活动受到了一些影响，我们深刻认识到与“地主”沟通并得协助的重要性。

此次活动有体验者 12 人，森疗师 2 人。我们分组进行受理面谈，以仨俩一组方式进行受理面谈，也达到预期效果。在没有助手协助条件下，我们在预定时间内完成了任务，并将重要信息及时传递给体验者，保障了后续森林疗养课程顺利有序进行。通过受理面谈，体验者体会到存在感、被呵护感，拉近了彼此距离。

天气原因险些造成了几次疗养活动“事故”，虽然被巧妙地化解了，但在今后的方案设计时，气候因素要考虑周全。本次活动中，大风险些将活动道具吹走；开始制作压花饰品时，黄沙也对活动开启造成一定心理影响。

西山森林公园入口处人为景观因素过多，生物多样性不足，不利于体验者打开五感，对活动开展带来不便。我们将平缓的活动线路与大坡度步道相互结合，使此次活动达到了预期的运动量，活动节奏有起伏，疗愈效果明显。由此看来，活动现场的地形、地势、植被情况均需整体考虑、巧妙运用。

在活动中，还有一个感触非常深刻，那就是森林疗养中融进中国元素。我们原本有这样计划，但因储备不足没能实施，这方面会在今后积极储备、认真思考。

回顾本次活动既有收获又有教训，希望在今后的实践活动中有更大的提高与进步，感谢体验者的全心参与！

7.19 做好森林疗养师的一点思考

【奔跑着】

当我们是自然人的时候，能够吃饱穿暖已是莫大的满足；可是在社会人来看，吃饱穿暖仅仅是最初级的满足，社会人应该有更高级的追求，比如自我价值的实现。那么什么是自我价值的实现？目前并没有统一认识和标准，不同学派不同阶层有不同的定义和理解，但为了“保证人的尊严的物质精神条件”，会使我们去追求荣誉、金钱和社会地位。作为自然人，吃饱穿暖是有度有限的；而社会人的自我价值实现，是没有限度的。以金钱为利，当你挣 10 万的时候，你想着要挣 20 万，当你挣 20 万的时候，你还想着挣 100 万，社会人因此越来越累。

森林是人类的精神家园，我们森林疗养师就是要带领人们回家，回到森林这个家，让人们在森林的怀抱中释放。将高压下的社会人带领进森林，如果是单纯的森林疗养活动，我们只需带领他们回家，让他们在森林中得到疗愈就好了。但是，如果森林疗养和某些社会活动，比如团队拓展结合起来，这里就可能隐藏着自然人与社会人的冲突。因为自然人追求返璞归真，社会人强调追求卓越，他们的认同和追求目标是不同的，需要我们森林疗养师巧妙地回避。

我们森林疗养师要尽量做到不用功利驱动，仅仅强调我们打开五感时所感受到的轻松愉悦；我们要尊重个体，鼓励访客充分发挥自己的想象，引导每一个个体在活动中用心表达，认同每一种表达后面那个鲜活的生命；我们不能预设标准，要接受个体自身蕴存的生活经历和文化传统，尊重因这些背景存在而使疗养活动呈现出的差异，不去评判好坏高低成败，只要访客能够诠释自己的创作过程，并通过作品表达自己即可。

以上是我在森林疗养学习与实践中的一点体会。

7.20 首届森林疗养师集中培训完美收官

【树先生】

2017 年 9 月 22 日，伴随着主讲教师的幽默话语和学员的爽朗笑声，北京市首届森林疗养师培训班完成了第五次集中培训。至此，历时一年的森林疗养师集中培训工作已经全部结束，接下来学员将接受闭卷笔试，成绩合格者会进入为期一年的在职训练阶段，而最终通过实操考核的学员将获得森林疗养师执业资格。

北京市首届森林疗养师学员是从 153 名报名者中筛选而来，35 名学员都是活跃在各自领域的中坚力量，超过半数学员具有副高级职称，所以注定这是一期培训“培训者”的培训。在集中培训期间，学员累计学习了森林疗养概论、环境心理学、芳香疗法、作业疗法、运动疗法、康复景观学等 11 门基础理论，实地参与了健康面谈、场地评估、森林疗养课程设计、应急管理等 6 门实践课程。此外，在集中培训的间隙，学员还完成了森林医学、北京森林植物、自然体验教育、儿童森林疗愈和森林疗养前沿等 5 门函授课程，相信每位学员都收获满满。

除第五次集中培训之外，前四次集中培训均以邀请日本知名森林疗养师授课为主。我们希望通过这种方式，在学习借鉴日本森林疗养师培训课程的基础上，创建适合中国国情的森林疗养师培训体系。不过，现阶段我们面临着很多不能确定的现实问题，比如，社会对森林疗养师的认可度究竟有多高？森林疗养师究竟能不能完全就业？森林疗养师培训与森林疗养基地认证怎样协调推进？等等。

进入在职训练阶段之后，我们将向森林疗养师学员提供更多实习机会，有意开展森林疗养工作的企事业单位请与我们联系，我们将免费提供森林疗养师派遣的中介服务。

7.21 森林疗养师注册工作迈出第一步！

【树先生】

在首届森林疗养师培训班中，2016年已经有16位学员通过了资格考试。虽然这些森林疗养师大部分都具有各自领域的高级职称，我们也将其定位为“培养森林疗养师的培训师”，但是有没有人愿意雇用森林疗养师，森林疗养师能不能受到社会认可，如何才能把森林疗养师这个职业推销出去，这些事都是压在我们胸口的石头。

2017年3月3日，作为森林疗养基地（候补）联盟成员之一的棠棣自然学校，率先接收了第一批森林疗养师的注册。当天共有3位森林疗养师到棠棣自然学校交流踏查，为进一步开展场地评估和策划森林疗养课程做准备。双方约定，当棠棣自然学校发起森林疗养活动的时候，3位森林疗养师将提供服务支持；而棠棣自然学校也将接受由森林疗养师个人组织的森林疗养活动。当然这只是一个开始，森林疗养师和森林疗养基地之间还有待于磨合。比如森林疗养基地如何收取场地设施费、如何设置森林抚育基金来来改善森林疗养环境，以及如何监督和反馈森林疗养师执业情况，这些工作还需要进一步机制化。

棠棣自然学校是开展环境教育的知名机构，在森林体验教育方面积累了丰富经验，但是开发森林疗养产品，不仅硬件设施有待提高，更受到专业人才缺乏的掣肘。另一方面，每位森林疗养师都有自己的专长，有人擅长心理疏导，有人擅长身体整理，有人擅长森林运动疗法，有人擅长森林作业疗法。对于刚尝试开展森林疗养业务的机构来说，如果同时雇用这么多人手，显然在经营层面不够经济。为了协助棠棣自然学校这样的机构开展森林疗养，我们推出了森林疗养师注册和派遣服务。不过需要说明的是，森林疗养服务的质量，依赖于森林疗养师对当地森林环境的熟悉程度。森林疗养师必须对森林中哪里花开、哪里果红有充分了解，才能把森林中最好的疗养资源提供给体验者。为了确保森林疗养师对森林环境绝对熟悉，我们规定1名森林疗养师最多注册到3处森林疗养基地，所以需要森林疗养师的朋友可要抓紧哦。

7.22 国内第一张森林疗养师资格证面世了，它长这样

【树先生】

首届森林疗养师培训班35名学员，16人通过资格考试，淘汰比例还是很大的。大家一定很关心，学员们过关斩将才拿到的森林疗养师资格证，究竟长什么样?

经过反复讨论，森林疗养师资格证是这样的(图7-1)。看着是不是花哨了一点?据说是设计师受了诺贝尔奖证书的启发。森林疗养的从业人员，必须具备“倍与他人”的疗愈能力。基于这种考虑，我们选择这款设计。此外，为方便森林疗养师开展活动，我们还设计了一款实木胸卡（图7-2），以后森林疗养师们就可以大大方方地进行在职训练了。

培养森林疗养师，我们是以国家认可的职业资格为最终目标的。现阶段，国内职业资格包括从业资格和执业资格两个等级，从业资格是起点标准，而执业资格是行业准入的控制标准。我们即将颁发的森林疗养师资格证，只是从业资格。森林疗养师如果要拿到执业资格证，还需要经过一年期间的在职训练，并需通过实操考核。当然在职训练也不是安安静静在家里等待一年，森林疗养师必须注册到指定的候选森林疗养基地，实操训练达到足够次数，持候选森林疗养基地开出的证明，才能参加实操考核。需要说明的是，在职训练阶段的森林疗养师，是能够获得与能力相适应的报酬的。

未来，我们还要成立森林疗养师自律协会，这个组织将专门负责培训、考核森林疗养师，监督森林疗养师执业伦理，以及为森林疗养师执业提供支持和保护。2017年，我们也许能开办3个培训班，森林疗养师资格考试合格后，学员将按惯例自动成为协会会员。有了一定规模的森林疗养师之后，我们才能够说森林疗养产业起步了。

森林疗养師資格証

韩　笑　同志于2015年9月至2016年9月期间，接受森林疗养师集中培训，经考核合格，授予森林疗养师资格。

年　月　日

图7-1 森林疗养师资格证

图7-2 森林疗养师实木胸卡

7.23 森林疗养师远程培训系统上线啦！

【树先生、誉嘉】

在森林疗养推广过程中，免费森林疗养师培训一直作为我们“以人带业”推广策略的主要支点。为了能让更多人受益于免费森林疗养师培训，我们坚持推出了免费远程培训系统。这个远程培训系统是在北京市首届森林疗养师培训课程基础上发展而来的，主要包括培训课件、辅助读本和相关视频三部分组成。目前系统还不完善，作为最主要部分的培训课件正在紧锣密鼓筹备中，争取 2017 年春节前上传 4 ~ 6 门课程，请大家耐心等待。

随着森林疗养师远程培训系统的上线，第二届森林疗养培训班的培训工作就正式开始了。与首届森林疗养师培训班相似，第二届的培训目标依然是“森林疗养师的培训师”。由于大部分学员业拥有良好背景，与其说是培训学员，不如说是请大家帮我们来完善培训课程。与首届森林疗养师培训班不同的是，我们加强了对学员的考核工作，在线学习后会有一次考核，考核通过的学员才有资格参加为期 5 天的森林疗养师集中培训。

现阶段远程培训课程只对第二届学员开放，进一步完善后将面向所有人免费开放。不过如果您对森林疗养师培训感兴趣，就跟随第二届森林疗养师学员的脚步，先去一探究竟吧。

远程培训系统注册方法

第一步，进入网站 http://www.foresttherapy.cn，点击网站右上角注册（如图 7-3）。

图 7-3 网站注册

第二步，通过邮箱／手机注册，按提示填写相关信息（请务必填写真实信息，以便于后台人员按照“学员登记簿”核对管理）

第三步，后台管理员核对相关信息后为学员开通课程。

第四步，在线学习，也可以扫描网站首页右下角 APP 二维码，下载到手机上学习（如图 7-4）。

图 7-4 在线学习

8 让森林守护儿童

8.1 用森林来守护儿童

【树先生】

一般认为，森林疗养对重度恐慌、创伤应激障碍（难以走出被害经历）、行为冲动以及对药物产生抗体的孩子，都具有明显的疗育效果。如何评估森林疗育的这些效果，对于指导和修正森林疗育活动至关重要。今天我们一起来看看，上原严是如何开展评估的?

作为评价体验者变化的尺度，上原严首先推荐的是化学检查，比如说反应慢性压力的血液中的激素脱氢表雄酮（dehydroepiandrosterone sulfate，DHEA-S），以及反应急性压力的尿液中的肾上激素、去甲肾上激素、多巴胺等。另外，作为心理和行为变化指标，上原严采用了世界通用的儿童行为量表 CBCL（Child Behavior Checklist）。不过上述评价并不是上原严单独完成，而是在有医师资质人员指导下进行。

儿童森林疗育效果显著，即便是简单的森林步行和五感体验，孩子们的变化也非常明显。首先从表情上来看，孩子们表现出来了喜怒哀乐的变化，对外交流能力也开始有所提高。从行动方面来看，具有多动性和攻击性的孩子变得沉着冷静了，他们能够像普通孩子一样，来享受森林的乐趣。从生理上来看，对于由于慢性压力引发的脱氢表雄酮低下问题，超过一半的孩子出现了增加的倾向；而对于恐惧、不安等急性压力引发的去甲肾上激素偏高问题，70% 的孩子出现了降低的倾向。从这些数值变化中可以看出，森林疗育对于儿童从压力状态实现生理恢复发挥了关键作用。另外需要指出的是，孩子们的压力激素分布相当分散，但是森林疗育之后，大部分孩子压力激素的数值更接近正常值了，也就是说森林疗育对压力激素具有双向调控作用。

8.2 在森林中育儿的人

【树先生】

最近，《在森林中劳作的27个人和27份工作》这本书在日本很受欢迎。它从森林多功能经营的角度，介绍了和森林有关的27份职业以及从业者的故事。故事主人公有伐木工、猎手和养蜂人等等，每份职业都是一个独立章节。相信大家看了之后，会觉得林业工作其实还是蛮有意思的，对森林多功能性也会产生更直观的认识。这本书里引发我关注的职业，除了森林疗法师之外，还有森林幼儿保育员。

森林幼儿园起源于丹麦，大约1990年前后传入日本，据说现在日本已经有200多个森林幼儿园。与"国土绿化推进机构"有关联的一个组织，还专门成立了"全国森林幼儿园网络联盟"，定期举办森林幼儿保育员培训。不过，《在森林中劳作的27个人和27份工作》书中的森林幼儿保育员主人公西村早荣子，并没有参加过这种培训。毕业于东京农业大学林学专业，后来又陆续攻取了硕士和博士学位。在读研究生期间，她到缅甸留学了一年半，并且有机会接触了很多当地儿童。那时候她就发现，日本对孩子的保护，有些过头了。

现在的西村早荣子已经是三个孩子的母亲，"丸太棒"森林幼儿园是她在生第二个孩子时候创办的。"丸太棒"的办学理念很简单，一是锻炼孩子身体，二是培养孩子的内心。在西村早荣子看来，孩子健康发育基础是健康的身体，在森林中经历四季变化，适当感受酷暑和严寒，多接触植物和土壤，就能锻炼出不容易生病的体质。另外，与人工环境不同，在丰富的大自然中生活，更容易激发孩子的想象力，增加孩子间互助互动，培养孩子坚强的内心世界。2012年，西村早荣子辞去了鸟取省公务员的职务，和友人一起专心打理森林幼儿园。最近几年，每年"丸太棒"森林幼儿园开学，都是当地的头等大事，开学典礼不仅会引发政府和家长的高度关注，还有大批媒体持续跟踪报道。的确，三岁的孩子，一个人背着便当、水壶和换洗衣服，一整天都在森林中吃喝拉撒，社会各界无论如何是不容易放心的。

8.3 如何治愈孩子的心理创伤?

【周彩贤】

当今社会，恐怖事件、自然灾害、工业事故、父母离异、性侵虐待、亲人病故等意外事件，仍在我们看得见或看不见的角落时有发生。有些孩子无辜地成为了这些天灾人祸的受害者，遭受他们那个年龄本不该承受的灵魂上的折磨，并渐渐发展成为心理创伤疾病。

这些孩子的心理康复，需要我们每一位有社会责任感的人来予以关注。在以往治疗过程中，我们多以临床药物治疗为主，而忽视了环境要素及孩子自我恢复力重建的重要性，使孩子们一直处于被动接受治疗的状态，导致疗效不佳。世界各国的医学界和心理学界人士也都在努力寻求着治疗方法上的突破。

RonenBerger 和 Mooli Lahad 撰写了《The Healing Forest in Post-Crisis Work with Children》（《危机后儿童心理创伤的森林疗愈》）。该书提出了以森林为治疗要素的自然疗法理论，同时以儿童喜闻乐见的“安全岛”彩图故事的形式，进行了系统、丰富的森林疗育课程设计，将儿童心理创伤的临床治疗和自然疗法进行了有机融合，无论从理论层面还是从指导实践层面都可谓是一本便于理解、简单实用的好书。

为了让中国读者，特别是一些专业人员能够更好地了解和掌握儿童心理创伤森林疗育的理论体系与操作方法，我们组织周彩贤、陈峻崎、张峰、马红和杨晓辉等专家，结合自身工作经验翻译出版了该书，为我国完善森林疗养方法体系提供支撑，为更多正在遭受心理创伤危害的少年儿童提供一种更为健康、有效的疗育途径。

8.4 森林疗育可预防儿童近视

【树先生】

据统计，60 年前国内人口的近视率只有 10% ~ 20%，而现在 13 ~ 20 岁年轻人近视率高达 90%，近视已成为社会大问题。不过国人对近视问题已司空见惯，觉得近视不是什么大毛病。最近，北京同仁医院研究发现，高度近视是最主要的致盲因素，而提供相关干预措施已经迫在眉睫。

2015 年，Elie Dolgin 在《Nature》杂志上发表了一篇名为《The myopia

boom short sightedness is reaching epidemic proportions. Some scientists think they have found a reason why》的文章，就世界范围内近视大流行问题进行了分析，他认为导致近视爆发的根本原因是孩子缺乏足够的户外运动。

同样是在2015年，首都医科大学联合北京疾病预防中心和北京教委开展了“延长户外活动时间对小学生近视预防效果评价”的研究。研究选取295名小学生为延长户外活动时间干预组，以未选择任何干预措施的311名小学生为对照组，进行了为期6个月的比较研究。结果发现，延长户外活动时间可以在一定程度上保护小学生视力，延缓近视进程，这种效果对小学男生尤为显著。

关于户外活动对眼睛的保护作用，学者提出了许多假说。有人认为是光照强度差异的作用，室外与室内光照条件差别很大，户外活动中眼球可以接受更多自然光线，视物变得清晰，使眼睛得到充分的休息。有人认为近视和运动之间存在逆向促进作用，运动能够增加血流量，从而影响眼睛生长；而有些孩子可能因为戴眼镜不方便，因此不愿意户外活动。还有人认为光照能够刺激视网膜多巴胺的释放，该物质能够阻止眼球伸长，从而避免近视。

说到最后，森林疗育本来是为了促进儿童心理健康，但是作为户外活动的一种方式，它的近视预防效果，确是疗育效果的额外亮点。

8.5 非行少年的森林疗育

【树先生】

我的孩子四岁半了，最近连续犯了很多“错误”。比如锁上厨房门，把一包米倒入软水机中；或是溜进爷爷房间，把点心碾成碎末，然后抛雪花……我很担心这样的孩子就是专家所说的“非行少年”。或许是家庭教育过于宽松，缺乏“虎爸虎妈”的原因，美国的非行少年问题非常突出。为了应对这一社会问题，美国教育界提出了户外体验疗法(outdoor experimental therapy, OET)。据说通过3～5周的野外环境体验，便能够很好地改善孩子们的自我意识、性格、生活态度和日常行为，而且很少再次犯错。

在日本和我国台湾地区，森林中开展的户外体验疗法有一个专有名词，叫做“森林疗育”。上原严在提出森林疗法之前，就针对逃学儿童做过5年的森林疗育工作，而现在日本有关森林疗育的研究已经非常成熟。“红灯亮起就握住橡胶球，黄灯亮起就松开橡胶球”，这种心理学实验称之“go/no go”，通常用这种方法来调查人类的自我控制能力。2003年，日本学者利用“go/no go”方法做了一次六天五晚森林疗育实验，受试者为46名三四年级的小学生。研究者发现，森林疗育之后，孩子们握住和松开橡胶球的错误率大幅降低，自我尊重、自我肯定的情感得到提高，每个孩子看起来都很有活力，这也许暗示着森林疗育能够改善孩子的大脑机能。

类似的森林疗育研究，欧洲学者也做过很多。1982年，德国的Dietmar对10个孩子开展了为期数日的森林徒步旅行实验，Dietmar在实验报告中写道：“徒步旅行之后，孩子们的物质欲望和攻击行为有所降低，而自制力有所提高，能够较好地处理人际关系，并得到了社会的肯定。”2004年，森财团针对视力障碍儿童开展了森林疗育活动，共有97个孩子参加了森林绘画、音乐和凭感觉行走运动。活动结束后发现，孩子们的沟通能力、表情和情绪稳定度都有显著提高。

相信以上的研究能够说明，森林疗育可以给予孩子健康成长的关键要素。

8.6 我们的身体需要野化练习

【树先生】

“孩子是自己的好”，我的第一个孩子今年五岁，很多事情我都以他为傲。不过有一些事例外，我带他外出时，如果是不小心摔倒，站起身来后，他总是拍尘土拍个不停，唯恐衣服被弄脏。最初我只是觉得很好笑，再后来就有点嫌弃他不像个男子汉。

最近我发现，类似这种过度清洁的癖好，可能已经影响到孩子身体健康。几个月前，孩子手臂起了很多小疙瘩，医生确诊为沙土性皮炎；最近，他每天喊眼睛疼，又被医生确诊为过敏性结膜炎。无论是沙土性皮炎，还是过敏性结膜炎，可能都与孩子免疫系统对外界刺激反应过度有关。现在很多孩子认为大自然“不干净”，喜欢宅在人工的“干净”环境中，这种缺失自然和过度清洁，是造成身体频繁出现过敏反应的直接原因。

而要解决这一类问题，能够接触自然的森林疗养，或许是个好方法。首先，我们的身体需要到自然中去适应和锻炼，去学习和建立应对不同刺激的适度反应能力。以我的孩子为例，之前他吃猕猴桃会嘴唇肿得老高，但我们没有因此就不吃猕猴桃，不知从什么时候开始，孩子吃猕猴桃就不再出现过敏反应；虽然孩子患过沙土性皮炎，但是我们没有放弃接触泥土，孩子玩沙子玩得很欢，皮肤过敏反应也没在出现过。另据研究，芬多精具有较强的杀菌作用，不仅有益于我们的呼吸器官，而且具有改善过敏反应的效果。所以除了花粉过敏以外，如果出现其他过敏症状后，到森林中走一走，会有一定程度减轻。

以上是我个人的育儿心得，恐怕有不符合医学常识的地方，待我调理好孩子过敏性结膜炎，再和大家进一步分享森林疗养应对过敏症的经验。

8.7 森林幼儿园亟需走进我们的城市

【大林】

8 岁的儿子酷爱玩植物大战僵尸，游戏里 26 种僵尸和 49 种植物非要我一一介绍他们的功能。一边玩一边喊“大嘴花快吃，小喷菇发射……”。我知道真正自然界中的植物不是叫这种名字，也没有这些特异功能。植物大战僵尸除了满足孩子们在虚拟世界拼杀的愉悦，没有科普功能。自然缺失症在他身上十分明显！

时代不一样了。小时的我在山上打柴、伐木、摘果子，什么野果能吃、什么时候成熟、什么虫子能挖出来卖钱，方圆 5 公里的山里，我都清楚。让我对自然充满了感情！

由于工作繁忙，在北京我没时间带儿子去 30 公里外的山里体验。再加上来回堵车，身心疲惫，接触自然已有心无力。只能带他在小区的绿地里走走，小区的绿地已没有原生态的痕迹，对孩子们吸引力不大。小区旁的空地堆满建筑垃圾，在晕天的雾霾中，显得格外荒凉。附近那么多住宅小区，要是这片空地建一个森林幼儿园多好呀！再使用中英文双语解说，儿子学英语更能就近应用，效率更高。可没有人关注。

森林幼儿园是什么样的？都建些什么设施？要花很多钱吗？因在首尔国立大学留学，我终于有机会去好好思考和研究这个问题了。首尔市区分布着很多儿童公园，在其中一家发现了这个占地面积不大、环境自然、功能多样的森林幼儿园。

这个幼儿园建在市区一个山坡上，面积大约 2000 平方米。植被都是当地原生乔木和灌丛，与周边的设施隔离。主要设施有大门、小路、林间教室、滑梯、压水井体验、蘑菇观察、枯木堆、解说牌，实现了玩中学、学中玩的目的，而且这些设施也很便宜，比单纯的绿地要实用多了。

入口——共有两处，仅在木板上写着儿童森林体验场。用木头制作的大门和铺装的道路。

园中小路——使用松软的木屑铺装，两侧用细绳隔离，禁止进入草中践踏。

森林教室——由 12 根木头制作的座位，每根木头坐 3 个小孩，可容纳 36 名小孩，足够一个班组的幼儿活动。

滑梯——有大滑梯和小滑梯两种，大滑梯有挑战性，需要攀爬陡坡，适合大一些的儿童。小滑梯安全性高一些，适合低龄儿童。

压水井体验——这种人工压水井现已经失传，仅大人留有记忆，是 20 年前农村主要的取水工具。还能向儿童解释压水井的取水原理，也锻炼了儿童体力。并且，很多关于大气压、自然界中的水循环、森林的净水功能等知识就能科普了。

蘑菇观察——几根木头遮阴处理。一场雨过后，很多蘑菇就会长出来。哪些蘑菇能吃，哪些有毒，就可以科普了。

枯木堆—— 一堆乱树枝就可以招来很多昆虫，这儿是昆虫的乐园，儿童能认识很多虫子。虫子与森林的关系就可以科普了。

解说牌——解说内容都是儿童容易理解的内容，例如森林中死树的作用、自然中有哪些常绿树与落叶树、森林的功能等。

如此简单的森林幼儿园，是不是很容易建呢？希望我们的城市今后能见到很多这样的幼儿园。

8.8 森林幼儿园：请保持森林本色

【树先生】

在所有森林社会服务产品中，“森林幼儿园”的幼儿教育模式市场需求很大，最具盈利前景而备受大家关注。一年前森林幼儿园在国内还只是教育理念，不过现在北京的昌平、海淀和石景山等地已经出现了多个相关教育机构。几天前，湖南省林业厅来北京调研森林疗养，我们有机会参观了一处正在筹建的森林幼儿园。今天就在以上实践工作的基础上，探讨下森林幼儿园的规划设计问题。

坦率地说，我们不认为森林幼儿园需要特别的规划设计。“森林就是教室，大自然就是老师”，这是支撑森林幼儿园的核心理念。在从事森林幼儿教育的专业人士来看，一片自然丰富的森林就已经足够了。据说德国最初设置森林幼儿园的时候，政府对这种“粗放”的教育模式很是担心，所以要求森林幼儿园要设有洗手间和躲避恶劣天气的小木屋，并将其作为政府资助办学的前提条件，这侧面印证设置森林幼儿园并不需要怎么“折腾”。其实设置幼儿园应该优先考虑场地选择问题，这包括从经营角度确定森林幼儿园的辐射范围，也包括当地森林作为幼儿活动场地的适合性，例如让孩子自由活动的场地是否足够大？森林中危险因素幼儿能否克服？等等。

另外，我们也不认为森林幼儿园需要特别的设施。森林幼儿园关注的重点应该是如何把森林环境用活，而不是在森林中要添加多少设施。可能是缺乏高水平的森林幼儿教育人员，也有可能是本地自然资源不够丰富，现阶段国内森林幼儿园有过度设施化的倾向。在有些地方，与其叫森林幼儿园，不如说是把儿童游乐场搬到了森林之中。这样过度的设施化，将不可避免地带来林地破坏。当然设施丰富的森林幼儿园或许会更吸引孩子，但是吸引孩子的主体，已不是最宝贵的自然，相信也很难有预期教育效果。倘若一定要在森林中增加一些设施，我们建议由专业教育背景的人士主导。如果既不懂自然教育，又缺乏野外生活经验，这样臆测出来的森林幼儿园设施，对孩子来说是一种误导。例如，横卧的水泥管上堆满泥土，做成一个小山洞，设计者通过形象的“蚯蚓之家”，意在让孩子更直观地了解蚯蚓的生活习性，并鼓励孩子钻到蚯蚓家里去体验一番。实际上自然界如果有一个山洞，我会告诫我的孩子里面有哪些危险因素，要求他克服好奇心。

国内森林幼儿园刚刚起步，一切有益的探索都应该被鼓励，以上只是我们的一已之见，仅供大家参考。

8.9 儿童森林疗育：感统训练市场潜力大

【树先生】

“五岁了，不爱穿衣服，不知道害羞。”

“走路晃头晃脑，有时肩膀还会撞在门框上。”

“太不识逗了，玩得好好的，笑着笑着却突然哭了。”

孩子有以上表现，家长可要小心了，孩子可能正遭受“感觉统合失调”的困扰。感觉统合失调是一种心理疾病，儿童发病率约为10%～30%，它与多动症和厌学并列，是儿童三大心理问题之一，也是儿童森林疗育的重要课题。

通常，我们的大脑将“五感”传来的信息进行分析和综合处理后，作出正确应答，大脑和感觉器官这种统一协调的工作就是“感觉统合”。由于儿童大脑发育并不成熟，各神经元之间及与外界未建立很好的联系，容易出现“感觉统合失调”。除了开篇所述征候外，儿童感觉统合失调主要表现在身体运动不协调、身体平衡能力差、结构和空间知觉障碍、语言表达能力不佳和触觉防御障碍等五个方面。

对于感觉统合失调的治疗，专家认为关键在于后天教育和训练。儿童感觉统合失调最有效治疗时机是十岁之前，一般经过两三个月的训练，多数孩子可以完全自愈。目前有很多儿童感觉统合失调训练的成熟方法，2006年全球相关训练器材销售额突破了200亿美元，据说国外儿童感统训练俱乐部比成人健身俱乐部要多出几倍。

那么，有没有与森林或是园艺相结合的儿童感觉统合训练方法呢？我们粗粗查了一下，虽然没有找到案例，但是意外发现，农村儿童感觉统合失调率要远远低于城市。我想这应该与农村儿童接触自然机会多、活动方式多、活动量大有直接关系。另外，我们已经建好的森林游乐区或自然观察径，基本满足感觉统合训练要求。例如，用于训练前庭平衡和本体感觉的吊揽、秋千、平衡木、阳光隧道等，都是森林游乐区的常见设施；而用于训练视觉和触觉失调的拼装、绘画、走迷宫和泥土游戏等，在森林中进行也会更便利。所以利用森林开展儿童感觉统合失调训练，市场潜力非常巨大。

8.10 困境儿童的森林疗养实践

【奔跑着】

不久前，贵州铜仁一家自然教育机构接受当地关心下一代工作委员会的委托，针对品学兼优的困境儿童，举办了一期主题为“阳光自信，坚毅果敢”的夏令营。我们的三位第二期森林疗养师学员积极参与其中，在活动中嵌入一个可以让孩子们释放和寄托的森林疗养环节。虽然这个环节只有三个小时，但我们的森林疗养师学员仍然一丝不苟地确定了疗养目标，进行了场地评估，制定了森林疗养方案。一起去看看她们反馈回来的实施情况。

本次森林疗养体验从进山仪式开始，伸展运动之后，进行了森林漫步、正念行走、森林冥想、“我的树”和叶拓五项课程，孩子们重新集合后，安排了告别仪式和拉伸后，正式结束体验活动。在终了面谈环节，大部分孩子觉得森林疗养“让自己放松了”，“开心”，“好像解甲归田一样”等等。也有孩子说活动后觉得“不高兴了”，不过专家认为，孩子把自己的情绪表达出来了，也是一种释放。

虽然活动取得了一定效果，可我们的森林疗养师学员也认识到了不足。在活动总结中，三位觉得有以下心得要与大家分享：一是森林疗养师培训时间有限，大家都是处于入门级，知识和技能还比较欠缺，对活动中节点把握不到位，容易人为干预过度；二是事前做好充分准备，参与活动的疗养师相互间充分交流，应尽量多地掌握场地和体验者状况；三是正式开展活动前，要做一次课程预演，预演可以避免许多可以避免的问题；四是要提前做好相关工作人员的配合沟通工作，很多人对我们森林疗养活动的方法和目的不了解，如果想得到更多帮助，只有多沟通；五是避免把人为的材料带到自然，比如建议采用石拓的方法进行叶拓。

9 神奇的植物

植物是森林中最不可或缺的组成部分，在森林疗养中，我们可以充分利用并将其广泛地应用于森林疗养实践，提高森林疗养服务质量。

9.1 哪些植物负氧离子释放能力强？

【树先生】

负氧离子被誉为“空气维生素”，它是森林疗养的重要治愈因子，对生命来说必不可少。国内外已有大量研究证实，植物能够增加空气中的负氧离子浓度。在现阶段，科学家关注的重点是，哪些植物的负氧离子释放能力更强？

关于植物释放负氧离子，目前有两种理论：一种理论认为，植物叶表面在短波紫外线的作用下，发生光电反应，使空气负离子增加；另一种理论认为，导体尖端的电荷特别密集，在强电场作用下，就会发生尖端放电，而叶片的尖端放电功能，使空气发生电离，增加了空气负氧离子浓度。这两种理论虽有不同，但大部分专家认为并不矛盾。最新发表的很多文章，都在直接和间接印证这两种理论，而现有研究的另一个指向是，针叶林中负氧离子浓度会比较高。

从叶表面光电效应理论来看，科学家们研究发现，植物资源密度、叶面积指数对负氧离子浓度有直接响应。也就是说植物越多、总叶片面积越大，越有利于负氧离子产生。在相同叶量的前提下，针叶树叶片具有较高的比表面积，所以更有利于负氧离子产生。从叶尖端放电理论来看，科学家们研究发现，具有针状叶片的植物更有利于负氧离子产生。比如，在相同条件下，墨兰和金边吊兰上方的负氧离子浓度要高于绿萝和鹅掌柴，而水杉、罗汉松和马尾松林中负氧离子浓度要高于阔叶林。

但是有些学者研究发现，针叶林和阔叶林负氧离子浓度差异不明显，甚至有些情况下针叶林中负氧离子浓度还略低于阔叶林。我想这可能与环境条件控制有关，林中的瞬间负氧离子浓度，不仅和负氧离子产生因素有关，还和保存因素有关。负氧离子在洁净空气中的寿命有几分钟，而在灰尘中只有几秒钟。除了空气清洁度，温湿度和光照条件也影响负氧离子寿命，而在森林中控制好这些环境条件并不容易。

9.2 臭椿不“臭”

【树先生】

臭椿分布极为广泛，我国除黑龙江、吉林和海南三地，其他省份均有臭椿分布。不同地区对臭椿有不同称呼，恶木、樗树、木砻树都是臭椿的别称，当然不同称呼背后是不同的认知，而这些认知都深植于中国传统文化之中。不过现在挖掘起来，我们的文化对臭椿有很多误解。

臭椿能够散发特殊气味，化感作用强，病虫害比较少。古人观察到这些现象，认为鸟兽虫子不栖不毁的树木，应该会很“长寿”。所以经常用“椿”作为祝寿之辞，诸如椿年、椿令等，也以“椿”代指父亲，特别是父亲的长寿。臭椿也是健康成长的象征，过去大人们希望孩子快点长，会在除夕夜让孩子围着椿树转圈，“椿树王，椿树王，你发粗，我长长”。实际上，臭椿虽然枝繁叶茂、生长迅猛，但它只是生态系统中的先锋树种，树龄很少超过 50 年。

大概是古代臭椿缺少树干通直的良种，古人经常用“樗栎庸材”“樗材”这样的词汇来形容一个人的无用，而樗就是臭椿。尽管大部分是自谦的说法，然而臭椿却是个有用的树种。臭椿果实在中药里叫做凤眼草，它是清热祛湿、止泻止血的良药。臭椿根皮和茎皮可以提取苦木科特有的苦木苦味素，这种提取物对抗炎、抗病毒和抗肿瘤都有很高活性。如果加大科学研究力度，相信将来臭椿可以在森林疗养中有很多直接应用。

此外，臭椿在东南地区也叫木砻树，过去人们用木砻为谷物去壳，臭椿木材硬度适中，一直是制造木砻的好材料。臭椿木材和树皮中的纤维较长，木材是造纸的好材料，树皮可以制作绳索。还有一种重口味的蚕，专门喜欢吃臭椿和蓖麻的叶片，因此被称“椿蚕”。这些素材虽不容易直接用于健康管理，却能够有效丰富访客的森林体验。

9.3 桃叶“辟邪”堪比桃木剑

【树先生】

我国桃树种植广泛，山桃更是漫山遍野，除了鲜美桃子、“辟邪”桃木、浪漫“桃花运”这些信息外，桃叶同样也是好东西。桃叶是一味传统中药，主要成分为糖甙、柚皮素、奎宁酸、番茄红素、鞣质和扁桃叶酸酰胺及少量腈甙，现代科学证实桃叶具有杀灭阴道滴虫、杀蚊和抗菌等多种活性。

（1）桃叶的抑菌活性。果农整箱销售的鲜桃，纸箱中通常会有几片桃叶，据说这样有助于鲜桃保鲜。实际上，桃叶中含有抑菌活性成分，对大肠杆菌、金黄色葡萄球菌、枯草芽孢杆菌的抑制效果特别显著，对于食品防腐保鲜和控制外疮脓肿具有重要意义。有效利用桃叶中的抑菌活性成分并不困难，按 10∶1 的液料比，用 60 度白酒浸泡桃叶 2 小时，便可以得到天然的“抑菌剂”。

（2）桃叶的杀蚊活性。摘一片桃叶揉烂后放在鼻子跟前，会闻到一股沁人的苦杏仁味，这种味道对蚊虫具有强大的毒杀作用。其实完整的鲜桃叶对蚊虫并没有毒杀作用，当鲜桃叶被搓碎后，桃叶中的氰甙被其自身存在的酶水解，氢氰酸挥发扩散到空气中并达到一定浓度后，便对蚊虫显示出毒杀作用。还有，如果被蚊虫叮咬，将桃叶揉碎摩擦皮表，5 ~ 10 分钟痛痒便会消失。

（3）桃叶的其他活性。桃叶中的柚皮素和单宁具有显著的解毒消炎、止痛止氧作用，对去除痱子具有显著效果。如果小孩生了痱子，可以试试桃叶煮水洗澡，避免擦痱子粉误吸入肺。新鲜桃叶中的氰酸配糖体具有镇咳功效，其有效成分含量虽然比苦杏仁低，但是比枇杷叶要高，有人曾成功利用桃叶制成“杏仁水”。另外，对于女性来说，桃叶还可以治疗经闭和滴虫性阴道炎。

值得指出的是，桃叶的这些活性成分大部分存在于鲜叶之中，嫩叶比老叶要高四倍，我想这就是鲜药疗法的魅力，也是森林疗养的魅力。

9.4 山楂树：医疗保健价值高

【树先生】

多年前，寒假坐火车回东北老家，从怀柔、密云到兴隆、承德的沿线山中，挂满果实而无人采收的山楂树随处可见。真想不到小时候最喜欢的“山楂丸”和“冰糖葫芦”，原材料竟然廉价到如此程度。不过在医生眼中，山楂绝对是个好东西，它对心脑血管疾病具有防治作用，比如降血脂、降血压、强心、抗心律不齐等。综合来看，现阶段对山楂功能性的认识和开发，多集中在山楂果实，其实山楂花和山楂叶同样具有挖掘潜力。

很多文献中记载山楂花可食用，我们没有查到具体食用方法，却意外发现山楂花是防治心血管疾病的良药。苏联研究人员曾对山植的花、叶和果实中氨基酸成分进行过定量分析，结果表明：山楂花中总氨基酸含量比果实和山楂叶要高很多；对于治疗心律不齐的谷氨酸含量，山楂花比山楂叶高 2.7 倍，比果实中高 15 倍；对于治疗缺铁性贫血、预防动脉粥样硬化、改善心脏血液循环的蛋氨酸和白氨酸，也以山楂花中含量为高。我身边很多朋友喜欢饮用山楂果干制作的草本茶，按照上述研究结果，或许用山楂花制作的草本茶效果会更好。

山楂叶富含黄酮和三萜类物质。黄酮类物质具有抗氧化、调血脂、清除自由基、抗炎等生物活性，对糖尿病、高脂血、肿瘤等疾病具有防治作用。现有对山楂叶的研究，主要与提取黄酮类物质有关，相信工厂化提取已为期不远。另外，中国农科院已试制成功山楂叶绿茶，这种绿茶不仅有效保持了黄酮含量，据说口感和香气也较为理想。对于三萜类物质，我们知道芬多精主要成分就是萜烯类化合物，它的存在可以预见山楂林挥发物组分有别于传统阔叶林，山楂林可能会是森林疗养的理想树种。不过，山楂树通常比较矮小，分支点低，通过合理经营树形来确保林下通行安全，这对开展森林疗养也至关重要。

9.5 油松挥发物与健康

【树先生】

据说全世界大约有 40 万种植物挥发物，这其中有些对人体有益，有些不仅无益反而有害。如果不掌握主要森林挥发物的特征，就很难确保森林疗养质量，也很难说出森林疗养的“名堂”。现阶段，从人体健康角度对森林挥发物的研究非常缺乏，这已经成为发展森林疗养的瓶颈因素。不过我们最近发现，从森林保护（虫害防治）角度对挥发物的研究很多，越是分布广泛的常见树种，相关研究就越丰富，这应该能够为森林疗养所借用。今天我们就把油松挥发物的研究梳理一下，供大家参考。

（1）油松会分泌哪些挥发物？和大多数针叶树种一样，油松挥发物以萜烯类化合物为主。2016年西北农林科技大学从夏季油松挥发物中鉴定出60种化学组分，包括烷烃、萜烯、醇、脂、酮、醛、酸和芳烃等八大类，其中萜烯类化合物种类最多，占挥发物总量的比例超过85%，相对含量排名前五位的依次是α-蒎烯、β-蒎烯、D-柠檬烯、月桂烯和莰烯，它们也是松节油的主要成分，而后者是镇痛类非处方药。

（2）油松挥发物会对人体有哪些影响？在油松挥发物之中，萜烯类化合物被认为是芬多精的主要成分，浓度适宜时有益于人体健康。例如，α-蒎烯、β-蒎烯和月桂烯具有镇痛、祛痰止咳和杀菌作用，D-柠檬烯能够缓解胆结石和高血压，而莰烯对兴奋神经和降低血脂有帮助。当然在油松挥发物之中还存在一些不利成分，例如各种芳烃，不过这些不利成分仅为痕量，不会危害人体健康。

（3）油松挥发物的分泌有何规律？萜烯类挥发物主要受光照和气温影响，白天正午挥发物浓度可达夜晚和清晨的一倍，但是这种提高是否更具医疗保健价值尚不得而知。很多学者期待遭受虫害的油松会有不同组分的挥发物，实际上健康和不健康油松的挥发物大致相同，倒是因树龄和季节不同，挥发物的组分会有差异，而这种差异对森林疗养的影响同样缺乏研究。

9.6 精气和精油有何差异？

【树先生】

植物的花、茎、叶、根、芽以及木材中的油性细胞，在自然状态下便可以释放出气态有机物。对这种主要成分为萜烯类的植物挥发物，一些学者将其称为“芬多精”，也有一些学者将其称之为“植物精气”。植物精气除具有较强的杀菌能力外，还具有安定心神、促进新陈代谢和恢复细胞活力等作用，是森林疗养最重要的疗愈因子之一。另一方面，通过蒸馏、挤压、冷浸或溶剂提取等方法，可以从有香脂腺的植物中提炼萃取出挥发性芳香物质。这种芳香物质呈现流动态，又极易挥发，业界称之为“精油”。作为芳香疗法的主要介质，精油用于临床治疗和预防保健由来已久，具有很多成熟经验。或许您会有一个问题，直接利用植物精气和利用精油会有什么区别呢？

2012年，徐洁华课题组比较过薰衣草精气与精油化学成分差异。研究者选择同一批次的薰衣草花穗，一部分用水蒸气蒸馏法提取精油，一部分在自然状态下挥发精气，然后比较精油和精气的化学组成。研究发现，薰衣草精油有 39 种化合物，含量排名前 5 位的组分为芳樟醇、乙酸芳樟酯、乙酸薰衣草酯、α- 松油醇、乙酸香叶酯；薰衣草精气共鉴定出 13 种化合物，主要是萜类合物，含量排名前 3 位的组分为对异丙基甲苯、柠檬烯、1- 甲基 4 苯；无论是化学组成还是组分相对含量，薰衣草精油和精气都存在较大差异。这样的结果可能让很多朋友大失所望，但是从化学角度来说，精油和精气应该具有不同特性，不能以精油的应用经验作为精气用于健康管理的依据。

9.7 花椒：难吃，却必要的调味料

【树先生】

不知道大家怎么认为，我个人虽不讨厌花椒的味道，但也绝对说不上喜欢。我一直有个疑问，像花椒这样不太好吃的东西，怎么会成为居家必备的调味品？这其中会不会有什么故事？

之所以想到花椒，是因为去年在日本考察时，曾见过森林疗养师折一段花椒细枝，递到大家鼻子下，我们闻一下就有股入脑的清香，顿时感觉精神百倍。我们的森林疗养师要挖掘森林中有特殊气味的植物，自然也少不了山野中极为常见的花椒。不过在说森林疗养之前，还需要从市面上常见的花椒调味料说起。大家在超市里经常看见青花椒和红花椒，实际上花椒属有很多种类，分布也极其广泛，国内除吉林和黑龙江之外，其他省份均有分布。所以作为调味料，花椒能够深植于中国的饮食文化。

据专家考证，花椒作为调味料是从南北朝时期开始的，在这之前花椒一直作为敬神香物和济世药物。不晓得我们祖先为什么会觉得花椒能够通神，但是作为济世药物，花椒的杀虫、镇痛、抗病毒、杀菌和抗氧化等活性为古人所熟悉，广泛用于牙痛、泌尿道感染、疝气、腰痛、风湿病等疾病治疗和瘟疫预防。或许正是在治疗疾病和预防瘟疫过程中，花椒被逐渐添加到食物之中，逐渐成为饮食习惯为民众所接受，并以调味料的形式得到传承。

进入现代社会之后，花椒的药用价值得到深入开发，有关花椒功效的研究很多，绝非一篇短推文能够容纳得下。而在这些开发之中，花椒精油绝对是个亮点。专家研究发现花椒精油中含有 30 多种有益成分，它的香气中包含松木、柑橘、黑胡椒、

樟脑等挥发物的类似成分，除用于食品加工之外，还是公认的护肤佳品。很多人问我森林疗养基地该补种哪些芳香植物？花椒这样的乡土植物或许就是一个不错的选择，花椒枝叶不仅可以成为芳香教室的素材，花椒精油的产品价格也会更高。

除此之外，吃花椒芽、制作花椒酒、用花椒水和泥抹墙、用花椒枝干做工艺品，甚至用花椒来给尸体防腐，这些都是我们先人常见的“玩法”。只有把这样的森林文化都挖掘出来，我们的森林疗养课程才会更丰富和更有吸引力。

9.8 黄栌：被忽视和遗忘的“好药”

【树先生】

我对黄栌的认识，一直局限于北京香山的“红叶”。不久前在百望山调研时，偶然发现黄栌叶片有一种特殊香味，才意识到它或许在森林疗养中可以发挥更重要作用。黄栌为漆树科小乔木，耐贫瘠，耐干旱，除我国华北、华中、西南和华东地区之外，欧洲南部、西亚和南亚等地均有分布。这样一个分布广泛的树种，在森林疗养中该怎么用呢？

从药草疗法角度进行挖掘的话，虽然黄栌尚未作为药材进入《中国药典》，但中医典籍中不乏黄栌药用功能的记载，《本草拾遗》认为黄栌能够“除烦热，解酒疸，疗目黄”，而《日华子本草》记载黄栌能够“洗汤、火、漆疮及赤眼”。另外，在华北地区流传一个偏方，即黄栌煮水可以治疗流行性感冒引起的头晕、头痛和失眠。除了这些看似“不靠谱”的偏方和记载外，目前对黄栌的临床应用研究，主要集中在四个方面。

（1）抗菌杀毒能力。1975 年，解放军 371 医院的抑菌试验结果表明，黄栌水煎液对金黄色葡萄球菌、白色葡萄球菌、副大肠杆菌、福氏痢疾杆菌有抑菌和杀菌作用，对亚洲甲型流感病毒亦有一定的抑制作用。而后期研究分析认为，黄栌叶中抗菌有效成分为没食子酸。

（2）降血压作用。1979 年，谭怀江对 29 例高血压患者进行了临床研究，日服 10 ~ 30 克黄栌水煎液，大部分患者在 6 天内血压恢复正常，有效率为 93%。2009 年，龙丽辉等人在狗身上做了类似的试验，结果发现黄栌对狗有明显降压作用，其降压活性成分与黄酮类化合物及槲皮素有关。

（3）抗肝炎活性。1975 年，解放军 371 医院对 400 例急性黄疸型肝炎进行了临床研究，发现服用黄栌水煎液一个疗程后，治愈率可达 80.30% 。研究人员还将抗肝炎活性成分的漆黄素开发成为黄栌糖浆，随后济南军区中药研究中心使用这种糖浆对200多例黄疸肝炎患者进行了治疗，大部分患者黄疸在15天左右基本消失，有效率为91.70%。

（4）抗凝血、溶血栓能力。2007年，崔恩贤等人发现，黄栌根茎水提液具有良好的抗凝血和溶血栓能力，在缩短血栓长度、减轻血栓重量、降低血栓指数等方面，黄栌根茎水提液与阿司匹林肠溶片无显著差异。研究人员认为这可能与黄栌所含的酚类化合物有关，目前这一处方已被制成"黄栌复方胶囊"。

此外，有朋友常抱怨北方芳香树种少，想做一个芳香教室却找不到合适的植物材料。其实与侧柏相似，黄栌也是提炼精油的好材料，据说希腊的黄栌精油深受消费者喜欢。普普通通的黄栌竟然有这么多用途，这让我突然发现，与其费力地调整森林疗养基地的树种组成，不如在挖掘现有资源上多下点工夫。

9.9 木力芽：长在树头的山野菜

【树先生】

建设中的史长峪自然休养村，最近车和人突然多了起来。仔细询问才知道，大家都是慕名来采集木力的。木力芽这种山野菜，在华北山区深受农家欢迎。我吃过一次之后，就再也忘不了那种口感，有机会去农家乐时，无论如何都要点一盘木力芽。吃了这么多年的木力芽，最近才知道，原来木力芽就是栾树的嫩叶。

栾树有很多种，南北方都有分布，不同种类之间叶片形状相差很大。在北方，栾树也叫木栾，所以木力芽写成木栾芽或许更准确。不过大部分现有文献都记载为木力芽，在普通话采集地滦平县，当地人也称之为木力芽，所以我们继续沿用前人的词汇。栾树原本是高大乔木，在干旱阳坡受立地条件限制，大多数栾树长不大，多以灌木形式存在。每年的这个季节，栾树长出红黄相间的嫩叶后，便可以采集嫩叶用开水煮透，再用冷水浸泡两三天，凉拌、炒菜和做馅都是非常美味的。

除了能够提供当季食材，栾树叶还有很多妙用。《唐本草》中记载，栾树也可以"合黄连作煎，疗目赤烂"。现代研究发现，栾树叶对多种细菌和真菌具有抑制作用，栾树叶沤烂后还可以作为生物农药。马希汉等人发现，栾树叶含有丰富的有酚类、黄酮类、植物甾醇类物质，其乙醇提取物均对油脂氧化有良好抑制作用。另外，栾树叶还是一种染料。栾树叶和白色布一起煮，会使布染成黑色，有些地方把栾树称为“乌叶子树”。如果通过发酵和酒精提取染色素，栾树叶又变成了蓝色染料。森林就是这么神奇！

9.10 元宝枫：新兴的资源树种

【树先生】

不怕大家笑话，我接触林业快二十年了，对元宝枫和五角枫这两个树种，一直傻傻分不清。我一直怀疑这两个东西是一个鬼，就像辽东栎和蒙古栎一样，树种之间的差异还没有种内个体间的差异大。对于大多数人来说，了解元宝枫和五角枫，可能是在关注秋天红叶之后。其实作为新兴资源树种，两者的叶片和种子都具有巨大开发潜力。

（1）陆地上的“脑白金”。过去在北京周边地区，人们会采集元宝枫的种子，就像葵花籽一样炒着吃，据说味道还不错。与葵花籽等植物油料最大的不同是，元宝枫种子富含神经酸。这种又被称为鲨鱼酸的物质，最早发现于哺乳动物的神经组织，是支持大脑发育的重要物质。经常摄入神经酸，对于提高大脑活跃度，预防脑神经衰老都具有重要作用。元宝枫种子含油量大约在46%～48%之间，而神经酸就占油脂组成的5%～6%，这在植物中非常少见，极具利用潜力。

（2）天然的“护肤宝”。从元宝枫种子提取的植物油，无毒性无刺激、氧化稳定性好，防腐杀菌力强，并可为皮肤提供多种天然活性成分，一直为化妆品界所关注。西安医科大学药学院研制过“元宝美容霜”，四川省轻工研究设计院精细化学品研制厂出品过“元宝润肤霜”“元宝洗面奶”，虽然这些产品不曾占据主流市场，但相关工作为利用元宝枫油积累了经验。最近，据说成都枫科生物技术股份有限公司与法国企业合作，已成功将元宝枫油打入了国际市场。

（3）森林里的“苦咖啡”。元宝枫的嫩叶可以用于做绿茶，据说口感和苦咖啡相似。元宝枫叶片中富含绿原酸，这是一种重要的生物活性物质，具有抗菌、抗病毒、降血压和兴奋中枢神经系统等作用。目前一般是从咖啡中提取绿原酸，与咖啡相比，元宝枫叶片不但容易获得，提取率也和咖啡相当。

有关元宝枫利用的研究还很多，用元宝枫种子做酱油，用元宝枫油做生物柴油，

用元宝枫油帮助运动员恢复体力……这些成果都可以为森林疗养服务。

9.11 楸树叶片有妙用

【树先生】

如果评选哪个树种“材”“貌”双全，估计很多业内人士会首推楸树。楸树原产中国，“南到云南、北到长城、东起海滨、西到甘肃”都有其分布。虽然在北京山区并不多见，但楸树是平原造林的主要树种之一，它不仅材质好、外形美，而且树叶、树皮和种子还能够入药。《本草纲目》中记载，楸树叶具有解毒功效，可捣碎外用治疗疮疡脓肿。今天我们就一起挖掘下楸树叶片的杀菌潜力。

以前国人爱贴膏药，楸叶膏便是一方深受信赖的膏药。在《圣济总录》和《良方合璧》中都有关于“楸叶膏”做法的记载，楸叶煮烂滤去残渣，然后煎制成膏，可以主治“发背痈肿恶疮”。现在华北平原的农村地区，还有人熬制楸叶膏来治疗痔疮，据说特别有效。其实在发明“楸叶膏”之前，国人还有立秋时节戴“楸叶”的传统，山东、河南等地至今都保留着这一习惯，据说这样可保一秋平安。我觉得不能简单地从“楸”与“秋”谐音来理解这一习俗，也许在长期生产实践中，人们就已经总结出楸叶具有很高的保健功能。

2015 年，西北农林大学对楸树叶片化学成分及其抑菌活性进行了专题研究，研究者用不同极性的溶剂萃取叶片，并进行抑菌活性实验，结果发现乙酸乙酯相萃取液对革兰氏阳性细菌具有一定抑制作用，对革兰氏阴性菌和真菌抑制作用较弱，而革兰氏阳性菌与脓肿有关，这间接印证了楸叶膏的药效。此外，研究者还对乙酸乙酯相萃取液进行进一步分析，发现抑菌活性与黄酮类和萜类的浓度密切相关，而萜类就是芬多精的主要成分。总结起来，无论是前人的经验积累，还是当代人的实验数据，都有一个共同的目标指向，那就是楸树林中的有益挥发物浓度会比较高，在森林疗养中应该多加利用。

楸树林中芬多精浓度究竟怎样，这还有待于进一步验证。楸树叶片的神奇作用也不仅限于杀菌，抗氧化、抗肿瘤功能也屡屡被科学家们所提及，也许这些功能都会成为森林疗养的治愈素材。

9.12 桑叶能做些啥？

【树先生】

桑树是山野中常见的树种，怎样才能把它用于健康管理呢？我们今天先从桑叶说起。大家都知道种桑养蚕，实际上桑叶的功能谱非常广泛，它不仅是优质的畜牧资料，可做成多种功能食品，还是一味常用中药。中医认为桑叶可清肝明目聪耳、镇静神经、润肺热、止咳和通关节，而现代医学研究发现桑叶至少包含三类重要有效成分。

（1）降血糖成分。桑叶中含有 50 多种微量元素和维生素，其中“1- 脱氧野尻霉素”对降血糖效果明显，并且这种物质迄今为止只发现存在于桑树叶片中。除了“1- 脱氧野尻霉素”，有研究表明“桑叶黄酮”对降血糖也有显著作用。对于降血糖功能，桑叶在植物界可算是首屈一指的。

（2）抗焦虑成分。桑叶中含有 18 种氨基酸，其中 γ- 氨基丁酸（GABA）能够降低神经元活性，防止神经细胞过热，因此能够从根本上镇静神经，从而起到抗焦虑的效果。医疗实践中，GABA 对脑血管障碍引起的症状，如记忆障碍、儿童智力发育迟缓有显著效果。

（3）抗衰老成分。多酚、黄酮和芳香苷都有显著的抗衰老功能，而桑叶富含这三类物质。桑叶嫩头中的多酚含量最高，多酚类物质中活泼的羟基氧，能够抗衰老、抗辐射、消除自由基和增加机体免疫力；而芳香苷能够软化毛细血管系统。

如何利用桑叶呢？作为药食两用品种，实际上利用桑叶开发食品的案例最多，而作为饮品的优势更大。我国桑茶的品种很多，如桑蜜茶、桑菊茶、桑叶枇杷茶等，这些传统工艺都有待于进一步挖掘。除了桑茶外，还可以破碎浸提桑叶中的有效成分，添加蜂蜜和酸奶等调配成桑叶饮品。这样生产出来的桑叶饮品不仅最大程度保持桑叶生物活性物质，而且色、香、味俱全，符合森林疗养的要求。

9.13 落叶松：用于森林疗养不容易

【树先生】

我对落叶松的印象比较复杂。

上大学的时候，在小兴安岭的落叶松林内做解析木，伐木过程中很多人被蚊子盯得很惨。当时有同学穿一条牛仔裤，再外套一条迷彩服，还是被蚊子叮得满腿大包。落叶松喜湿，再加上人工林密度偏大，容易滋生蚊虫。当年没人能够分析出原因，但是“落叶松林的蚊子最多”，这是同学们心有余悸的共识。

在北京平常很少能见到落叶松，华北落叶松多分布在海拔1000米以上的地方。按理说高海拔气候冷凉，林下的蚊子应该少一点才对，可是前些年做森林健康样地复查，我在落叶松林下也有比较惨痛的被蚊子“袭击”的记忆。

我对落叶松认识的改观，缘于自然之友赠送我们办公室的一件伴手礼。那件礼物只是装裱起来的一条松枝，树枝上的每个球果都酷似一朵小花，而整个作品就像开满木质“鲜花”的枝条，装裱起来格外精致。我在感慨作者善于创意之外，也开始对落叶松充满好感。

当然，把落叶松和森林疗养深度结合起来，不能只依靠球果像花朵，还要在挥发物和提取物方面深入挖掘。甘肃农业大学和东北林业大学曾研究过落叶松挥发物成分及其动态变化规律，落叶松挥发物的成分包括8大类110种，其中以萜烯类化合物为主，挥发物含量随季节变化显著。落叶松挥发物在春季成分较多，主要是萜类化合物，夏季以异戊二烯为主，秋季则以蒎烯为主。异戊二烯没有杀菌和趋避蚊虫的作用，这可能是夏季落叶松林内蚊虫密度较大的另一原因。

在提取物方面，人们受到落叶松木材耐腐的启示，在落叶松树干中提取活性物质用于其他木材的防腐；欧洲食品安全局将富含花旗松素（taxifolin）的落叶松提取物认定为新资源食品，可以用于非酒精饮料、酸奶、巧克力糖果；而这种花旗松素又被称作二氢槲皮素，它是一种自然存在的二氢黄酮类化合物，具有抗炎、抗氧化、保肝、抗癌、抗辐射等多种生物活性，俄罗斯已将其开发成为保健品并打入美国市场，价格十分昂贵。

其实对于大众来说，落叶松最吸引人的还是森林景观。春天，落叶松那一抹新绿，好像比其他树种更能融化人心；而秋天，满地金黄色松针，就像小米铺满地面，对我这样乡下人带来的疗愈效果，也不是其他树种可以比拟的。结合落叶松的挥发物分泌动态，春秋两季或许是利用落叶松疗养的黄金季节。

9.14 哪些树种杀菌能力强?

【树先生】

芬多精的俄文原意是“植物杀菌素”。也许您很想知道，到底哪种树木的杀菌能力更强呢？我们粗略地查了一下，相关的研究还真不少。

1）树木杀菌能力如何评估?

研究者通常在树下固定位置放一个培养皿，培养皿里面是专门用于制备细菌的“牛肉膏－蛋白胨”培养基，空气中细菌通过自然沉降就落入培养皿中。通俗的理解，培养皿中细菌越多，就说明空气中细菌越多，树木杀菌能力就越差。当然这种方法会受到树木所在环境的影响，所以有人想到剪下一条树枝插入水中，并且营造均一的温室环境来提高试验精度。

2）北方常见树种的杀菌能力

1995 年，西北林学院褚涨阳研究团队对北方常见园林树种的杀菌效果进行了专门研究。研究表明，所有试验树种均有一定的杀菌作用，但杀菌能力确实有差异，从大到小的排列顺序依次为：七叶树、云杉、圆柏、女贞、油松、核桃、白皮松、石楠、雪松、丁香、悬铃木。过去一般认为，松柏类树种分泌的芬多精，无论是质还是量都应该是树木之冠，而七叶树杀菌能力最强的结论，肯定超出了大部分人的预期。另外，研究还发现树木杀菌能力在一天中是变化的，有些树种变化大，有些树种变化比较平缓。如果是在高温和强日光条件下，下午四点左右是大部分植物的杀菌能力高峰。

3）南方常见树种的杀菌能力

2005 年，佛山市林业科学研究所胡羡聪研究团队对南方常见园林树种的杀菌作用也进行了专门研究。研究结果表明，火力楠的除细菌率最高达 93%；荷木、桂花、短序润楠、红桂木、灰木莲、芒果、竹柏的除细菌率都达 50% 以上；白兰、杉木、海南木莲、竹节树、石笔木的除细菌率在 30% ～ 47% 之间；毛黄肉楠、大叶山楝、红花油茶除细菌率在 30% 以下，除细菌能力较差。

除了对树木杀菌能力评估之外，有关植物挥发物的研究，主要集中在植物挥发物的组成、分泌规律和对环境的影响，对人体健康影响的关注度并不太高。未来发展森林疗养，相关研究亟待加强。

9.15 银杏：可用于治疗脑血管疾病的树种

【树先生】

无论是龙泉寺，还是潭柘寺，每年秋天最吸引游客的恐怕是寺院内那几株银杏。银杏原产我国，一直作为中国的“菩提树”存在于寺庙之内。《本草纲目》中记载，银杏“入肺经、益脾气、定喘咳、缩小便”，中医很早便将银杏果仁作为镇咳药使用。但实际上，银杏的最重要功效是治疗脑血管疾病，在植物提取物的医疗实践中，银杏叶提取物应用得最为广泛。最先认识银杏叶这一重要功效的是德国人，德国制药公司对银杏叶中有效成分非常关心，他们通过多阶段的萃取作业，终于从银杏叶中精炼了一种名为“EGb761”的药品。EGb761 对脑功能障碍具有显著疗效，这在上世纪六十年代末就得到了医学界的广泛认可，欧美各国将其用于脑梗后遗症和认知障碍的治疗。到了 1980 年前后，EGb761 已成为世界范围内改善脑循环最常用、最有效的药品。

现代研究表明，银杏叶中主要活性成分是黄酮和内酯类化合物，这些活性成分具有清除自由基、抵抗血小板聚集、消除炎症、减缓细胞凋亡、调节血脂和防止动脉粥样硬化等多重作用，从而多环节、多靶点地防治脑血管疾病。也许有人会问，既然银杏叶这么神奇，在森林疗养中该怎么用呢？其实银杏叶在预防痴呆、脑梗、脑出血和脑缺血方面的效果也是被医学界反复证实了的。有些国家银杏叶提取物作为药品并不被认可，反而银杏叶粉末胶囊和银杏茶等保健品更受欢迎，这些保健品都可以用于丰富森林疗养基地的特色产品。不过在中国银杏树随处可见，如果大家自采自饮银杏茶，一定要考虑自己有无相关征候，银杏茶不宜大剂量、长期连续服用，过敏体质的人更需谨慎。除此之外，银杏叶的美白、除皱功能，也有望开发成美容领域的森林疗养课程。

9.16 植物药理成分的另类使用方法

【树先生】

有香气的木材和植物，大多具有药理效果，被广泛用于感冒药、胃药或膏药之中。过去这些药材的使用方法，或是直接服用，或是贴在皮肤上，都是直接接触身体。但是从木材和植物中散发出来的植物药理成分，以气体形式分散到空气中再接触人体，还会有药理效果吗？

直接接触身体的利用方法，传统医药行业的研究已经比较深入；而作为气体的药理成分挥发物作用，随着森林疗法的普及，相关研究也在不断加强。2005年，在日本林业科学振兴研究所归纳了具有药理作用的树木及有效成分。在此基础上，森林综合研究所调查了部分药理成分挥发物对人体的影响，结果发现以下药理效果依然存在。

表9-1 部分植物药理成分挥发物对人体的影响

成分	作用	挥发植物
桉树油	促进支气管分泌	桉树
柠檬烯	镇痛、抑制中枢神经、收缩末梢血管	散沫花（一种扁柏）、黑桧
芳樟醇	兴奋、降低血压	冷杉、扁柏、柳杉
冰片	觉醒	冷杉、云杉
咖啡因	兴奋	番樟
柠檬醛	抗宫缩、扩展血管	蔷薇
薄荷醇	局部刺激、阵痛	薄荷
松节油	祛痰、利尿	松类
肉桂醛	抑制中枢神经、催眠	肉桂
薄荷酮	扩展局部血管、兴奋呼吸和运动中枢	薄荷

此外，研究人员还制作了很多房间，内设小白鼠绕跑装置，以测定不同浓度挥发物对小白鼠运动量的影响。房间中刚开始有挥发物的时候，小白鼠的运动量便开始增加；当挥发物浓度达到与森林浓度相当时（10～100ppb），小白鼠运动量增加得更为明显，并且表现出舒适感；但是当挥发物浓度增加到1000ppb时候，小白鼠的运动量反而下降了，体重和摄食量也有所减少。也就是森林的香气很舒适，但是过浓的话也许会成为消极因素。

其实具有药理作用的植物很多，中医在这个方面积累了丰富经验。但是如何把这些经验变为科学，如何把药剂的科学变为挥发物的科学，其中还需要付出艰辛努力。

9.17 一招教您清除家里螨虫

【树先生】

木质装修有多种优势，比如说良好的隔热性、调节室内温湿度、通过挥发物促进人体健康等等。不知道您最在意木材的哪些功能，在有些国家，木材的防治螨虫功能被排到了第一位，这到底靠不靠谱呢?

很多女生谈“螨”色变，据说有97%的成人正在受到螨虫的危害。螨虫种类很多，是一类肉眼不易看见的微型害虫，广泛分布于房间的各个角落，地毯、床垫、枕头、沙发，螨虫无处不在。螨虫是重要的过敏原，严重危害人体健康，过敏性皮炎、哮喘、支气管炎、肾炎、过敏性鼻炎等疾病都与螨虫有一定关联。特别是哮喘，研究表明 50% ~ 90% 的哮喘是室内螨虫引起的。

由于温度和湿度偏高，日本因为螨虫引发的过敏症尤为突出，已成为一类严重社会问题。为此日本人做过这样一个实验，他们选择受到螨虫困扰的家庭，将榻榻米更换为橡树实木地板。调查发现，改装橡木地板后，室内螨虫密度急剧减少，并且在一年后进行追踪调查时，这种效果依然得到了维持。研究人员综合分析认为，木材挥发物中的某些成分具有杀螨或是抑制螨虫繁殖作用，这应该是主要原因；此外木材调节温湿度防止室内出现有利于螨虫繁殖的高温高湿，以及地板缺少螨虫繁殖空间并且方便打扫，也都是支持实验结果的重要因素。

至于说哪种木材防治螨虫效果最好，有人也做过专门实验。研究人员在各种不同树种的木屑中饲养螨虫，然后调查不同木材对螨虫虫口密度的影响。虽然参与实验的木材种类有限，但研究人员发现柳杉、扁柏、红松、雪松的木材对于防治螨虫非常理想。做这样实验的时候，也许还没提出森林疗养的概念，但是这样的实验结果与森林疗养目标具有一致性。

9.18 带个香草袋，不怕五虫害

【树先生】

在东北老家的时候，我父亲每年过年都要买回一大把香。最初我还以为这是他内心祈祷或是纪念先人的一种方式，后来才逐渐明白，他只是喜欢烧香的味道。如果没有烧香，他就找不到过年的感觉，烧香为我父亲带来了心灵的愉悦。“带个香草袋，不怕五虫害”，每到端午节，很多地方的家长都会为孩子准备一个香囊，用以防蚊虫和辟秽气。在中国和印度，人们很早便掌握了香气的秘密。但遗憾的是，我们的先人并没有把香气以精油形式从植物中提炼出来，所以中国人利用香气促进健康的方式叫熏香疗法，而不是芳香疗法。

熏香疗法是传统中医的重要组成部分，烧香、佩戴香囊都是熏香疗法在生活中的具体应用。如果一定要下个定义的话，大部分学者会认为，熏香疗法是通过植物自然挥发或燃烧对人体呼吸系统和皮肤进行刺激的自然疗法。在《肘后方》、《千金药方》等中医典籍中，有大量熏香疗法治疗疫病和预防保健的记载。从现代医学的角度重新发掘这些信息，熏香疗法或许对流行性感冒、支气管炎、哮喘等常见呼吸系统疾病以及经口鼻传播的各类疾病都具有一定的治愈效果。

回到我们要发展森林疗养，一方面从森林医学角度对环境疗法和五感疗法进行深入研究，确立森林疗养独一无二的内核，这当然必要；另一方面也需要把熏香疗法这样古老的健康管理方法，尽可能地与森林结合起来，发展出符合中国文化的森林疗养。熏香疗法与森林疗养的具体结合形式，我们认为会有很多种，比如利用桑叶和决明子等中药材开发熏香导眠枕，为进入森林的访客系一个驱虫香囊，当然作为礼品的森林熏香疗法产品会更多样。

9.19 我们需要花粉地图和花粉日历

【树先生】

最近，身边花粉过敏的人又多了起来，这让我们深感做好森林疗养不是一件简单容易的事。据说国内花粉过敏发病率在 0.5% ~ 5%，但是随着人口流动和非本地树种利用的增加，花粉过敏发病率有可能进一步增加。所以无论是保持市民日常健康，还是发展森林疗养，花粉过敏问题需要引起足够的重视。

对于特定人群来说，有些植物花粉能引发呼吸道、眼部和皮肤类疾病，这类花粉被称为致敏花粉。与眼部和皮肤类疾病相比，致敏花粉对呼吸道疾病的影响更为广泛，有学者认为大约有 1/4 ~ 1/3 呼吸道患者与花粉过敏有关，而花粉性鼻炎和花粉性哮喘都是花粉过敏症的典型表现。在花粉传播季节，如果莫名其妙地打喷嚏和流鼻涕，除了确认是否感冒了之外，还要考虑是不是花粉过敏了。我身边很多朋友不堪花粉过敏困扰，有些人甚至打算换一换居住城市。

那么，究竟是哪些花粉容易让人过敏呢？北京地区的相关研究并不缺乏。1994 年，学者们发现北京主要致敏花粉是蒿属和禾本科植物花粉，次要致敏花粉还有松属、桦属、榆属、白蜡树属和藜科植物等。蒿属和禾本科植物是夏秋季节开花，所以能够推测当时并不存在严重的春季花粉过敏问题。到了 2011 年，北京致敏花粉种类和季节分布发生了明显变化，之前的夏季花粉问题已不再突出，而春秋两季分别呈现传粉高峰。春季高峰主要为木犀科、杨属、柳属等树木花粉，秋季高峰主要为菊科、藜科及苋科等草类花粉。或许是农耕地减少的缘故，禾本科植物花粉已不再是主要致敏花粉，但蒿属依然是主要致敏花粉。

在树木花粉方面，北京地区随处可见的侧柏、油松、银杏、榆树、毛白杨、垂柳、白蜡、臭椿、构树、桑、核桃等树木都是致敏花粉的来源。不过 90% 常见树木花期在 3 ~ 6 月间，这对发展森林疗养影响有限。但是作为森林疗养基地，还是应该把定期监测和预报花粉作为一项基础工作，编制出花粉地图和花粉日历，才能够为访客提供更好的健康管理服务。

9.20 杨絮：漫天飞舞的都是宝

【树先生】

“杨柳榆槐椿”是华北地区的常见树种，而杨树排在第一，其常见程度可见一斑。或许是因为常见，让人们对杨树缺少了一点“珍惜”。在大部分人心中，杨树除了提供材质普通的木料，似乎并没有其他用途。其实除了高大挺直，是很好的用材树种之外，杨树的树皮、枝叶和花絮同样都是宝贝。

我的一位姨姥姥，临终之时，不可思议地想吃一口“杨树叶蘸酱”。在东北和华北山区，杨树叶是不错的春季野菜。将杨树嫩叶焯水，然后用清水反复浸泡，直到没有苦味，这道杨树叶山野菜就做成了。在我老家有一种“共识”，如果感觉上火了，吃一点杨树叶，就会有祛火的功效。杨树叶也是很好的饲料，我想人类食用杨树叶，多半是受到了牲畜啃食杨树枝叶的启发。猪和羊都非常喜食杨树的嫩枝叶，我小时候就曾跟随大人撸杨树叶喂猪，而连续用杨树叶喂羊，能治疗羊群腹泻。

初步研究表明，杨树的枝叶、树皮和花絮含有水杨酸酯、酚酸、黄酮等活性物质，具有抗炎、镇痛、解热、抗病毒等作用。据说德国一家公司，已利用杨树嫩叶和树皮成功开发出抗风湿制剂。苏联科学家利用石油醚萃取杨树皮，得到的杨树类脂可以用作化妆品基质，据说非常适合北方人的皮肤。在我国，《本草纲目》记载毛白杨树皮煮水可以止泻，而毛白杨嫩叶煮水对软组织感染和各类溃疡都具有治疗作用。

对于大家普遍反感的杨树飞絮问题，也只是出于我们人类的自身喜好。杨树飞絮对健康没有太大的影响，大家大可不必担心花粉过敏，因为只有雄株才散播花粉，而杨絮是雌株散播的杨树种子。杨絮不仅无害，而且有用。山东省中医学校曾用毛白杨花絮煮水来治疗病毒性感冒，几个病例均疗效显著；杨絮营养成分丰富，山东省章丘市畜牧局就尝试过用毛白杨花絮来替代麸皮养鸡，作为饲料是切实可行的；另外，美国俄勒冈州立大学正研究利用杨絮开发环境友好型绝热保温材料。目前，北京市正在公开征集解决杨柳飞絮的方案，我想深入挖掘杨絮利用价值，鼓励高附加值的利用，或许是最好的解决方案。

9.21 如何选择植物制作草本茶饮？

【白桦】

草本茶饮是森林食物疗法中的一部分，如果草本植物选择得当，不仅可以帮助体验者补充水分，对改善体验者健康状况也大有裨益。2016 年在八达岭国家森林公园，我们针对不同人群开展了四次森林疗养实践活动，其中植物草本茶饮课程很受大家欢迎。如何正确选择植物制作草本茶饮？又有哪些值得注意的地方呢？笔者总结了几点意见，供大家参考。

首先，要调查了解森林疗养基地植物分布情况，选择当地分布广泛、易于繁殖的药食同源植物做草本茶，不能采摘重点保护的野生植物，必须以不破坏生态环境为前提条件。要选择没有污染和未施用过农药的植物，城市附近，道路两旁、农田地边等易受污染的植物最好不要选择。

其次，应根据季节选择制作草本茶，例如春季可选择酸枣嫩叶，夏季可选择薄荷叶、玫瑰花、月季花等，秋季可选择菊花、桑叶等，冬季可选择松针叶等。

当然有些植物不同季节都可选择，如月季花、松针等。

还有，需根据疗养者的健康状况选取植物草本茶饮。例如，针对女性疗养者，可选择玫瑰、月季等，可以补血、美容养颜；针对有睡眠障碍的疗养者，可选择酸枣嫩叶或酸枣仁等，可以安神；针对易上火的疗养者，可选择菊花、薄荷等，可以清热解毒下火；针对高脂血症的疗养者，可选择山楂、桑叶等，可以降脂；对于中老年疗养者，可以选择松针茶饮，不仅对癌细胞有一定预防和抑制作用，还可以增加食欲、抗衰老、消除疲劳和提高免疫力。当然也可根据疗养者的身体状况，将玫瑰花、蜂蜜等与松针茶混合饮用。

最后，植物茶饮的选择一定要因人而异，需要了解草本茶的一些禁忌。比如脾胃虚寒的人群要尽量少饮用菊花茶，如果一味地喝清热性很强的野菊花茶容易损伤正气，出现越喝越虚的情况。此外多喝性凉的菊花茶还容易引起胃部不适，容易导致反酸等。

总而言之，草本茶饮种类繁多，对于人体健康很有益处。我们要针对不同人群、不同季节，选择不同的健康植物来制作草本茶饮，以期达到最好的辅助疗养效果。可以考虑人工繁育草本茶饮植物，如在林中空地种植薄荷、玫瑰、月季、菊花等植物，这些植物不仅可以用于草本茶饮制作，同时还具有较高的观赏价值。

9.22 介绍几种常见的草本茶

【白桦】

我们身边有哪些植物适合做草本茶？听听白桦老师的经验之谈。

（1）松针茶。中医认为，松针具有祛风、活血、安神、明目、解毒、止痒和去疲劳的功能。研究发现，松针含有丰富的花青素、粗蛋白、维生素、脂肪酸和生物黄酮，可以制成饮品。松针茶不仅对癌细胞有一定预防和抑制作用，长期饮用还可以增加食欲、抗衰老、消除疲劳和提高免疫力。

（2）菊花茶。《本草纲目》记载，野菊花茶性甘、微寒，具有散风热、平肝明目之功效。《神农本草经》认为，白菊花茶能主诸风头眩、肿痛、目欲脱、皮肤死肌、恶风湿痹，久服利气，轻身耐劳延年。而现代医学证实，菊花茶香气浓郁，提神醒脑，具有一定的松弛神经、舒缓头痛的功效。另外，菊花可扩张冠状动脉，增加血流量，降低血压，对冠心病、高血压、动脉硬化、血清胆固醇过高症都有很好的疗效。

（3）酸枣叶茶。酸枣果实具有宁心安神作用，能够提高睡眠质量，在失眠治疗领域有着独特应用，被西方医生及患者誉为“东方睡果”。酸枣叶就是“东方睡果”的叶子，同样具有安神、促眠等功效，同时酸枣叶还具有镇痛、抗惊厥功效，可谓“东方睡叶”。

（4）薄荷茶。薄荷茶具有舒缓紧张情绪、提神解郁、止咳、缓解感冒头痛、开胃助消化、消除口臭等功能。薄荷有很多品种，当长到一定高度后，就像藤蔓般匍匐生长。不同薄荷品种气味不同，功能也有些许不同，但薄荷叶不含激素，适合混合在各种草本茶里，男女老少皆可饮用。

（5）桑叶茶。桑叶是植物之王，有“人参热补，桑叶清补”之美誉，国际食品卫生组织将其列入“人类 21 世纪十大保健食品之一”。桑叶茶用开水冲泡，清澈明亮，清香甘甜，鲜醇爽口，具有减肥、美容、降血糖的作用。对于中老年人及不宜饮茶的人，桑叶茶是一种新型饮品，常饮此茶能够养生保健，延年益寿。

您了解森林疗养吗？ 10

10.1 公众如何看待森林疗养？

【树先生】

本周我们开始委托一家专业调查咨询公司调查公众森林疗养认知和需求情况，预计七月底就能够获得可靠的大样本数据，希望可以为森林疗养产业发展指出方向。不过很多朋友似乎已经等不及了，今天就先将之前我们在微信上做的公众认知结果分享出来，公众需求结果下期推出。需要指出的是，本次调查只限于特定对象，受访者大部分关注过“森林疗养”微信公众号，所以调查结果仅供参考。

（1）受访者基本信息。受访者男女比例基本平衡（图 10–1），男性略少于女性，分别为 46.2%、53.8%。年龄结构方面（图 10–2），参与调查的受访者有 89.8% 为年龄 20 ~ 55 岁的中青年，其中 56.5% 为 20 ~ 40 岁青年人。这个结果与网络发放问卷的形式有关，使得年龄在 55 岁以上的受访者较少。受访者职业结构分布较为平均（图 10–3），各行各业均对森林疗养有所关注，公司职员、教师 / 科研人员群体较多，分别为 27.0%、18.6%。从家庭年收入状况来看（图 10–4），收入 10 万 ~ 20 万的、经济基础相对稳定的群体占到了总数的 60.1%。

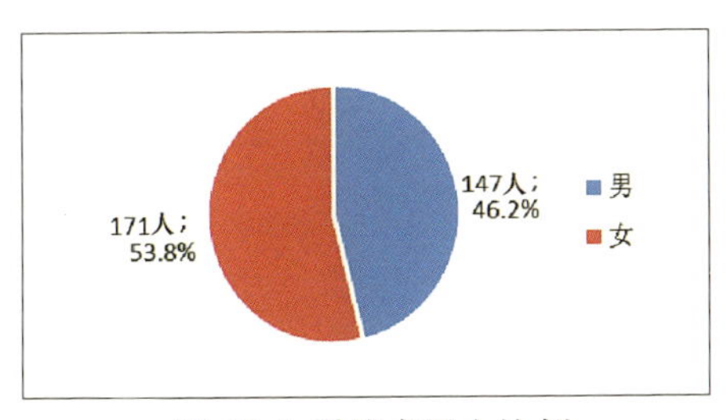

图 10–1 受访者男女比例

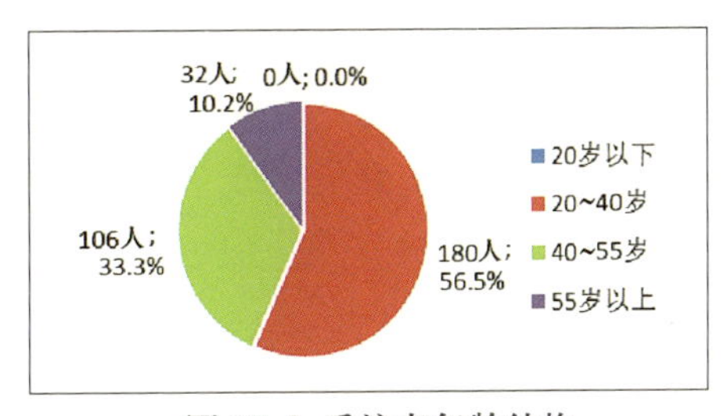

图 10–2 受访者年龄结构

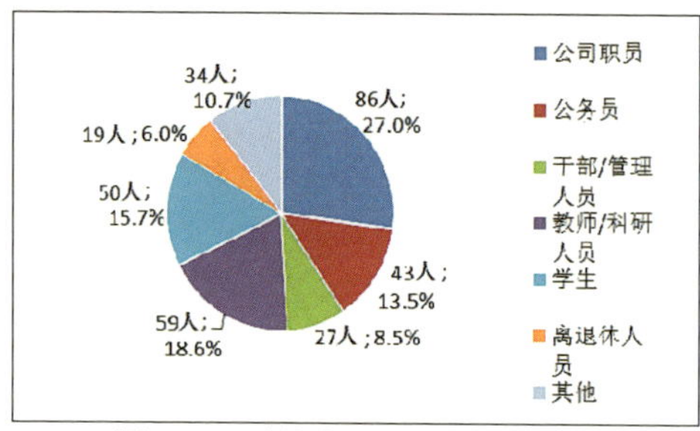

图 10-3 受访者职业结构分布图

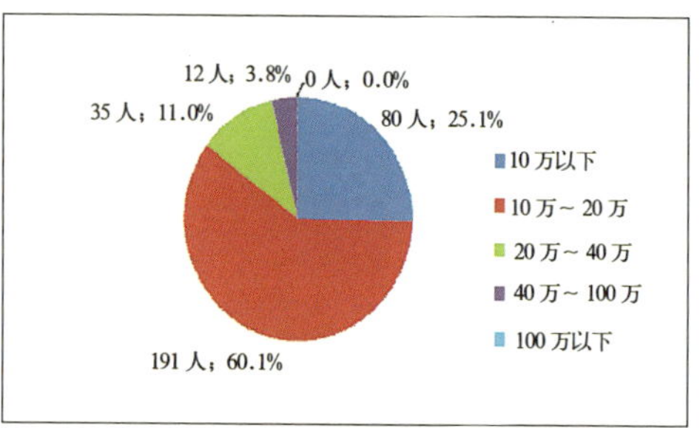

图 10-4 受访者家庭收入状况

（2）受访者对森林疗养的认知。相当一部分受访者（39.7%）表示很少参加森林相关户外活动（图 10-5）；也有三分之一以上的受访者表示经常会参加；在没有参加过的群体中，女性比例显著高于男性。大多数受访者对森林的医疗保健功能有所了解（图 10-6），性别比例也较为均衡，完全不了解的仅有 22 人；其中有将近 15% 的受访者还表示对此非常了解。在受访者最关注的的森林疗养效果调查中（图 10-7），设置的选项均为获得证实的森林疗养效果，方式为多项选择。“平衡自律神经，放松身心，预防生活习惯病”受到最广泛的关注（82.7%），其次为提高免疫力，再次为抗癌。不同性别、不同年龄段群体对各种疗养效果的关注程度有一定差异。最突出特征是 40 ~ 55 岁的中年人群对森林疗养各项主要效果的关注程度。

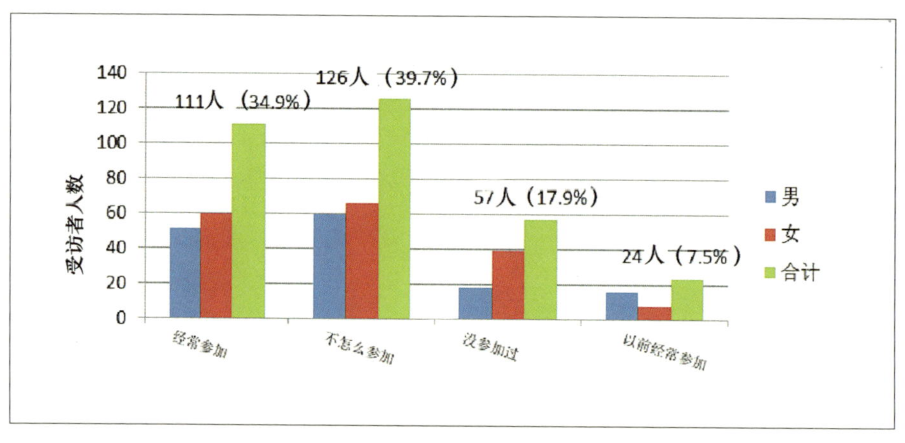

图 10-5 受访者平时参与森林相关户外活动情况

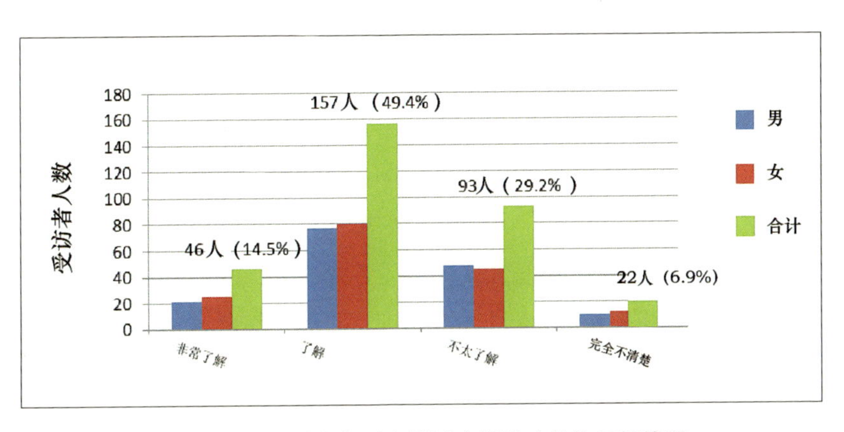

图 10-6 受访者对森林医疗保健功能的了解情况

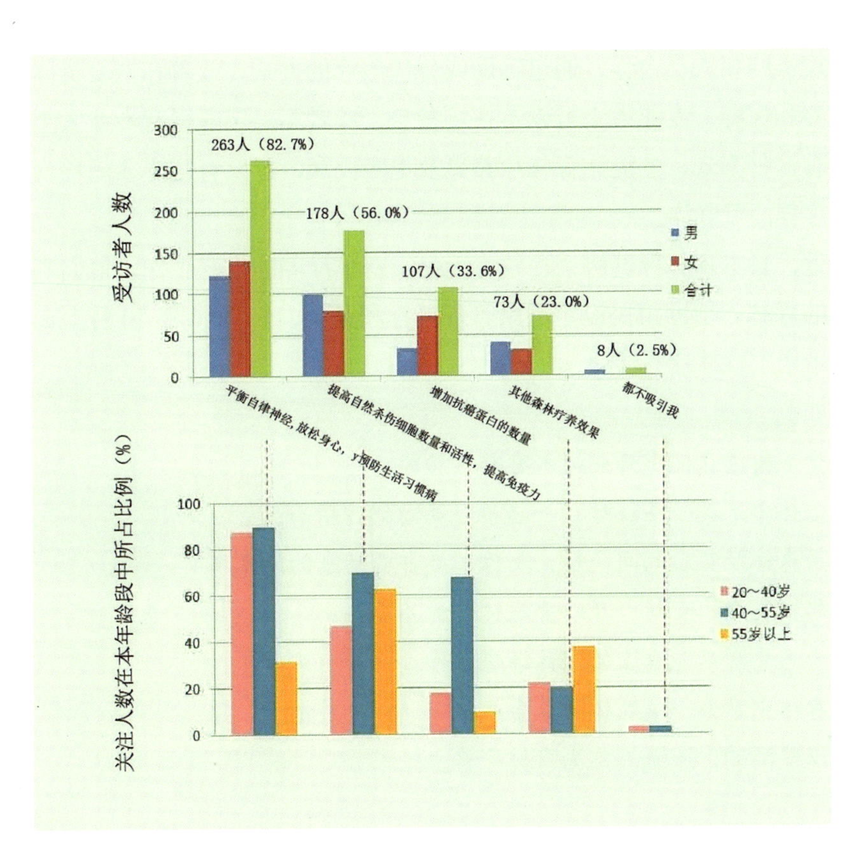

图 10-7 受访者最关注的森林疗养效果及年龄结构统计

10.2 如何让森林疗养惠及更多民众？

【树先生】

在大多人看来，每年七八月份应该是体验森林疗养的最佳时期，但北京地区夏季降雨频繁，在山区开展户外活动存在较大安全隐患。2016年7月下旬的一次暴雨，冲毁了森林疗养步道，也让“夜游森林，芳疗松山”主题森林疗养活动泡汤了。首届森林疗养师培训班只有16人进入在职训练阶段，按照学员目前的精力，每人每年最多策划实施10次森林疗养活动。以每位森林疗养师带领5～6位体验者计算，全年也就几百人有机会享受森林疗养。短时间内，让更多民众体验到森林疗养，享受到森林福利，这是我们必须思考的问题。

在日本鸟取县智头町的决策者眼里，森林疗养有“休养、保养和医疗”三个层次。休养是通过短期停留，消除日常生活中蓄积的疲劳；保养是通过中长期停留，改变生活习惯和适应健康生活方式，提高自然治愈力和免疫力；而森林医疗是与专业医疗机构和人员合作，通过辅助或替代治疗的方式，改善和恢复身体机能。对于休养和保养，专业人士可以不在场参与，或者不一定非得有专业人士参与。也许只有这种方式，才能让森林疗养惠及更多民众，也只有这样才能培育出成熟的森林疗养消费群体。

最近，日本森林保健协会在致力于另类森林疗养的推广工作，他们利用居民区周边的森林，帮助市民设定健康管理目标和路径，仅2016年10月上旬就已经开展了十余次森林疗养活动。

比如：

调查下附近森林中哪些树木有哪些功能；

从山林中采集一些枝叶，一起学习蒸馏制作精油；

利用森林经营后的间伐材，制作一处自己满意的休息场所；

一起搜集森林食材，开一次森林食材品尝会；

作为志愿者参与真正的森林经营工作；

在森林中举办一次森林演奏会。

而这些活动，统统被称为森林疗养。

10.3 森林疗养如何融入市民生活？

【树先生】

都说森林疗养能够预防生活习惯病，但是改变一个群体的生活习惯可没那么容易。一般认为，建立新的生活习惯需要经历不知情——关注——准备改变——尝试改变——维持改变五个阶段。以北京市戒烟工作为例，在不知情阶段很多市民认识不到吸烟的危害；从 1963 年开始，有国内学者关心吸烟与健康的关系，禁烟进入了公众关注阶段；从 1980 年开始，国内有关烟草危害的调查研究逐渐多了起来，这为禁烟工作奠定了基础；2010 年北京市在 10 类公共场所禁止吸烟，这可以算作是尝试改变阶段；而 2015 年 6 月 1 日实施的最严禁烟令，才让禁烟这种改变得以维持。改变一个群体的生活习惯就需要这么长时间。

如果把森林疗养用于预防生活习惯病，我们觉得人们至少要经历四个阶段的改变，而我们应该在每个阶段都采取相应措施来促进这种改变。在第一阶段，我们要加强森林疗养功效的宣传，让所有市民知道，“啊，原来森林疗养是这么回事”。在第二个阶段，我们要创造一些免费体验机会，或是对尝试森林疗养的市民提供一些补助，让市民建立起体验森林疗养的自信，“哦，森林疗养挺方便的嘛”。在第三个阶段，对于那些经常体验森林疗养的市民，我们要通过建立体验者身体状况动态监测机制，让他们确切感受到森林疗养的好处，“每次森林疗养感觉很不错呢”。到了第四阶段，如果不能够定期体验森林疗养，很多人或许会觉得“整个人都不好了”。这个时候新的生活习惯就建立起来了，在现代紧张繁忙的生活中，由于不良生活习惯所造成的亚健康状态以及相关疾病便得到了防治。

10.4 森林疗养：您可能关注的三个问题

【树先生】

结合森林疗养“进社区”，我们推出了系列森林疗养体验活动。与以往免费体验有所不同，今年的活动由森林疗养师自发组织，尝试成本化运作，我们提供场地评估和课程编制的补贴。到目前为止，体验活动已推出七期，今天梳理下大家可能关注的几个问题。

1）活动报名情况怎么样？

这七期体验活动之中，有两期还在招募，两期因报名不理想而取消，成行的活动只有三期。成行的三次活动，大约招募推文发出三个小时就能报满；取消的两次活动，一次的活动时间是工作日，一次是针对大龄单身男女。我们的森林疗养微信平台的传播能力还很有限，针对特定受众的森林疗养产品信息，今后应考虑更多投放渠道。另外，“没有不好的产品，只有不好的销售”，在森林疗养市场没有建立起来，公众还不知道该去哪里购买产品的时候，我们应考虑在销售策略和销售渠道上多做些文章。

2）参加活动的都是什么人？

从成行的三次活动来看，大部分体验者年龄在 35 ~ 55 岁之间，女性是绝对主力。我见过一个 23 岁女孩随妈妈来参加活动，或许是缺少同龄人、也可能是对慢节奏不感兴趣，第一天活动还没结束，就找借口跑掉了。另外，体验者里有很多“圈里人”，有第二届森林疗养师学员，也有想发展森林疗养的企业主，真正想疗愈身心的人只有 50% 左右，市场培育和商业化运作依然任重而道远。

3）活动中还有哪些共性问题？

森林疗养体验活动还只是体验，对消费者来说，两天一晚的课程并不能解决太多问题；对于经营者来说，长期滞留的森林疗养产品更容易盈利。通过开展体验活动，森林疗养基地建设的急迫性再次显现出来，没有良好硬件条件作为支撑，森林疗养服务质量受到很大影响。另外，在实践活动中，联系场地、组织报名、租车、买保险等冗杂工作，都是森林疗养师自己来完成，下一步我们考虑成立专业合作组织，使森林疗养师能够专注于提高课程服务质量。

10.5 心理咨询师眼中的森林疗养

【树先生】

做了几年森林疗养工作，我个人有很多感触和收获。这其中最大不足，恐怕是我一直以穷人思维来推测富人需求；而最大收获，是认识了一大群包括心理咨询师和医生在内的好朋友。和做心理咨询的朋友接触和交流多了，才发现森林疗养有着过去我们不曾想到的优势，在这里跟大家分享一下。

天人合一是古老的东方智慧，但现代人生活在钢筋水泥城市之中，犹如困兽，无法听到自己内心的声音，深受“迷失、困顿、压抑、焦躁、急迫”等情绪困扰，而有条件进入心理咨询室的人少之又少。森林疗养作为廉价心理疏导的一种方式，弥补了相关需求。另外，“森林疗养”在说辞上比“心理咨询”更容易让人接受，自然疗愈因子加上森林疗养师有针对性的定制设计，可以让疗愈活动事半功倍。

在计划生育的大背景下，过度溺爱等因素造成儿童心理健康问题高发，一些家长频繁求助于心理咨询师。如果是对孩子进行心理咨询，很难在心理咨询室一对一地谈话，而且室内谈话也不容易获得预期效果。假如森林疗养师能够以“家长朋友”的名义，邀请问题儿童家庭做一次森林露营，孩子的心扉或许更容易打开。另外，在森林露营过程中，巧妙安排各种测试游戏，通过对孩子行为的观察，可以得到比谈话更可靠的信息。

你还羡慕日本将员工心理健康写入《劳动安全卫生法》吗？其实国内的大企业同样关注员工的心理健康问题。据说每年大企业用于员工心理健康管理的预算均以百万计，心理健康管理不只限于员工本人，更惠及员工家属。作为改善团队心理健康的方法，作为积极心理学的实践，作为提高员工幸福感的途径，未来森林疗养与企业员工心理健康管理会有更多结合潜力。

10.6 女性所期待的森林疗养

【树先生】

森林疗养体验活动的报名者以女性为主，森林疗养师学员以女性居多，无意间发现自己已经成了“妇女之友”。不过，这从另一个方面印证了我们在日韩调研期间的一些结论，森林疗养更受女性欢迎。对于很多经营者来说，把握住主要客户群体，针对主流客户需求建设基地和设置课程，这是需要解决的首要问题。

既然森林疗养体验者以女性为主，那么我们就一起揣摩一下女性所期待的森林疗养。

我曾经问过一位女性友人：“您心目中森林疗养基地的森林环境应该是什么样？”“闭上眼睛，再睁开眼睛后，就好像来到了异形空间，忘记了自己是谁，也忘记了这里是哪。”这个回答让我半天说不出话，我不知道别的男生会怎样，我自己只有睡蒙了的时候，才有这种感受。不过这应该就是女性和男性的不同，女性更加敏感，也许森林中某处环境，就是她们用心寻找的“异形空间”。据调查，大多数女性体验者希望在“自然中隔离”或是“在隐蔽之处治愈”，她们对自然的要求更高，更希望体验“原状的自然”。如果步道、座椅等设施被整修得像城市公园一样，会让她们觉得没有吸引力。但是，类似洗手间这样的设施，必须整修得格外精致，否则有些人是不会进去的。

对于森林疗养课程，女性可能会同时关心健康和美容两个主题。“如果能够在森林疗养基地停留一周，您希望做些什么？”，对于这个问题，大多数人回答“想让自己瘦一点”和“体检中发现的不良指标，希望能够有所改善”。在瑞士有一处名叫“La Prairie”的森林疗养地，主要以女性为目标群体，兼顾医疗和美容业务，据说奥黛丽·赫本、伊丽莎白·泰勒都是那里的常客。La Prairie 地处偏僻，专门修建了直升机起降平台，实际上是非常有名气的地方。我们掌握的资料非常有限，La Prairie 未必是真正意义的森林疗养基地，但是针对美容业务，确实能够开发出份更多森林疗养课程。

10.7 研究是最好的营销

【树先生】

“研究是最好的营销”，在上周的座谈会上，严治先生的这句话，惊醒了我这个梦中人。现在很多人关注森林疗养基地建设，我认识的一位老板，基地规划已经做了几个版本，但是还下不了实施决心。究其原因，我推测是经营者担心能否盈利。的确，景色并不突出，又地处偏僻的森林地区，怎么会有趋之若鹜的访客呢？那些听起来天花乱坠的营销手段，到底能不能奏效？我想大多数经营者的心底，都免不了有这些担心。

经常听医生们讲，“有些本来需要心脏搭桥的病人，在森林中搬运半年木头，结果血管就畅通了”，“林区肿瘤疾病的发病率要显著低于城市”。如果能通过科学研究，把本地森林资源的医疗保健功能讲清楚，把医生所讲述的这些案例通过临床实践予以证实，又何愁没有足够多的访客呢？对于现阶段的森林疗养工作来说，加强研究应该是最好的营销手段。另一方面，如果是发展森林旅游，也许是靠美景、靠与众不同的体验来吸引游客；如果要发展森林疗养，没有循证医学的研究数据，没有确凿的疗愈效果，恐怕是难有“冤大头”的客人。所以加强研究不仅是营销的手段，也是森林疗养基地的经营基础。

话说回来，有些研究光靠企业很难完成，需要公共资源的进一步支撑。从2015年开始，北京市便着手研究“通用森林疗养课程”及其“服务质量标准”，希望将来能够为森林疗养基地运营提供一些支撑。但是，有些研究不能过于依赖公共资源，如果经营者能够立足本地森林资源特性，研究制定特色森林疗养课程，相信一定能够有效提高森林疗养基地的经营活力。

10.8 从森林疗养角度推荐一本新书

【树先生】

森林疗养的工作基础是森林体验，一名好的森林疗养师，必须从熟悉森林体验教育开始。北京市首届森林疗养师第三次集中培训之后，我们曾经把《自然体验教育活动指南》书稿作为函授教材发给学员，半年之后，这本书正式在中国林业出版社付梓印刷。北京林业大学铁铮老师专门为本书撰写了一篇文章，几日前这篇名为《不做林间最后的小孩》的推文开始在朋友圈疯传。看到这篇文章之后，

我突然意识到应该向大家重新推介一下这本书，并非是王婆卖瓜，而是从森林疗养的角度，需要从书中汲取哪些东西？

作为户外活动，森林疗养和森林体验教育在某种程度上是共通的。该书第二章给出了一套完整的活动设计、实施、评估和风险管理方法，对于没有户外活动组织经验的人来说，这是成为森林疗养师的必读之物。为了增加森林疗养的趣味性，在体验者不排斥的前提下，森林疗养师会安排一些自然游戏。该书从头到尾都穿插着有关自然游戏的介绍，对于像我这样的“木头人”来说，这些都是很好的森林疗养课程素材。也许您会觉得森林体验教育应该是针对未成年人的，实际上自然体验教育是服务全社会的。该书特意梳理了不同年龄阶段和不同阶层的需求特点，这对森林疗养师把握体验者需求也具有重要借鉴意义。当然，书中能为森林疗养所用的信息远远不止这么多，更多有用信息还有待您自己挖掘。

市面上关于自然教育、体验教育的出版物不少，但是从实践出发、接地气的自然体验教育出版物不多。《自然体验教育活动指南》是由北京市林业一线工作人员共同完成，是五年森林体验教育工作的一个小结。正如王小平先生所说，本书是我们“心路的集结，新路的启程”。手绘插图是本书的另一特色，一张张精美的插图，瞬间让你觉得读书不再枯燥。当然，森林体验教育工作仍然在探索之中，该书也依然有很多需要完善的地方，我们期待着大家能够提出宝贵意见，再版时会给您带来更多惊喜。

城市发展视角下的森林疗养 11

11.1 森林疗养这么火，你知道原因吗？

【树丛】

在第六届北京森林论坛森林疗养主题论坛上，全国绿化委员会副主任赵树丛先生对森林疗养兴起背景进行了全面而深入的分析。

（1）医学模式的转变。医学模式是人类对医学的总体认识，是对人类健康和疾病观点的一种哲学概括，是认识和解决医学健康的思维和行为方式。随着对疾病认识的深入，人类的医学模式正在从生物医学模式向生物心理社会医学模式转变。

（2）疾病谱的变化。疾病谱是指整个疾病构成中按疾病死亡率的高低而排列的顺序。近年来，中国居民的慢性病特别是心脑血管、高血压、糖尿病、慢性呼吸疾病等患病率大幅上升，也成为中国人死亡的主要因素。

（3）人口老龄化的趋势。按照民政部的标准，2014 年年底，我国 65 岁以上老人为 1.375 亿，占 10.1%。预计 2020 年将突破 2.43 亿，2025 年将达到 3 亿。中国已经进入老龄化社会。健康管理和养老问题已成为国家和个人最为关注的话题。

（4）经济结构变化和旅游业兴起。2015 年中国经济总量 10.42 万亿美元。一、二、三产的比例是 9%:40.5%:50.5%，人均 GDP 达到 5.2 万元。服务业已经成为中国经济增长的主要力量。据世界旅游组织报告，全球约有 50% 的游客到访森林、湿地等生态景观。“森林 +”已经成为旅游业的新业态。2015 年，我国居民旅游超过 41 亿人次，相当于全国人口一年旅游三次，总收入 4 万亿人民币。

（5）林业生态服务价值的新发现。森林产品的外延在继续扩大，中国国家林业局、国家统计局已经着手研究可量化的林业生态价值和服务价值，森林疗养的价值也在其中。

（6）森林城市成为城市发展新目标。国家“十三五”规划将支持森林城市建设作为拓展城市发展新空间的一部分，国家林业局力争到2020年建成6个国家级森林城市群、200个国家森林城市、1000个示范森林村镇。森林越来越成为城市的有机组成部分。“让城市融入大自然”正成为城市发展的新目标。

11.2 从城市发展角度来看森林疗养基地定位

【殷炜达】

2010年，世界城市人口首次超过农村，这就意味着城市化的进程进入了一个里程碑。当今的城市已经成为了改变地球生态环境的重要驱动力，灰色基础设施的扩张，城市的蔓延，土地利用性质的转变都是为了满足人类逐渐扩张的需求。从国土层面到区域层面再到地区层面，城市化带来的温室气体的排放，地下水系统的污染，生物多样性的丧失，城市热岛现象等问题都威胁着人类的安全。

回归自然也许是大部分城市人的心声，与自然亲近更会唤醒我们内心的那份纯净。早在工业革命初期，产业革命带来了劳动力需求的提高，大量的人口涌入城市，造成环境污染、有害气体排放、地下水污染等问题涌现。如何处理城市化过程中的环境协调问题，城市应该如何发展都引起了规划师的思考。

霍华德作为现代城市规划师的先驱，首次提出了解决工业革命背景下城市发展的途径。田园城市的概念由此而生，它打破了之前单纯的城市与乡村的概念，随之引入了“Town-Country”的概念规定：人口控制，城市30000人，田园2000人；城市面积4平方公里，田园部分20平方公里。世界首个田园城市莱克沃奇基本符合霍华德的田园城市思想，并按照当时的规划延续了下来。

霍华德的田园城市理念被认为是现代规划师的里程碑意义的思想，它影响了后期城市建设当中例如“卫星城市”“新城”“城市近郊”“城市绿带”等概念的诞生。诸如后期的雷蒙德乌恩参与建设的哈姆斯泰德绿色城镇，艾龙可洛比的大伦敦环都受到了田园城市的影响。后期很多国家的城市发展都不同程度地受到了田园城市理念的影响。例如，日本东京一直在模仿大伦敦规划，但是随着战后人口的快速增加，导致都市圈大绿环并没有得以完全实现。

城市的发展到了现在，很多问题已经凸显，二十世纪初期诞生的田园城市理论是否也需要更新的理论来修正？一个世纪以来，城市发展仍然处在迷茫之中，“紧凑城市”“低碳城市”“智慧城市”……太多的概念转瞬即逝，并没有达到良好的效果。

到了二十一世纪，世界的发展天翻地覆，而不变的是人类对优美环境的向往，以及人类基因里对于自然的好奇。也许，这就是森林疗养的一个有力的切入点。我们在城市中模拟自然，只能无限制地接近而不能取代自然，但换个角度切入也许会更加拨云见日。对于森林疗养基地规划，在起步阶段应作为城市生活亲近自然的一种“辅助”，作为亚健康患者逐渐康复的一个“平台”，作为多功能森林利用的“先导”，不是在城市中复制自然，而是在自然中生长的“微型城市”，也许这样的森林疗养基地发展定位更加准确。

11.3 细数森林疗养对林业行业的推动作用

【小平】

有很多林业工作者特别关注森林疗养，它究竟能为林业行业带来哪些变化？一起来听听北京市园林绿化局王小平先生是怎么分析的。

（1）医疗保健用途森林将被作为新林种。根据经营目标的不同，国内森林被分为生态公益林和商品林两大类别，并进一步细分为防护林、特种用途林、经济林、薪炭林和用材林五个林种。在森林多功能性被逐步认识的背景下，这种分类方式已经不能满足以体验教育和医疗保健为主要目的的森林利用需求。在日本和韩国，自然休养林、运动体验林和观察教育林已经是经营管理非常成熟的新林种，相关经验值得我们借鉴。

（2）提高森林经营水平的新契机。发展森林疗养需要合格的森林环境，对森林经营工作也提出了新要求。一方面森林疗养需要较高强度和精细化管理的森林，另一方面也需要较高密度的作业步道及附属设施，这些需求将成为提高森林经营水平的新契机。

（3）发展民生林业的新途径。发展森林疗养能够增加就业机会，实现林业社区收入多元化；能够提高原住民尤其是青年一代对传统生活方式的认同感和自豪感，减少林区人口流失；能够推动社会资本参与林业现代化进程；能够带动增加偏远地区医疗投入，解决当地居民看病难的问题；能够强化城市和农村交流，促进城乡一体化。

（4）**培育出更多林业新业态。**林业包含营林业、木质产品和非木质产品加工以及森林旅游休闲等一二三次产业。森林疗养的出现，使得林业一二三次产业的界限越来越模糊。例如，植树造林和木工制作都是作业疗法的一种方式。在森林疗养产业体系中，原本林业的一次和二次产业都变成了服务业，相信这将促进林业一二三次产业融合，并培育更多林业新业态。

（5）**国有林场改革的新抓手。**我国已把国有林场主体功能定位于培育森林资源和维护国家生态安全，把改善生态改善民生作为国有林场改革的底线。森林疗养这一新概念将赋予国有林场新功能，发展森林疗养能够带动林场基础设施建设，便于安置富余职工，提高国有林场盈利能力；而转型后的国有林场，也将为森林疗养发展壮大提供优质平台。

11.4 从医疗需求变化看森林疗养发展前景

【树先生】

随着经济社会发展、人民生活水平提高以及生态环境变化，国内的医疗需求正发生着深刻变化。这些变化会为发展森林疗养带来哪些契机呢？一起来梳理医学界的观点。

（1）**疾病构成变化与整体医疗。**虽然寨卡小头症、艾滋病和禽流感等病毒性疾病有泛滥的趋势，但是单纯生物病因疾病正在被逐一攻克，包括肺结核、脊髓灰质炎等一大批危害人类健康的疾病基本得到了控制。另一方面，环境、心理、遗传等多病因疾病，例如恶性肿瘤、心脑血管疾病、糖尿病等，正在成为主要疾病和致死原因。医学界提出，医学模式需要从生物医学模式向整体医学模式转变。

整体医疗在生物学研究的基础上，重视环境、心理和社会因素对健康的影响，强调心理与生理、机体与环境是一个有机整体。从理念上来看，我们所推广的森林疗养，应该是整体医疗的一个实践。

（2）人口老龄化与缓和医疗。16.15%的老年人口，对国内经济、社会道德伦理和医疗支撑体系都带来一定冲击。如何延缓衰老？如何应对老年性精神障碍？如何让生命尽头老人和家属生死两相安？无论医学如何发展，仍有无法治愈的疾病困扰老年人，这已经成为国内医疗的重大课题。作为一种新兴医疗方式，缓和医疗或许能够解决这些问题。缓和医疗主张对疼痛等疾病症状进行缓解和舒适护理，强调心理疏导的作用，尊重病人的生命进程，重视病人家属的情绪和感受。在实际操作过程中，缓和医疗强调团队作用，团队成员包括医生、护士、心理咨询师、艺术治疗师、宗教人士、芳香治疗师等等。相信不久的将来，我们的森林疗养师也可以在缓和治疗团队中发挥重要作用。

（3）环境变迁与替代医疗。我们的生活环境已经发生了翻天覆地的变化，一方面受城市化、气候变化和环境污染等因素影响，一些过敏性疾病正在日益流行起来，比如泥土过敏、电磁辐射过敏等等，对此传统医学并没有解决方案。另一方面，现代社会的种种客观压力，导致我们经常处于应激、疲劳和精神空虚状态，而为了适应现代社会，人们不知不觉地改变了自己原本健康的生活方式。受这些因素影响，精神性疾病、生活习惯病、自然缺失综合征正在成为最棘手的问题，而对此传统医学依然没有很好的解决方案。在以西洋医学为核心的传统医疗之外，存在着各种替代疗法，它包含了世界各地的民族医学和民间疗法，为患者提供了更多有益选择。森林疗法在形成之初就被定义为“替代治疗方法”，它对由于生活环境所引发的健康问题治愈效果尤为显著。

11.5 从自然医学角度看森林疗养的应用

【树先生】

大多数人对“森林医学”并不熟悉，相信很多林业人心中的森林医学是为树防虫而并非为人治病。其实森林医学还有一个名为“自然医学”的远房族长，两者在理论体系和业务内容上都有几分相似。与森林医学所处尴尬境地不同，自然医学的公众认知度较高，相关研究也更为广泛和深入。所以自然医学现有的应用领域，或许就是森林疗养未来的主要发展方向，一起去展望下。

森林疗养与强身健体

投身自然怀抱，漫步于花草树木之间，可以缓解压力、调节情绪、消除疲劳，从而提高环境适应力和增强抵抗力。对于森林疗养的强身健体功能，在《森林医学》等专业著作中多次提到，大多数学者认可森林浴的调节自律神经、增加免疫蛋白活性、改善血液微循环和提高人体免疫力等效果。

森林疗养与慢性病治疗

与传统西洋医学相比，自然医学的优势在于治疗慢性疾病。浙江医院的王国付先生，曾经利用森林环境对老年高血压、老年慢性阻塞性肺病和老年慢性心功能不全患者进行了治疗观察，结果发现森林疗养对上述慢性病治疗具有明显促进作用。此外，据国外文献报告，森林疗养对高血脂、糖尿病、慢性贫血、肿瘤等慢性疾病都有显著辅助治疗效果。

森林疗养与功能康复

康复医学是一门促进残疾人及患者康复的科学，它主要围绕人体功能障碍来开展工作。运动疗法和作业疗法是现代康复医学的主要手段，相信基于森林环境的运动疗法和基于森林资源的作业疗法能够取得更好的康复效果。实际上国外康复实践中运用森林疗养的案例很多，对于偏瘫、烧伤、心肌梗死等功能障碍以及术后康复领域都取得了良好效果。

森林疗养与职业病预防

工作中持续不断地接触粉尘、放射性物质等有毒有害因素容易引发职业病，所以从事飞行员、船员、矿工等职业的劳动者都需要定期疗养。目前国内疗养机构多是通过自然疗法来阻断职场危害的连续性和增强抗职业病能力，相信森林疗养也能在其中发挥重要作用。另一方面，员工心理健康是企业主需要关注的问题之一，由于有相关法律保障，日本森林疗法协会一直把员工心理健康作为推动森林疗养落地实践的主要抓手。

森林疗养与抗衰老

抗衰老受到公众尤其是女性的关注，而自然医学是抗衰老研究的重要阵地。我们已经知道多种森林疗养课程具有抗衰老作用。例如，森林漫步可以提高人体内超氧化物歧化酶的活性，由此可以清除器官组织中的自由基，而自由基被认为是导致衰老的重要因素。

11.6 从发展角度看待森林疗养

【树先生】

我们一直坚信，森林疗法会得以完善和确立，最终成为公众所熟知的替代治疗方法，世代继承和传播下去。不过这只是从技术角度的自信，如果发展森林疗养产业，很多朋友可能有不同看法。一位长者就曾经对我说，森林疗养是特定社会发展阶段的产物。过去没提出森林疗养，是因为经济社会发展水平没有达到现在的高度；随着经济社会进一步发展，人们需要更冒险、更贴近自然的健康管理方式，或许森林疗养的概念就消失了。我不愿意承认这种说法，但如果能从社会发展的角度来寻找规律，我们的头脑会更清醒。

有些朋友反感我总提日本，但是森林疗法发端于日本，了解日本相关工作的经验教训，可以让我们少走很多弯路。在日本提出森林疗法概念之前，实际上利用森林浴的养生工作已经有很长时间，一些地方以森林、温泉等资源为依托，建设了多种类型的疗养地。这些疗养地建设的最高峰出现在经济泡沫时期，当时日本房地产泡沫最盛，国民休闲娱乐等需求非常旺盛。为了拉动内需，1987 年日本政府专门制定了《综合疗养地域整备法》，启动了多个大型疗养地建设。但是好景不长，泡沫经济崩溃后，很多疗养地建设被迫半途停工。一些已建成项目，经营情况也并不理想。以森林养老设施为例，1991 年 3 月末的时候，日本有 74 处这样的设施，但是到 2008 年 10 月却减少到 33 处。虽然具体原因不详，但无视社会需求应该是重要因素。现阶段我国中西部地区还不富裕，而东部地区面临经济下行风险，如何适应社会需求变化来发展森林疗养，这一问题值得深思。

另外，国内森林覆盖率高的地区，往往社会经济发展水平不高，所以一些地区把发展森林疗养产业作为“将绿水青山变成金山银山”的途径。在国内健康管理需求总量未发生明显变化的前提下，我们认为森林疗养产业的拉动作用是有限的。以森林疗养对当地农产品销售的拉动情况为例，长野县森林疗养基地消费和出售的农产品不足当地农产品总量的 0.01%。不仅是农产品，现阶段森林疗养拉动就业和经济也更多是象征意义，做大做强森林疗养产业依然任重而道远。

11.7 QOL 视角下的森林疗养

【树先生】

现在困扰人类的疾病，主要是癌症和一些慢性疾病。以癌症为例，由于缺少有效治疗手段，晚期癌症患者住在急救病房不仅浪费医疗资源，而且还极大地降低了患者的生命质量。随着医学模式和人们生命质量观的改变，患者和家属不仅关注生理上的治疗，也关注心理和社会因素对健康管理的综合作用。在这样的背景下，医生临床治疗决策的出发点，就不能局限于让患者活着，更要改善患者的生命质量。

生命质量(quality of life，QOL) 是由美国经济学家 Calbraith 提出来的，它是一个全面评价生活优劣的概念。QOL 以物质生活水平为基础，更侧重反应精神需求的满足程度，其评价内容集中在生理状态、心理状态、社会功能状态、主观判断与满意度等四方面。最初 QOL 用于评价社会发展和市民福利，二十世纪七十年代开始被用于个体或群体健康评价，随后便在医学界得到广泛应用。目前，针对恶性肿瘤、脑梗死、高血压等多种疾病，人类都系统研究过影响 QOL 的因素，以便为临床决策提供依据。

现在我们经常听说有癌症病人在特定类型森林中得到康复的案例，虽然这些案例缺少医学支撑，但是作为缓和医疗的一部分，这种“森林疗养”对于提高癌症患者的 QOL 是有意义的。另外，对于有些高血压患者，相比服用降压药带来的治疗效果，以森林疗养方式来调节血压，患者的 QOL 肯定更有保障。目前，作为辅助和替代治疗方法，森林疗养已经在心理学和医学方面积累了很多证据，在社会治愈方面也被广泛认可，今后可望为提高患者的 QOL 发挥更重要作用。除了医疗领域，在养老和社会扶助方面，发达国家也非常重视 QOL，以每个个体都享受“充满活力的”生活为基本目标，随着国内对QOL认识的提高，森林疗养或许能够迎来又一轮发展高潮。

他山之石：森林疗养案例研究 12

12.1 为啥德国森林疗养产业发展得好？

【树先生】

据研究，当人均 GDP 达到 1000 美元时，旅游市场将成规模快速增长；当人均 GDP 达到 3000 美元时，旅游形式将由观光转向休闲体验；而当人均 GDP 超过 5000 美元时，人们的放松形式将以度假疗养为主。2016 年，我国人均 GDP 已经突破 8000 美元大关，北上广等地的人均 GDP 更是超过了 1.6 万美元，这应该能够为发展森林疗养提供强劲的经济支撑。不过，智联招聘最近发布的《2017 年中国新锐中产调查报告》表明，国内中产阶级非常的“宅”，大部分人休闲娱乐有限，健身和旅行排名仅为第七和第九。看来经济因素并不是决定森林疗养产业发展的全部，有必要对比下发达国家的相关情况，从中寻找一些其他答案。

（1）从工作时间和节假日数量来看。在美、法、英、德、日五国之中，德、日两国森林疗养相关产业发展得相对较好。德国人工作时间最少，日本人节假日最充足，相信这是森林疗养相关产业得到发展的重要原因。反观国内，虽然节假日数量与发达国家大致持平，但年工作时间多，带薪休假时间少，即便是财政供养部门，带薪休假也很难落到实处，这可能会限制国内相关产业发展（表 12-1）。

表 12-1 各国国民工作时间和节假日数量

项目	美国	法国	英国	德国	日本	中国
工作时间	1943 小时	1554 小时	1888 小时	1517 小时	1948 小时	2000 小时
节假日数量	10 天	11 天	12 天	11 天	15 天	11 天
带薪休假	按工龄计算，1 年为 9.6 天；10 年为 16.9 天；20 年为 20.3 天	35 天	28 天	30 天	带薪休假时长为 18.9 天，实际取得时长为 8.8 天	按工龄计算，1 年为 5 天；10 年为 10 天；20 年为 15 天

（2）从国民出行情况来看。由表 12-2 可知，欧美人每年的总住宿天数相差不大，但旅行形态有很大差异。德国人倾向一次多住几天，而法国人倾向多去几个地方，从形态上也能看出，德国人更喜欢疗养度假。日本人出行次数少，住宿时间短，没有形成真正的度假疗养文化。我们虽没有找到合适的国内数据，但相信中国和日本面临着相同的问题。

表 12-2 各国国民出行情况

项目	美国	法国	英国	德国	日本	中国
出行次数	2.9 次	5.6 次	3.2 次	1.6 次	2.17 次	3.3 次
住宿天数	4.3 天	2.8 天	5.1 天	10.4 天	1.8 天	无数据
总住宿数	12.5 天	15.7 天	16.3 天	16.6 天	3.9 天	无数据

（3）从出行目的来看。美国人出行主要是工作（31%）、访亲串友（20%）和娱乐（20%），户外休闲只占 5%；法国人访亲串友占出行的 49.1%，与游憩有关的出行占 43.9%；英国人出行主要是休假旅行（62%）和访亲串友（22%）；日本人出行主要是观光（50.6%）和访亲串友（25.4%），工作占 12.2%；德国人 89.7% 的出行都与私密活动有关，因公出行只占 10.3%，为发达国家最小。

（4）从住宿设施来看。美国人、英国人和法国人出行都是主要住在亲朋好友家中和宾馆中，对这两种住宿形式所占比例，美国是 52% 和 42%，英国是 35% 和 18%，法国是 53.7% 和 15.0%。而德国人出行主要是住在宾馆中（46%），然后是第二居所（25%），住在亲朋好友家中只占 12%，相信这是森林疗养得到产业化发展的要因。日本人出行住在亲朋好友家中的只有 4.7%，所以即便缺少度假疗养文化，依然不影响森林疗养产业发展。

12.2 一个德国自然疗养地的成长经历

【树先生】

阿伦位于巴登符腾堡州，从斯图加特出发，向东有七十公里路程。这个小镇人口不足 6.5 万人，历史悠久，是德国小有名气的矿山城市。但是随着铁矿石开采量的减少，小镇经济陷入了低迷状态。从二十世纪七十年代后半期开始，当地人开始把目光投在小镇周边良好的自然环境上，尝试以“自然疗养地”来改变一切。

为了打造自然疗养地，当地人首先着手改造当地交通、食宿等基础设施，并同时系统提升周边自然环境的质量。考虑到水疗是克耐普疗法的重要组成部分，为了能够认证成为克耐普疗养地，当地人费了很大力气在全镇范围内寻找温泉。1979 年，历时 143 个工作日之后，专业机构终于在地下 650 米深处的石灰岩中找到了两处温泉，阿伦自然疗养地建设得以提速。

对于建设资金问题，项目组织者首先想到的是向全镇居民募集。政府将小镇改造计划向全体居民公开，并通过问卷来收集当地居民对改造计划的意见。项目计划获得了当地居民的支持，1.4 万人解囊相助，组织方成功获得 750 万马克的募金。小镇改造计划也得到了阿伦当地政府和巴登符腾堡州政府的支持，阿伦当地政府配套了 750 万马克，而巴登符腾堡州政府也有资金援助。项目获得了充足的资金，水疗中心、疗愈公园、森林艺术馆等一系列疗养设施才得以建成。

德国慕尼黑大学的专家对自然疗养地的疗愈效果进行了专门认证，评估内容既包括针对健康人群的放松效果，也包括对糖尿病、关节炎、风湿等特定病征的疗养效果。由于有专业机构的评估，阿伦自然疗养地的疗愈功能逐渐为周边居民所认可，这印证了“研究是最好的销售”。

阿伦自然疗养地从 1985 年开始对外营业，最初项目方认为以 7.5 马克的收费，每天最低接待量应该维持在 1000 人左右。但是前两年为了确保接待量，实际上没有坚持最初定价，所以基本没有盈利，日常运营主要依靠政府补贴。之后政府补贴逐步减少，直到 2005 年，阿伦自然疗养地才实现完全盈利。2008 年全球经济危机发生后，政府还是出手对阿伦自然疗养地进行了补贴。

阿伦自然疗养地现有工作人员 50 人，包括管理者、医生、理疗师和日常维护人员。它一年四季都对外开放，利用者主要集中在半径 60 公里范围。过去一直都是以中老年为主，但最近 20 ~ 30 岁的年轻使用者也在增加。随着德国社会老龄化的加剧，阿伦自然疗养地最近几年加大了适老性改造的力度。

12.3 德国：从国民健康保险理解自然疗养地

【树先生】

对于森林疗养基地，实际上是我们在学习日本的森林疗法基地（forest therapy base），而日本在学习德国的自然疗养地（kurort）。如果您想直接了解德国相关工作的实际情况，理解"自然疗养地"文化，这可能得从德国的国民健康保险谈起。

德国的国民健康保险规定在自然疗养地调理健康可以保险结算，这让世界很多国家的民众羡慕不已。实际上维持这样一种制度，德国社会付出了不小的成本。为了提高德国经济的竞争力，德国上上下下从未停止过反思这一制度。1996 年前后就曾有过一次改革，把原来四周的自然疗养地调理时间缩短为三周，而把利用周期从每三年一次调整为每四年一次，以此来适当增加患者自身负担的费用，减少国民健康保险的负担。

过去我们认为，森林疗养能够纳入医疗保险，这得益于欧洲社会对替代治疗方法的认可度较高。但是在德国，这其中还隐藏着更深层次的原因。从国民健康保险设置初衷来看，这就不是一款简单扶助弱小的医疗保险，德国政治家是想以此来化解产业工人引发的社会动荡，所以在国民健康保险中设计了很多职业健康预防内容。一百多年过去后，这在德国社会已经形成一种特殊文化，有人说德国的社会安定是建立在国民健康保险之上，这可能并不为过。

德国的自然疗养地，就是与国民健康保险相配套的一种制度。为了确保国民的疗养效果，自然疗养地设置有严格的标准。以温泉类型的自然疗养地为例，德国有超过 2000 处温泉，但是被认证为自然疗养地的不超过 100 家，这通常需要专业机构提供大量疗养效果实证研究数据。自然疗养地也不只是接收医保客户，每家自然疗养地都在不停地创新产品适应市场。

在我国，有没有可能推出森林疗养医保报销呢？就目前各地捉襟见肘的医疗保险收支情况来看，几乎没有任何可能性。但如果能够在基本医疗保险之外发展一种商业健康保险，或许能够为森林疗法、温泉疗法、海洋疗法等替代治疗方法提供更多应用可能。例如，可以有这样一种商业健康保险，如果被保人连续四年未发生重大疾病，可以为被保人提供一定时长的森林疗养服务。这样不仅可以提高被保人健康状况，减少保费支出，还能够鼓励投保人继续投保。当然，无论学不学得来德国的国民健康保险制度，自然疗养地的设置标准都值得我们学习。

12.4 德国的自然疗养地

【树先生】

对于自然疗养地认证,德国国内虽有统一的标准,但却由各联邦分别进行认证。在进行自然疗养地认证的时候，通常要对空气洁净度、自然治愈素材状况（温泉、矿泥、气候等）、医疗机构主导的疗愈效果研究以及接待设施等近一百个项目进行严格审查。认证之后，每处自然疗养地都将被规定出不同的适应症。自然疗养地主要是应用海水治疗、气候疗法等自然疗法，当然也会采取营养性治疗、心理疏导等疗愈手段。在疗愈过程中，专业理疗师必须基于医生的处方，开展健康管理指导，而这样的疗养能够适用健康保险。

与森林疗养相关度最高、活用自然最好的案例是气候疗法。所谓的气候疗法，是转换到与日常生活不一样的气候环境之中，或是被动暴露于气候环境，或是主动地利用气候因子,从而达到祛除疾病和增进健康的目的。气候疗法发源于德国，这最早可以追溯到 1793 年，当时的德国贵族和上层社会便在波罗海岸利用海洋气候进行疗养; 1881 年,德国人开始利用亚寒带的海洋性气候治疗小儿疾病; 1883 年,德国人开发出利用山地气候的疗法，创设了治疗肺结核的气候疗法设施，森林在这种疗法中发挥了重要作用; 1885 年,德国人开始利用中山气候区徒步的运动疗法,治疗心脏循环障碍；1900 年前后，德国人开始有针对性地实施日光浴和空气浴。

健康气候疗法地区划做得最好的地方，是加尔米施 - 帕滕基兴（Garmisch-Partenkirchen），它位于德国南部巴伐利亚州。在这个城市管辖范围内的 300 公里郊游步道中，有 100 公里步道按照气象学和生理学要求进行了监测研究，并成功认定为气候地形疗法步道。这种气候地形疗法步道考虑了步行速度和步道坡度的关系，医生可以考虑疗养者体力设定运动负荷，从而能够更加安全和有效地施展气候疗法。

12.5 带您感受德国的森林体验教育

【建刚】

德国的森林体验教育是将森林知识与教育相互结合，通过调动所有感官来感受森林，认识森林，了解森林与人类活动的各种关联，从而使人们能够积极主动参与森林保护的一种寓教于乐的体验教育方式。德国森林体验教育有一个专有词叫 forest pedagogy，特色十分鲜明。

（1）室内与户外相连。德国人设置室内体验馆的目的，是让人们走出室外、走进森林本身。为了鼓励人们走进森林，需要通过体验馆这种载体，将体验者集中在此，通过体验互动，来抛出问题，引发兴趣，进而让人们更有目的地走进森林，进行深度体验。

（2）知识性与趣味性相容。体验馆的展项大多不仅具有知识性，更具备趣味性，如德国近自然森林经营理念和技术十分先进，因此德国人将近自然森林经营的知识点做成展项，并应用桌式足球的原理，将树木做成可以采伐的样式，利用旋转球杆来实现，自然讲解师会抛出问题“选定的树木被砍倒是否正确”，并在树木下方的牌子上写出正确答案供参考。

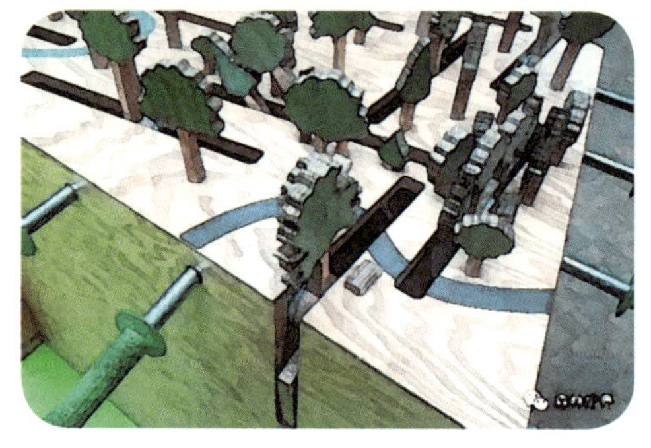

（3）本地与全球相通。森林之家体验馆本地特色鲜明，进入体验馆后的首个展项便是体现斯图加特河谷地貌与森林分布的木质模拟沙盘。通过沙盘，讲解师解释了森林对斯图加特的影响，“城市中由于人类活动而产生的热空气上升，而森林中的冷空气因地势降低而进入城市，形成城市与森林空气的良性循环”。沙盘下方设有弹簧与地面相接，可以从沙盘中地势高处放入小球，人为晃动沙盘，可操作小球通过河谷最低处的出口离开沙盘，由此可以分组进行计时比赛，既增加了趣味性也增进了对斯图加特本地环境的了解。另一方面，体验馆设计者经常将斯图加特放在全球视野下来审视，如将全球各大国的碳足迹用滑板做展示，让来访者能够体会到人类发展超越国界的责任，也能觉察到资源尤其是森林资源的宝贵。

（4）从森林体验教育到可持续发展教育。德国通过立法的形式，将科普教育作为森林公园的一项基本职能，并向公众提供服务。当前，德国的森林体验教育（forest experience pedagogy）已向可持续发展教育（education for sustainable development）转变。联合国大会宣布在 2005 ~ 2014 年这十年时间中实施“可持续发展十年教育”，要求世界各国政府在这十年中将可持续发展教育融入国家各层次的教育战略和行动计划中。德国也是在此期间将森林体验教育纳入可持续发展教育的框架下加以推进，目的是不仅让公众了解森林知识，更让公众了解森林与生活、森林与生产、森林与气候变化的联系，从可持续发展的视角开展教育实践。

（5）从普通人群到特殊人群。德国森林体验教育不仅顾及普通人群，如幼儿、中小学生、成年人、亲子家庭等，也开始考虑开发适合盲人等特殊人群的体验设施和活动。斯图加特森林之家户外体验设施中最为著名的是盲人可以行走的体验步道，他们称之为无障碍路径的森林探险。步道分为 5 站，第 1 站主题为作为栖息地的森林，介绍森林生态系统食物链等知识；第 2 站主题为森林是如何形成的；第 3 站主题为一棵树从根到冠；第 4 站主题为如何开发和利用森林；第 5 站主题为如何使用木材，即木材与生活。沿途用不同材质铺装，方便盲人识别不同站点，明确自己所处位置，同时行走时可以手扶绳索，方便行进。普通人也可闭着眼睛手扶绳索前进，用其他感官深度感受森林之美。

12.6 德国女孩评说森林疗法

【Laura、誉嘉】

德国人和森林之间的联系非常密切，森林作为休闲娱乐场地已有一定的历史，大多数德国人会利用假期走近森林，医疗机构在医院选址时会考虑邻近森林，德国有很多与森林相关的替代疗法，森林幼儿园和森林学校如今也越来越流行。正如德国著名作家 Erich Kästner 所说，“走在铺满石头的路上，人的心灵可以得到转化和升华；你可以跟树交谈，就像跟兄弟交谈一样；森林是安静的，但不是静默的，任何人都会在森林中得到慰藉”。然而“forest therapy”或者“forest medicine”的概念却是来自于日本，它在德国仍然处于起步阶段，德国的森林疗养师培训在 2016 年才得以实现。前一段时间，来自德国的 laura 女士帮我们整理了她祖国的森林疗养工作，与大家一起分享。

（1）贝利茨森林疗养中心。这一个综合设施主要服务于患有肺病以及其他非传染性疾病的病人，它位于森林深处，从 1898 年运行到 1930 年。贝利茨森林疗养中心占地 200 公顷，有建筑 60 栋。尤其在十九世纪时，这个综合体是治疗当时位列致死病因前三位的肺结核病的重要场所。不幸的是，第二次世界大战摧毁了这个医疗机构。值得一提的是，如今有越来越多治疗成瘾行为的医院都建立在自然环境中。德国人已经认识到森林疗法不仅有助于缓解压力和焦虑，还能作用于癌症的治疗，尽管相关信息仍然很少，但也有一些地区将森林疗法作为医疗手段。

（2）德国“森林浴”方面的专家。在陶鲁斯森林的 Annette Bernjus 是最早在德国提出“森林浴”概念的人士之一。她推出了“森林浴”相关课程，将其课程概念描述为“让心灵慢下来”，以期望帮助人们缓减压力和焦虑感。她通过讲解、呼吸运动或者仅仅是简单地让参与者有意识地体会周边环境，让参与者感受、体会整个自然环境。

（3）德国自然疗法、森林医学和绿色保护协会。协会隶属于欧洲生物心理社会环境健康研究院（EAG），位于许克斯瓦根，毗邻科隆，协会主要从事有关森林影响研究，探索正处于发展中的新方法。他们组织了很多有关森林疗法的研讨会，并组织森林疗法和森林保护的宣传活动，以改变市民生活习惯，让人们关注内心生活。这个机构还推出了他们自己的杂志，叫《绿色课本》（德文为“Grüne Texte”）。

（4）在乌瑟多姆岛规划“疗养森林”。许多德国休闲场所越来越注重森林健康管理了。德国乌瑟多姆岛，这个德国国内以休闲度假而著名的场所，也正在规划建造一个森林疗养基地，用于治疗心血管疾病、呼吸道疾病、皮肤病以及心理疾病等。

（5）一位著名德国心理学家的采访。Hilarion Petzold 认为健康应该包括身体、灵魂、情绪、社交、环境等五个方面，他也非常认同森林疗法这一个概念。在这个采访中他表示，森林疗法其实已经在德国沿用很多年了，早在十九世纪，人们就使用了森林漫步来治疗吸毒成瘾者和抑郁症患者。他说明了各种治疗方式的具体效用，以此来鼓励病人使用替代治疗方法，他希望通过这样的方式让病人能信服他，而不是单方面的操控病人。

（6）德国森林疗法与健康协会。这个协会有很多不同领域的专家，包括医生、心理医生、林学、教育学、环保等专业，他们非常希望宣传森林疗法这一概念，也在研发治疗方法、举办研讨会以及教育培训等方面做了一些工作。他们旨在构建一个森林疗法与森林医学技术中心，并推广到全国。

（7）生物站。这个机构举办了多个讲习班，为那些有学习障碍和有残疾的人提供服务，帮助他们感受内在的自我，注重身心健康。他们指导体验者通过触、听、看、闻、品等感官运动，专注地感受自然，从而达到健康管理目的。

12.7 上山市的“徒步”花样

【树先生】

日本山形县上山市是推广“疗养地医疗”的急先锋，为了打造全球知名的疗养胜地，当地人请来德国慕尼黑大学进行自然疗养地认证。我们不掌握认证工作取得了哪些效果，但经过时间沉淀之后，当地形成的一些经营措施，或许对大家有借鉴意义。

每日徒步：不只面向市民，也包含外地游客，当地一年 365 天每天都有徒步活动，任何人、任何时间都能够参加。组织方根据活动时期变换徒步线路，经常参加的人也不会觉得无趣。赶上周六日，参加者不仅能品尝用当地食材做成的午餐，还能体验稍远一点的线路。这些活动培养了健康的生活方式，当地人开始把运动作为一种习惯。

健康步道：除了被慕尼黑大学认证的气候地形疗法步道之外，当地的公民馆还利用浅山森林资源，设置了 9 条“健康步道”。步道均以公民馆为起点，途径居民住所和日常生活场地，参与性非常强。健康步道的设定和维护，均由当地居民完成，经常会一家老少同时出动来割除步道两侧杂草，这也促进了代与代之间的交流。

早朝徒步：旅馆街的“叶山步道”、温泉街的“西山步道”和中川地区的“健康步道”，会定期开展“早朝徒步”。对于“叶山步道”来说，“早朝徒步”是每天必修的早课，参加者有当地居民，也有旅馆的住客。走到眺望台或山顶附近，参加者便可以俯视整个上山市，体验藏王连峰的变化。早饭前的这些活动，促进了市民和观光客的交流。

街中徒步：外出联结着老人和社会，外出行为对于维持老人下肢机能也有重要意义。但是对下肢机能低下的老人来说，外出意味着信心和勇气。为了能让老人等特殊群体轻松徒步，当地人设置了一条“街中徒步”线路。这条线路全长2公里，车辆很少，没有工业污染，徒步走完需要30～45分钟。老人们通过接触自然、风景和空间，在重新认识街区魅力的同时，改善了下肢机能。

交流徒步：徒步和森林浴能够缓解压力，在员工心理健康堪忧的当今社会，上山市结合企业的心理健康管理工作，推出了“交流徒步”计划。“交流徒步”按照企业需求策划活动，不只是徒步，温泉、营养等健康管理方法也在菜单之中。组织者希望通过两天一夜的旅行，提供一个增进、维持和恢复健康的机会。

此外，上山市的徒步花样还有很多。为利用客人入住酒店前的时间，上山市推出了“暮色徒步”；为与本地一家拥有424张床位的精神病院合作，上山市也有专属健康徒步计划推出。

12.8 告诉你一个真实的森林疗养基地

【树先生】

在北京森林论坛上，春日未步子的《日本森林疗养基地运营实践》报告，相信吸引了很多人。她前脚刚走，我们便后脚跟到了山梨，那里有春日未步子负责运营的森林疗养基地，当地人称为FUFU山梨保健农园。坐上中央特急线，从东京新宿站出发，一个半小时就能到达盐山，然后乘坐山梨保健农园的迎送巴士，一刻钟就到了目的地。

山梨保健农园由知名建筑设计师设计，屋顶绿化的草坪、实木骨架的建筑、传统手法的稻草泥土墙面，到处透着朴素和自然。山梨保健农园原本是市政府投资建设的西餐厅，不知何种原因就关闭了，几经周转但经营得均不太成功。五年前，“绿色体检机构”和政府达成协议，决定接手这些资产。而作为交换条件，政府承诺前五年不会收取租金，但是由企业承担大约每年一千万日元的修缮维持费用，并优先雇用当地人。

依托先进管理理念和当地丰富自然资源，山梨保健农园已成为日本知名的健康管理机构。整个保健农园占地 6 万平方米，这还不包括周边山林。园内的森林疗养步道跨越了不同所有者的林地，经营企业与周边林地所有者达成协议，目前企业可以无偿使用这些森林。保健农园除了森林疗养步道之外，还有药草花园、作业农园、宠物小屋等保健设施，健康管理设施相对完善，但是住宿部只有 13 个房间 45 个床位。

保健农园实施预约制经营，客人大部分来自东京，主要以健康管理为目的，几乎没有以观光为目的的客人。客人年龄集中在 20 ~ 40 岁，性别以女性为主，有女性单独前往的，有与女性友人一起的，也有夫妻一起的。目前客人一般停留两天一晚，但是停留三天两晚的客人也在增加。每位客人一昼夜人均消费约 2 万日元，这个价格能够被日本中等偏上收入的人群所接受。保健农园年收入约 9600 万日元，收入和支出大致平衡，并没有太多盈余。

负责保健农园运营的职员有 14 人，其中正式职员 8 人，临时工 6 人。此外，保健农园与 14 位森林疗养师、瑜伽师、心理咨询师达成了长期合作协议，这些健康管理专家基本随叫随到。值得一提的是，除了主管和大厨之外，所有职员都来自当地。

12.9 奇怪的穗高养生园

【树先生】

每个人都具有自愈能力，可是由于偏食、运动不足、压力大和过度劳累等原因，很多人的自愈能力都不是很强。长野县有一位精明店家，就瞄准这种需求做了一处“穗高养生园”。这家养生园主要围绕“营养、运动、休养”三个方面，运用各种自然疗法来调养身体。养生园的设施与自然非常融合，不过经营方式可是有点怪。

先说说营养。在我们传统观念中，少食多餐有益健康，可是穗高养生园却每天只提供两餐，早餐是上午十点，晚餐是下午五点。穗高养生园不使用动物性食材，所有植物食材也是产自当地农家，并且都是当季食材，没有反季节蔬菜。如果访客有过敏史，可得提前和店家联系好，因为供访客选择食物的余地不大。穗高养生园不允许吸烟和饮酒，连葡萄酒也不行。吃完饭也别想抹嘴就走，店家规定访客要把自己的餐具清洗干净。

再说说休养。穗高养生园建在森林中，环境是绝对安静适宜休养。养生园的客房不足 20 间，访客入住需要预约，且店家有言在先，不能带小学年龄以下的孩子入住。养生园只有三栋建筑，但每栋建筑都是多功能的，治疗室、温泉、咖啡厅、药草桑拿等应有尽有，能够提供芳香疗法、艾灸疗法、指压疗法、足底反射疗法等多种替代治疗方式。店家每月组织瑜伽、森林放空、森林食养生、香道等不同主题的养生研修活动，通过有名气的“专家”来招揽顾客。

关于运动，其实穗高养生园的运动方式只有森林散步和森林瑜伽，这两种方式也被作为放松方法。养生园三栋建筑中，有一栋位于森林深处，从接待处出发，需要半小时才能走到。那里有土袋房和咖啡厅，很多访客愿意以之为目标做森林散步。

12.10 听得见“森林跳动”的治愈之地

【树先生】

在日本 62 处森林疗养基地之中，篠栗町是经营较为成功的一例。篠栗町三面环山，良川从中部流过，自然资源极为丰富。自古以来，篠栗町就是宗教设施集中的地方，再加上距离福冈都市圈只有 30 分钟车程，所以每年会有 100 万人到访。为了升级传统森林游憩产业，篠栗町 2007 年申请开展了森林疗养基地认证，一口气认证了六条森林疗养步道。这六条步道都长啥样？一起去看看。

（1）落阳步道。落阳步道是一条非环形步道，全长 1.75 公里，以土和沙石铺装为主。步道平均坡度 7.4%，最大坡度 15.3%，大致平坦，容易行走。步道两侧树种主要为水杉，树龄在 30 ~ 230 年。步道沿途设有标牌、茶店和眺望平台，是欣赏夕阳的好去处。

（2）荒田周游步道。荒田周游步道是一条环形步道，全长 10 公里。大部分步道保持着自然铺装，只有部分路段进行了人为改造。步道平均坡度 8.4%，最大坡度 50%。步道两侧树种主要为柳杉和扁柏，树龄在 30 ~ 230 年。步道沿途除设有标牌、茶店和眺望平台之外，还有多处草坪广场，访客可以安心放平身体、欣赏青空。

（3）夫妇杉步道。夫妇杉步道是一条非环形步道，但是局部能够形成小环线。步道原本是营林作业道，全长 6 公里，路面以自然铺装为主。步道平均坡度 9.8%，最大坡度 24%。步道两侧树种主要为柳杉和扁柏，沿途能够看见两棵并立的柳杉

巨树，其亲密程度如同夫妻一般，步道也因此而得名。

（4）杉并步道。杉并步道是一条非环形步道，从 JR 筑前山手站出发，穿越蛇谷林道，经过太祖庙，一直到达荒田高原。步道全长 7 公里，路面以人工铺装为主，平均坡度 9.8%，最大坡度 24%。步道两侧树种主要为柳杉和扁柏，沿途设有 23 处标牌和眺望平台。

（5）九大森步道。九大森步道位于九州大学福冈试验林场，是一条小型环形步道，全长仅 2 公里。步道是由本地森林间伐材的刨片铺装，沿途座椅也是由间伐材做成。步道平均坡度 0.8%，最大坡度 16.8%，两侧林分类型丰富，树种有 50 种之多。

（6）树艺森步道。树艺森步道位于树艺森林公园，全长 10.6 公里。步道由各种材质铺装，能够满足市民放松、休闲、运动等要求。步道平均坡度 6.8%，最大坡度 28%，两侧树种以常绿和落叶阔叶林为主。树艺森步道能够欣赏到春日的樱花、夏日的新绿、秋日的红叶，四季非常分明。

12.11 森林疗养地：富士山静养园实录

【树先生】

不只是森林疗法协会和森林保健协会，日本还有多个机构计划以德国“自然疗养地”为榜样，想让那些已经落寂的村落重新兴盛起来。位于富士山正西面的富士山静养园，就是这方面的成功案例。我们现在无法了解这个疗养地规划建设过程，但有关它运行状态的只言片语，或许对大家也有借鉴价值。

中山类型的气候疗养地一般要求海拔为 300 ~ 1000 米，地形为丘陵，森林要茂密。从医学上来看，中山疗养地没有太多禁忌，能够适用更宽范围的气候疗法，是“门槛”比较低的一类疗养地。富士山西麓的朝雾高原，海拔在 500 ~ 1400 米之间，海拔与欧洲的中山疗养地大体一致。富士山静养园所在位置平均海拔 700 米左右，是理想的中山疗养地。富士山静养园的自然环境不可挑剔，但是好像没有特别的疗养设施，一条名为“吹矢”的自然步道、一池湖水、一眼山泉、一片自然林以及数不清的药草植物，就是富士山静养园所有的治愈素材和治愈手段。

富士山静养园一次课程的开始时间是 14 ~ 16 点，结束是在第二天 10 ~ 11 点，这期间体验者要接受一次自律神经检查和两次“食育”。因为有医疗关联设施，所以在森林疗养课程实施过程中，医疗从业人员会适时提出检测报告。富士山静养园的课程分为日常课程和可选课程，日常课程收费和普通滞留费用相同，而可选课程需要额外收费。或许是疗养课程属于“商业机密”，我们没发现日常课程具体包括哪些，但经营者希望能为以下需求的人提供服务，这包括想通过自然食来调理身心的、通过隐居来重新发现自己的、想改善自然缺失症的、想体验一天“休肠日或休心日”、想调整自律神经平衡的、想体验整合医疗或预防医学的、关心养生的、想从自然中吸收“能量”的、想度过完全放松一天的以及远离故土想疗愈身心的人。可选课程比较简单，只包括草木染、森林骑马漫行、北欧执杖行走和制作草本茶 4 项，体验制作草本茶要 3000 日元，而体验其他 3 项则得看天气条件了。

12.12 日本型的“自然疗养地”

【树先生】

日本山形县上山市、秋田县三种町、岛根县大田市、大分县由布市等八个自治体发起成立了日本自然疗养地协议会。与日本森林疗法协会有所不同，这个成员均为地方政府的协议会，工作对象不再局限于森林，它致力于整合地域内的大海、山川、温泉等自然疗愈资源，充分挖掘历史文化、工商服务和人才优势，想把德国自然疗养地模式“原汁原味”地带给日本国民。2015 年 1 月 29 日，协议会发布了《日本自然疗养地标准》，这个标准涉及健康、医疗、环境、景观、产业和规划等 6 个领域，包含 60 项指标。

在健康方面，标准要求“利用本地自然资源和自然环境的健康管理活动”每个月份都能开展，具有每月1次、4次、8次和24次等不同频度的健康管理活动。标准要求与保健师、营养师、健身教练等团队保持合作，健康管理活动需得到专家或专业训练人士的指导。为了与利用自然的健康管理相配合，标准还要求具备缓和身心压力的自律训练和瑜伽等活动，以及积极利用食物增进健康的措施。

在医疗方面，标准要求疗养课程要有研究证据，自然疗养地要致力于实证研究，实施相关疗养课程应与当地医生或医师协会合作。标准要求与健康保险相关机构建立合作关系，对康复、护理、特殊保健和预防等需求，提供疗养课程。

在环境方面，标准要求制定合理的土地利用规划，抑制过度开发，确保疗养地周边自然环境没有被破坏。标准强调要设定交通管制措施，鼓励发展公共交通工具，使用环境负荷较小的能源，有效防治噪声。标准对水体和水质保护、自然资源保全和动植物保护等方面也有明确要求，并要求建立起用活自然资源的步道体系。

在景观方面，标准要求树木花草丰富多样，具有符合疗养要求的康复景观。建筑物、标识标牌的外观要与自然相协调，避免过度设计对访客带来不良刺激。自然疗养地应有一处疗养公园，以满足静养、游憩和集会需求，疗养公园及街道绿化应使用乡土植物品种。

在产业方面，标准要求衔接当地历史文化资源，用好绘画、电影、音乐等艺术活动，在观光接待、农业种植、特色手工生产等方面保持适度规模，为疗养课程开发提供足够素材。

在规划方面，标准要求自治体将建设自然疗养地作为区域发展的核心，制定长期发展规划，区域内的其他规划要服务于自然疗养地建设。另外，标准要求在规划编制过程中，协调产学研之间、官民之间、不同市民团体之间、不同部门、不同行业之间的利益，促进整个区域的合作共生。

12.13 奥多摩的森林疗养菜单

【树先生】

奥多摩是少数几个隶属于日本东京都行政范围内的森林疗养基地，作为城市周边发展森林疗养的案例，奥多摩的经营模式和业态，对包括北京在内的大中城市具有一定借鉴价值。2014年我们曾到访过奥多摩，三年过去了，有必要追踪一下那里的经营情况。最近我搜到奥多摩森林疗养基地的门户网站，意外发现当地森林疗养业务好像更红火了。他们现在都运营着哪些森林疗养课程呢？一起去了解下。

（1）有人向导的森林漫步。作为最基本的森林疗养课程，奥多摩町独立认定的森林疗养师为访客提供向导服务。在森林漫步途中，访客可以体验当地独创的森林草本茶和手工甜点，学习“奥多摩森林呼吸法”，充分使用五感来度过森林漫步时光。

（2）北欧式健走。所谓北欧式健走就是使用两根登山杖的徒步行走，它原本是瑞典滑雪运动员的夏季训练方法。和正常只用双腿行走不同，借助手杖行走，不仅有效活动全身，而且能有效减少膝关节损伤。如果您想更活跃地体验森林，森林疗养师会为您推荐这种方式。

（3）伸展运动。在森林疗养师的指导下，根据个人身体状况的不同，有针对性地做一些身体调整运动。在森林中做伸展运动，更能有效地缓解身心紧张和消除压力。

（4）森林瑜伽。森林环境有利于提高注意力，所以在森林中做瑜伽更容易获得舒适感和解放感，如果能够与自然融为一体，那应该是瑜伽练习的最高层次。

（5）自然食。在奥多摩，访客可以体验最古老的荞麦面制作方法，为自己做一碗荞麦面，吃起来感觉果真不一样。除了荞麦面之外，访客还可以在自然食教室制作和品尝其他本地食材制作的料理。

（6）制作陶艺。制作陶艺不仅可以体验到接触土的感觉，还可以获得仅属于自己的、全世界唯一的器皿或杯子。

（7）木工制作。一边触摸着温润的木材，感受着木材的香气，一边设计制作自己中意的小物件，就像梦境一样，忘记了时光流逝。

（8）芳香教室、芳香按摩。在芳香疗法师的指导下，根据自己的喜好调配一瓶精油，当然也可以享受基于自己调配精油的芳香按摩。

（9）草木染。利用植物自身的色彩和轮廓，做一条草木染的手帕。

（10）自然手工。利用天然的素材，编制一个“圣诞花环”。

（11）农业体验。奥多摩有很多果园，在那里可以采摘蓝莓，也可以自制果酱。

（12）观星。空气清澄的奥多摩，夜晚星空非常漂亮。在森林疗养步道中有观星广场，可以躺下来数数满天的繁星，也可以请专业向导解说星座知识。

（13）观察萤火虫。如果是特定季节，在奥多摩还能够看到萤火虫，萤火虫梦幻一样的飞行轨迹，据说总会让访客兴奋不已。

（14）温泉浴。奥多摩有四处露天温泉，可以一边泡温泉一边欣赏多摩川的清流和森林。

（15）溪流垂钓。奥多摩町内还有多处垂钓场地，溪流垂钓让访客更懂得把握时机。

12.14 外行眼中的日本森林露营地

【树先生】

武田杜是山梨县两个森林疗养基地之一，之前我把武田杜看成了武田社，误以为那里是一个神社。所以日本森林疗法协会推荐去武田杜交流时，心中很是抵触。实际上，日语中“杜”与“森”读音和用法大致相同，表征的是森林地域。武田杜是镇守日本战国名将武田信玄衣冠冢的森林，它包含国有林、县有林和私有林，总面积超过2500公顷，是甲府市北部森林地域的统称。武田杜被甲府市当地居民作为休闲、保健休养和自然教育的场地，区域内有树木园、鸟兽中心、森林学习馆等多种设施，而森林露营地最受游客欢迎。

1）森林露营地有哪些设施？

武田杜的森林露营地已经有几十年历史，设施设置也较为成熟。在住宿设施方面，12处露营平台面积均在40平方米以上，能够容得下10人用帐篷；此外还有3座原木小屋，每座可住5～10人。露营平台并没有用实木铺装，只是对地面进行平整和清理，因为没有杂草和石块，相信也能够让大多数人安心。除了住宿设施外，露营地还有公用的洗手间、浴室、厨房和野外烧烤等设施。为了提高野外生活质量，管理方还修建了停车场、冷藏仓库、给排水和污水处理设施。

2）森林露营地有哪些收费项目？

在武田杜，不仅租赁森林露营平台或小木屋要收取费用，租用帐篷及睡眠物资，使用淋浴、烧烤设施、灶台以及炭火都要额外收取费用。但是针对不同群体，管理方的收费标准不同。以露营平台租用为例，初中及初中以下学生每晚只需要50日元，高中生是100日元，而成年人则需要210日元。

3）森林露营地的开放时间？

森林露营地每年5月1日到10月31日期间对外开放。管理方采取预约式经营，游客需要提前向武田杜游客服务中心提出申请。但营业期间并不是每天都对外开放，5、6月只是周六日对外开放一天，7月和8月每天都对外开放，而到了9、10月份又只能周六日开放一天。

12.15 周末林业，林务工作的价值再发现

【树先生】

“工作累、工资低，自己的孩子将来决不会让他从事林业”，相信很多林业人和我一样，都曾经有这样的念头。但随着社会经济发展，当大家不再“为钱着大急”的时候，林业或许是一份理想职业。在东京就有这样一群女性，她们厌倦了穿西式套装、挤地铁的生活，渴望都能够像林业人那样工作。在一个名为“林业女子会”的社团中，所有成员都是都市白领女性，在社团的统一组织协调下，这些女性每到周末就可以如愿变身为林务员。

你能想象这些柔弱女子使用油锯间伐的样子吗？实际上在这些貌似重体力的劳动中，意外地展现了女性的别样美。除了间伐，林业女子会成员还会从事割灌、修枝、修步道和病虫害防治等日常森林经营管理工作。当然在工作之余，林业女子会会组织丰富多彩的体验活动，比如自己动手编竹筐、自制森林美食、做一份木质工艺品作为自己的返城礼物等等。对于这种周末林业，林业女子会已经坚持了多年，所有成员都倾注了极高热情。

在参加林业女子会的女性眼中，做林业工作的魅力至少有四个方面：一是林业是体力活，大部分白领女性平时运动不足，很多人希望周末能够痛痛快快地活动一下；二是林业工作能够接触自然，森林中丰富的治愈因子可以缓解日常工作压力；三是做林业工作可以体会团队合作的乐趣，比如一起喊号子搬运原木等；四是林业工作的劳动成果是容易看得见的，这与某些女性工作长期不见成果形成了鲜明对比。这样看来，也许大多数人会把林业工作视为一种休养方式。

据说现在林业女子会已经发展成为日本全国性社团组织，不仅是在东京，京都、静冈、山形等二十几个都道府县都设有分支机构。最不适宜从事林业工作的女性却如此向往森林，可以看到社会各阶层对自身健康、对生态建设的热情很高。如果我们的相关机构能够做好对接机制，困扰国内森林经营的人手不足问题也能得到一定缓解。

12.16 韩国：森林休养和疗养有差别

【树先生】

上周，为响应京津冀协同发展战略，北京市依托亚行“京津冀城缘地区生态综合治理”项目，针对京冀林业基层工作者，组织了一次“森林疗养”主题培训会。会上，来自韩国首尔大学的金星一教授介绍了韩国森林疗养工作，报告中很多信息是我们过去所不掌握的，一起来分享。

森林休养在韩国休闲文化中占有重要位置，据统计，2015 年韩国 158 处自然休养林累计接待了 1500 万体验者。但是和国内类似，韩国真正用于医疗保健用途的疗养林建设也是刚刚起步。2012 年韩国推出了《森林疗养发展规划》，截至 2016 年，韩国共建设 41 处疗养林，其中 8 处已经投入运营，33 处仍然在建设之中。在已建成的 3 处国立疗养林中，2015 年全年游客接待量约 48.5 万人次，其中真正体验森林疗养的访客只有 9.2 万人次。

韩国从事森林文化相关工作的人员分工细致。通过森林休养相关活动传达关于森林知识的人，叫森林解说员；通过森林教育对幼儿全面成长进行指导的人，叫幼儿森林指导师；通过登山、徒步活动增加访客对当地历史文化了解，并增进访客健康的人，叫做林间步道体验指导师。为了发展森林疗养，韩国从 2011 年引进了森林疗养指导师培训。据说只有取得林业、医学、保健和护理专业学位，或具有相关工作从业经验的人，才能够获得被培训资格。截至 2015 年，韩国累计培养了 6834 名森林解说员、936 名幼儿森林指导师、760 名林间步道体验指导师和 551 名森林疗养指导师。作为新兴职业，森林疗养指导师在韩国社会很受欢迎，2016 年度的培训规模已扩大到每年 500 人。

为了使经济有困难、身体有缺陷的弱势群体能享受到森林福祉，韩国政府定期向上述群体发放一定金额的代金券，代金券可以抵扣住宿、门票、活动体验等费用。据统计，2013 年有 146 万韩国人领到了人均 10 万韩元的代金券，这样不仅有效强化了森林的公益性，对促进森林福祉设施经营也有重要意义。

12.17 疗愈公园的典范

【大林】

良才市民之林是一个社区公园，坐落在韩国首尔市瑞草区梅轩路，住在附近的居民一定幸福，其疗愈功能堪称经典。公园内树木高大，彩叶植物非常丰富，春花秋叶夏荫一个不少。在疗愈方面建设的经典设施有足疗路、水疗池、露营场等，话不多说，直接上图。

公园入口有些简单，仅简单地介绍公园来历和公园名称。但作为开放式公园，不需要豪华大门

足疗路：这条环形路约 30 米，铺上了不同粗度的石子，并附有对足部疗愈功能的解说

水疗池：这个水池是夏季戏水的好地方，池底铺上了碎石，也是水疗的好地方

露营场：在茂密的森林里建有约 30 个露营平台，并配套了卫生间和自来水

烧烤场：森林里允许烧烤是韩国的一大特色，当然烧烤是在专门的区域，其他地方禁止烧烤和吸烟等级

阅读区：这个阅读区建有能挡雨的亭子和书柜，里面主要放的儿童读物。书柜是不带锁的，里面的书是自由阅取，书不能带回家，在现场看完后放回去，方便其他人取阅

12.18 韩国：森林福祉靠立法

【大林】

福祉化和产业化是森林疗养发展的两个方向。森林疗养产业化的关键，是森林的替代治疗效果为公众所认可，有机会纳入医疗保险；而森林疗养福祉化的关键，是政府出台一系列法律，来保障公民应有的权利。韩国“从生到死”的森林福祉让我们羡慕不已，但您知道韩国有哪些相关法律吗？今天大林博士为大家带来了第一手资料。

《森林福祉促进法》：2015 年 3 月 27 日实施，制定的目的是通过提供系统的森林福祉服务和规定必要的推动森林福祉发展措施，促进国民的身体健康和生活质量以及幸福指数。内容包括国家和地方政府的职责、森林福祉促进计划、森林福祉信息系统的建立和实施、森林福祉代金券的发放、森林福祉认证、森林福祉振兴机构的设立等。

《森林文化·休养法》：2013 年 3 月 23 日实施，制定的目的是通过对森林文化和森林休养资源的保护、利用、管理等事项加以规定，为国民提供舒适、安全的森林文化、休养服务，提高国民的生活质量。内容包括基本规划、自然休养林营造、森林浴场营造、林道规划等。

《森林教育促进法》：2011 年 7 月 25 日实施，制定的目的是通过发展森林教育让市民获得关于森林的正确知识和价值观，提高市民生活水平，并可持续地保护森林。内容包括森林教育规划、森林教育专家培养、森林教育活动开发、认证的修改或撤销、森林教育中心设置等。

《山地管理法》：2017 年 4 月 18 日实施，制定的目的是合理地保护利用山地，促进林业的发展并开发山林的多种公益功能，以健全地发展国民环境和保护国土环境。内容包括山地保护、山地区分、山区使用等。

12.19 大山沟里的森林疗养基地

【大林】

韩国国立山林治愈院位于庆尚北道荣州市的一个山沟里，是由韩国山林厅下属的韩国森林福祉振兴院运营的一个综合性的森林福祉机构，建设的目的是通过利用当地丰富的森林资源提高国民的身体素质和生活品质。韩国国立山林治愈院不仅提供森林治愈服务，而且提供治愈人才培训，开发与森林治愈相关的产品，推广森林治愈文化。前往体验的市民需要预约才能获得治愈服务。

韩国国立山林治愈院的设施有健康增进中心、水疗中心、森林治愈步道、治愈花园、住宿设施等。

健康增进中心——提供有关森林治愈和健康促进的活动和服务，例如通过专家咨询和健康指导为顾客提供个性化的森林治愈项目。

水疗中心——根据身体经络形成 14 个水压按摩，共有 10 个等级，具有放松肌肉，刺激血液流动、缓解疲劳、缓解压力、抗肥胖，促进健康的显著效果。在这儿，你可以体验不同水疗项目的治愈服务。

森林治愈步道——在韩国山林治愈院的山中，修建有 50 公里的林间步道，能提供安全、舒适的森林疗养服务。根据目的不同，修建有 7 种治愈步道。为老人、小孩、坐轮椅的残疾人修建了木栈道，坡度小于 8%，能够使每个人安全地享用无障碍森林治愈服务。

治愈花园——可以体验各种本地植物和药用植物组合的森林治愈服务，来促进身心健康。

同时，还有住宿设施满足消费者进行较长时间的体验。他们三天两夜的治愈课程见表 12-3。

表 12-3 治愈课程

时间	活动	场所
第 1 天	在森林中冥想、赤脚漫步等，打开五感，通过运动、情绪稳定、减压项目促进健康	治愈林
	通过各种水流和水压刺激全身，消除大脑和身体疲劳	水疗中心
第 2 天	通过香味帮助大脑和身体稳定	健康增进中心
	体能、压力、身体部位检查了解自己的健康状况	健康增进中心
	根据目标心率设置运动强度，参加针对卡路里消耗、心肺功能和强化肌肉骨骼系统的活动	治愈林间道
	通过各种水流和水压刺激全身，消除大脑和身体疲劳	水疗中心
第 3 天	体验不同香疗效果	健康增进中心
	检查身体各项指标	健康增进中心

韩国正在经历快速老龄化、工业化和现代化，由环境恶化导致的疾病、慢性病和老年病正在上升。常规的治疗方法具有局限性，山林治愈的保健作用受到越来越多的关注。森林被认为具有多种对身体有益的天然成分，例如芬多精、负氧离子、舒适的风景和天然的土壤。为了通过森林的疗愈作用促进国民身体健康，韩国山林厅建设了治愈林，并配备便利设施、体育设施、接待中心、冥想空间、休息处和疗愈路等。

12.20 韩国：需要全裸的森林浴场

【树先生】

做森林浴要脱光衣服？别以为这是开玩笑，在韩国真就有这样一处设施。

2010 年，可以全裸享受森林浴的疗养设施，诞生在韩国全南罗道的长兴郡。这个森林浴场位于 2 公顷的扁柏林之中，扁柏的挥发物不仅能够消除压力，还能够强化心肺和胃肠功能，杀菌方面也略胜松树挥发物，是实施森林疗养的理想树种。长兴郡政府在扁柏林中设置了 5 个露营平台和 6 个半地下场地，男女老幼都可以用全裸的姿态，或是进行森林漫步，或是躺在林下休息，尽情享受森林浴的乐趣。

为了让森林浴场利用者避开其他访客的视线，长兴郡特意将经过森林浴场周边的几条步道改换了线路。一起来参加森林浴的人，如果不想彼此看到，也可以选择在半地下场地内进行森林浴，而这些细节在森林浴场规划之初就考虑到了。长兴郡原本想把这处设施命名为“裸体森林浴村”，但由于宗教相关人士的反对，最后定名为“Vivid Ecotopia”。Vivid在英语中有生动的、鲜艳的和有活力的意思。长兴郡一位尹姓行政长官介绍说，“这处设施是从山林治愈的角度出发，以全裸的自然状态来体验森林浴和冥想为重点”，“并不是互不相识的男女裸体交织在一起，这处设施主要是面向家人朋友创造的休养空间，因此不会有违背公序良俗问题”。

大家可能会觉得这样的案例荒诞不稽，不过它却可能是森林疗养营销的好噱头。森林疗养基地中如果有这样一处设施，知名度和访客数量或许会意外增加很多。我们做森林疗养的时候，通常鼓励体验者穿着宽松的棉麻织物，让皮肤尽可能接触林中空气，从来没有要求过半裸或全裸。听说有这样森林浴场存在时，我突然想起儿时在林边小溪中戏水的情景，全裸森林浴或许会是一种美好体验呢！

12.21 北京：自然休养村已在路上

【树先生】

2016年，北京市森林覆盖率达到了42.3%，接近一半的市域面积都是森林。不过包括我自己在内的很多市民，可能没有这么高的“获得感”。这是因为北京现有森林以中幼林为主，即便是走进林地，也没有太大感觉，林分质量稍好一点的森林，主要集中在人迹罕至的深山区。在外调研时，每当看到高大的森林，我总是羡慕不已，心想要是北京也有这么一片林子，森林疗养就好做了。小树成长为大森林需要时间，而市民的需求不容等待。

森林资源不丰富，或是林分质量整体不高，这是大部分北京山村的实际情况。如何用活现有条件发展森林疗养，为当地就业增收出一把力，这是摆在我们面前的一道难题。不过，民间从不缺少智慧。从去年开始，密云县古北口镇北台村已开始相关探索，他们的做法值得大家去总结和借鉴。

101国道边的北台村，乍看起来平凡至极，只有走近宅院，才能发现有所不同。质朴的农家院会让您觉得欢喜，而室内星级酒店一样的装修，带来的可能就是惊喜。当地人介绍，这样相当于有两个大床房的小院，住一晚只要1000元，所以小院几乎每个周末都会爆满。约上最好的朋友，两家人一起躲避雾霾和城市喧嚣，这样的周末生活方式，想起来都十分惬意。

除了能够提供舒适的食宿环境之外，北台村在留住客人方面也做了文章。流经村中的小溪被改造成供孩子戏水的路面，传统工艺制作豆腐和草编被开发成能学习、能体验的休闲项目，村里还特意建设了两个标准篮球场。当然被改造的只是小部分，村里大部分土地都保留着最淳朴的乡村风情。对于占村域主体的林业用地，密云县林业部门正在着手制定森林景观恢复计划，以确保田园的归田园，自然的归自然。而一条特色步道会连接现有森林，森林疗养将成为城里人亲近自然的重要方式。

尝到甜头的当地人，今年会再改造27处小院，我们过去所期待的“自然休养村”模式，将在北店村形成规模。不过随着经营规模的扩大，如何进一步打造具有核心竞争力的服务产品？如何根据主流消费特征来设置自然休养设施？如何提高非节假日的房间入住率？等等，这些问题还需要一一破解。

12.22 森林疗养：从别人的失败中汲取经验

【树先生】

2017年4月24日，高知县梼原町的久保谷森林疗养步道迎来了认证十周年。在过去的十年内，久保谷有过很多憧憬，但实际工作并未取得太大效果，这其中的失败缘由，或许更值得我们借鉴。

梼原町的人口老龄化率达到62.7%，是名副其实的超高龄社会。为了振兴地方经济、提高地域活力，当地人决定利用保存良好的森林资源，开展森林疗养步道认证，以吸引更多追求健康的访客。但是，由于当地交通不便，缺少青壮年服务人口，广告投放也不是很给力，访客的增长速度非常缓慢。到目前为止，无论是当地人还是外地人，大家对久保谷森林疗养步道的认知度依然不高，而这条森林疗养步道究竟吸引了多少访客，恐怕没有人能够说清楚。

梼原町小学每年会到久保谷森林疗养步道来做亲子活动，但是每次活动既不需要森林向导，也不需要森林疗养师，有时甚至连招呼也不打，这实际上没有和步道所在地建立起连接。久保谷民宿的接待能力有限，再加上梼原町当地医院利用森林疗养步道的意向不强烈，医生主导的森林疗养活动也不太多，据说每年只有两三次，每次只有 6 ~ 7 人参加。当地最热闹的是每年两度的“森林节”，可是热闹之后就一切如故了，以森林为主体的疗养地并没有建立起来。

长野县信浓町与梼原町的自然和区位条件相似，不过前者是以森林为主体疗养地的成功典范，高知大学曾经比较过两地之间的差距。从人员上来看，梼原町有森林向导 4 ~ 8 人，森林疗养师只有一对夫妇，虽然当地也有一个支援协会，但是并没有发挥太大作用；而信浓町有 21 位森林疗养师，通过政府行为确立了全民利用和支援的产业发展模式。从设施上来看，梼原町只有 1 条森林疗养步道、2 处民宿；而信浓町有 3 条森林疗养步道，森林疗养酒店多达 20 家，能够满足访客多样化的需求。从森林疗养课程来看，梼原町只有森林漫步、森林瑜伽等简单课程；而信浓町有 6 各团队在策划森林疗养课程，能够针对企业等大客户需求提出专属计划。失败和成功的案例都摆在这里，想要做森林疗养的朋友可要斟酌了。

国内森林疗养行业动态 13

13.1 合作才能合力，共享才能共赢

【树先生】

日本森林疗法流派很多，各个流派之间很少互相说好话，有限地推动力量没有形成合力，这可能是日本森林疗法工作进展不尽如人意的原因之一。在国内，利用森林开展的健康管理也形成了不同流派，包括以林业国际合作和北京为代表的森林疗养，以四川和湖南为代表的森林康养、以场圃总站为代表的森林养生等等。中国各地的经济社会差异很大，不同流派实际上是在应对不同社会需求，也有基于各自工作基础的不同思考。也许都是政府主导的缘故，不同流派之间虽有学术争论，但是能够彼此尊重和保持经常交流，相信这是国内相关工作如此火热的重要原因。

2016 年 12 月 9 日，湖南省林业厅柏方敏巡视员带队一行七人，到北京市园林绿化局调研交流森林疗养（康养）相关问题。双方拟签署战略合作协议，在人员交流、学员培训、标准制定和客户资源共享方面加强合作。具体来说，双方将鼓励相关管理和技术人员交流和挂职锻炼；共同制定适应中南地区的森林疗养师培训课程；共同推动国内森林疗养基地构建和森林疗养师认定的标准化工作；积极促进相关企业用好两地森林疗养资源，研发跨地域森林疗养产品，实现客户资源共享。

2016 年 12 月 10 日，在中国林业产业联合会森林医学与健康促进会主办的森林康养年会上，国家林业局国家森林公园管理办公室主任杨超先生的一席话很是中肯。他认为“森林养生”尚未进入收获期，各省市、各部门要互通有无，搞好前期基础工作。各地要立足自身实际，明确“森林养生”产品主题、发展主线和建设重点，选择合适的产业发展方向，既不能过分泛化“森林养生”内容，也不

能夸大森林的医疗价值。工作叫什么名称也许并不重要，重要的是要把发展落到实处，有思想后要有行动，有行动后要见效果，要让公众切实感受到森林对健康的好处。

13.2 也谈“如何实现森林康养旅游科学发展？”

【树先生】

2017 年 8 月 8 日，《中国绿色时报》刊登了张跃西先生的一篇文章《如何实现森林康养旅游科学发展？》，局领导看到后批示我们研究。我认真研读了全文，发现这篇文章站位很高，其中内容给了我们很多启示。

不过讲到森林康养旅游的科学发展，我们觉得首先得明确森林康养旅游是个啥东西？要发展什么？必须有个清晰的森林康养旅游形态或商业模式。现阶段，不同学者给了森林康养不同的定义，但大多数学者认为森林康养源于德国，以森林疗养为核心。既然以森林疗养为核心，我想和大家磨叽磨叽什么是森林疗养？

森林疗养是以森林为主体的疗养地医疗。通俗点解释，传统医疗是去医院，打针、吃药、做手术是主要手段，而疗养地医疗是以自然为药，日光浴、空气浴、气候疗法、地形疗法、芳香疗法、作业疗法、森林疗法、温泉疗法都是主要手段。如果是以森林为主体的疗养地医疗，应该主要应用植物、森林及其环境有关的替代治疗方法。疗养地医疗有比较成熟的业态和商业模式，但是以森林为主体的疗养地医疗，世界各国都在探索之中，成熟的模式不多。疗养地医疗需要一定强度的传统医疗作为支撑，但绝不是把医院建在森林之中。如果有建设用地指标，将医院建在森林之中并不是难事。疗养地医疗的难点在于，它要按照循证医学要求，利用当地自然疗愈资源制定“自然处方”，并梳理出适用人群和适应证。这可能是德国自然疗养地认证需要耗时十年的主要原因。

这样一说，大家可能就会觉得，“森林康养”和预想的不一样。对于森林疗养、森林养生和森林康养，过去大家觉得都是一个东西，只是名称不同而已。随着时间的推移，其实不同称谓背后有不同的内涵，理清“森林康养”的内涵，再去谈科学发展可能会比较容易。

13.3 森林疗养：湖南、四川步子大

【树先生】

2016年12月15日，湖南省发布了《关于推进森林康养发展的通知》，加上此前四川省发布的《关于大力推进森林康养产业发展的意见》，国内已经有两个省份看好“利用森林开展的健康管理”，并将其作为战略新兴产业来培育。对于大家所关注的林地使用问题，两地都做出了有益尝试，一起去比较学习下。

在四川省林业厅发布的《关于大力推进森林康养产业发展的意见》中，官方提出要“强化要素配制”，支持依法依规使用林地。如果“不采伐林木、不硬化地面、不影响乔木生长”，修建步道等设施可不办理使用林地审核审批手续。如果是“纳入森林康养林、森林康养基地和森林康养步道建设范围的林分”，是能够通过经营改造来提高森林疗养功能的，但必须“依法依规”进行。此外，官方建议经营单位将森林疗养发展与年度林地使用和林木采伐计划结合起来。

在湖南省政府办公厅发布的《关于推进森林康养发展的通知》中，“加强森林康养基地基础设施建设”被提到突出位置。通知要求各级政府要把基地基础设施建设列入经济社会发展规划，对基础设施建设用地、土地利用总体规划和项目建设等方面要给予扶持。通知明确要求“国土资源部门要将森林康养基础设施建设的新增建设用地纳入各地土地利用总体规划”。也许是省政府办公厅的原因，与单纯林业部门出台的政策相比，湖南在森林疗养用地方面的探索步伐要更大一些。

在密闭口袋中划开一条口子可以称为“突破创新”，为这条口子装上拉链才能够称得上是“管理”。对于如何保护和利用好森林疗养资源，目前国内还没有一个成熟的模式。这条“拉链”该怎么安装？才能既不影响经营单位热情，又不影响森林资源保护，还需要进一步探索。

13.4 巴中：先养林再养人

【树先生】

无论是从南充还是从达州下飞机，开车进入巴中地界之后，高速公路两侧映入眼帘的便都是森林。巴中市森林覆盖率高达57.6%，过去一直有“川东氧吧”的美誉。从2015年开始，巴中市开始利用当地森林资源优势，开展森林康养工作。

现在如果以森林康养为关键词检索报刊，与巴中市有关的信息约占1/3。这个过去欠发达的革命老区，如今走到了发展森林康养产业的最前列。

2016年9月8日上午，《巴中市森林康养产业发展总体规划》征求意见座谈会在巴中市政府举行，巴中市和各区县主管领导、各部门相关负责人悉数参加座谈。会上，如何“规模经营”又不“一哄而上”？如何明确森林康养内涵，加强核心支撑，避免产业空心化？哪些工作政府做，哪些工作该交给市场？如何化解功利化情绪，心平气和地抓好森林康养工作？在九大森林康养产业体系中，哪个产业才应该是工作重点？加强保护、适度开发的“度”在哪里？这些话题成为与会人员的关注焦点。到目前为止，编制小组对规划已经修改了九稿，本轮意见征求之后，巴中市森林康养产业总体规划将进入专家评审阶段。

巴中市是我国首个编制地区森林康养产业发展总体规划的地区，未来也许有更多地区会着手编制本地区森林康养产业发展规划。2016年新年伊始，巴中市委书记上班第一件事，便是到林业局调研森林康养，市政府对森林康养工作的重视程度可见一斑。此外，巴中市正在雄心勃勃地酝酿成立“森林康养产业引导基金”，未来在巴中市投资森林康养工作的企业，都有望获得真金白银的奖励。

13.5 巴中开启“全域”森林康养模式

【树先生】

2016年9月27日，四川省林业厅在成都组织召开《巴中市森林康养产业发展总体规划》评审会。四川省林业科学研究院、四川省林业调查规划院、四川大学、四川农业大学、西南民族大学等单位有关专家参加了会议。与会专家听取了规划编制单位的汇报，经过质询和热烈讨论，原则同意规划通过评审。

《巴中市森林康养产业发展总体规划》在全面分析国内外森林康养产业发展现状基础上，提出了巴中市森林康养产业发展总体思路，明确了森林康养产业发展目标，阐明了森林康养产业发展的空间格局、产业体系、重点任务以及保障措施，为推动巴中森林康养产业发展指明了方向。与会专家认为，《巴中市森林康养产业发展总体规划》基础资料翔实，指导思想明确，规划理念先进，产业布局合理，重点任务清晰，保障措施有力，具有较强的指导性。

《巴中市森林康养产业发展总体规划》提出“推进巴中全域森林康养产业发展”。巴中市将立足森林资源优势，打造“三区四环一带多中心”的森林康养空间发展格局，构建九大森林康养产业体系，着力推进九大任务建设，建成一批标准化精品森林康养基地，塑造森林康养品牌，把森林康养产业培育成全市支柱产业，把巴中打造成为中国最佳森林康养目的地。与会专家对这种“全域”森林康养发展高度认可，认为巴中市培育以绿色生态为核心竞争力的森林康养产业，符合国家和四川省产业发展方向，对推动区域经济社会发展具有重要作用。

13.6 森林健康管理工作的四川模式

【树先生】

2016 年 12 月 1 ~ 3 日，“中国 · 四川森林康养（冬季）年会”在攀枝花召开。相信所有与会嘉宾都能够明显感觉到，四川森林康养工作的进展迅速，有几件事情确是我所没有想到的。

过去我一直觉得四川森林康养工作只是在炒概念，没想到炒概念炒出来了效果。在四川，康养理念已经深入人心，街头巷尾都在谈论森林康养。在谢德智先生眼中，“炒概念、搞示范、大家赚”，这是四川森林康养推广流程中不可或缺的三个环节。现阶段森林康养第一环节推广工作已经取得了预期效果，我想我们应该借助森林康养宣传攻势，在森林疗养公众认知方面也多下一些功夫。

过去我一直觉得森林康养难以从森林旅游中脱胎换骨，换一个说法不过是为了迎合政策需求，难以在技术层面有实质性突破。没有想到四川森林康养与养老、教育和体育等领域跨行业融合迅速，服务于不同行业的森林健康管理技法或许正在形成。以森林康养与体育融合为例，四川省内一些高校的体育相关专业正在调整教学内容，以适应公众对森林运动康复的需求，我们想要的“森林运动疗法”在四川已经萌芽。这种跨行业合作，尤其是操作层面的跨行业合作值得我们借鉴。

在本次年会上，我们有机会体验了一次森林康养，整个过程我都以“挑剔”的眼光来审视活动。显而易见，大部分森林康养活动不在森林中也可以做，而且效果不一定差；在森林中做的，也没能反映出对森林环境的利用差异。但是，这些康养活动对老百姓健康确有好处，也确实利用了森林环境，虽然没有研究作为支撑，也缺少森林疗法的“名堂”，但森林康养获得了老百姓认可，已经具备了产业化发展的基础，这也是我过去所没有想到的。

此外，为森林康养基地运营提供专业支撑的职业经营管理团队正在形成，原四川林业厅巡视员陶智全先生出版了《森林康养》，森林康养重大项目签约了，森林健康管理工作的四川模式已经呈现在大家面前。

13.7 黔东南的森林健康管理探索

【树先生】

一位做产业的朋友，曾经半开玩笑地和我说，“如果你想挣钱，政府鼓励的产业你最好都别碰”。以前我觉得是他小瞧了政府，但是如今看着遍地开花的大健康、大旅游，才发现他的担忧不无道理。不过，想在黔东南苗族侗族自治州（以下简称“黔东南州”）投资森林康养产业的朋友，可能不必有这种担忧了。当地林业部门正在着手制定森林康养产业发展规划，希望通过政府的引导，避免森林康养同质化发展，防止一哄而上。

黔东南州位于贵州东南部，汉族人口不足22%，而森林覆盖率超过64%。独具特色的民俗文化，优良的自然资源，为当地发展旅游业奠定了坚实基础。据统计，2016年1～10月份，黔东南州累计接待游客7000万人次，实现旅游综合收入604亿元，民族文化旅游目的地建设已初见成效。但是当前游客主要是以民俗游为主，以“森林康养”为主要目的的健康游客流尚未形成，当地旅游资源开发的潜力依然巨大。如何把现有的民俗游客流引入森林？如何提供差异化森林康养产品满足不同层次的消费需求？如何按照自然资源特点区划森林康养产业门类？在打造健康游和民俗游“旅游双引擎”过程中，这些问题一直在考验着当地政府和业界人士。

黔东南州林业部门明确提出，发展“森林康养”要和扶贫工作结合在一起。黔东南想要发展的森林康养产业，实际是传统森林旅游的升级，包含了观光、体验和疗养等诸多业态。但是单纯靠旅游而发达的地区并不多见，如何在发展森林康养过程中做足支撑产业，以实业支撑当地经济社会发展？这应该是森林康养产业发展规划的一个重点。另外，黔东南州森林资源非常丰富，北方大部分地区无法与之相比，但是在水热条件同样优越的南方地区，当地的森林康养产业如何脱颖而出？这还需要深入考虑。

新兴产业确实需要政府来引导和扶持，但政府也是由普通人组成的，本身并非三头六臂，倘若有人真能判定哪些产业可以挣大钱，恐怕早已经下海了。我谈恋爱的时候，女朋友几度因为家人反对要求分手，幸好我及时引用了电视剧的一句台词，“你妈妈要知道跟谁能发达，就不嫁给你爸爸了”。森林康养也是一样，国内刚刚起步，概念很宽泛，自然会有无限可能。不过目前国内能够生存下来的“森林康养”成功模式并不多见，我们也只能给出一点初级建议，而推动整个事业还需要大家一起去探索和实践。

13.8 中国的“疗养地医疗”

【树先生】

很多朋友关注森林疗养基地建设，如果把森林疗养基地理解为以森林为主体的自然疗养地，其实国内就有一些“疗养地医疗”经验可以借鉴。不久前，我们以“疗养地”为篇名进行检索，在中国知网中找到了66篇文献，一起梳理下相关研究成果。

中国的疗养地都在哪里？

从现有疗养地研究的空间分布来看，中国的疗养地大约可分为海滨型、温泉型和山岳型三种。研究较为集中的疗养地有四川峨眉山、辽宁大连和兴城、陕西临潼、四川都江堰、江西庐山；此外，厦门鼓浪屿、云南昆明、浙江杭州也有多项研究，其余研究零散分布于三亚、连云港和桂林等地。从现有研究来分析，四川峨眉山对自然治愈因素和治疗效果都有系统分析，距离“疗养地医疗”的目标最为接近。

哪些机构在推动相关研究？

成都军区峨眉疗养院是推动峨眉山疗养地医疗研究的主体，从1993年开始，相关研究从未中断过；兰州军区临潼疗养院是推动临潼疗养地医疗研究的主体，相关研究主要集中在2008～2010年间；其他研究也主要是由解放军不同的军区疗养院在推动。这样看来，无论是推动森林疗养基地认证，还是开展森林疗养课程实证研究，军区疗养院这样的机构都应该是理想的合作对象。

哪些研究能为森林疗养所用？

现有疗养地医疗研究以森林为对象的不多，大部分研究是综合性的，可能包含了海拔、负离子、水质、小气候等多重治愈因素。以峨眉山为代表的山岳型疗养地对森林疗养的关注更多一些，研究证明当地疗养环境对老年轻度高血压、老年慢性失眠等征候都非常有效。海滨型和温泉型疗养地也大多建在森林中，森林散步经常作为疗养手段之一，在提高免疫机能、改善高脂血方面有成功报告，所以相关研究也有很大挖掘潜力。

13.9 国内第一个森林疗养基地快要诞生了！

【树先生】

“志愿者不能吃菠菜、圆白菜、萝卜，不能吃腌熏的肉类和咸菜，也不能吃辛辣的食物”，北京大学医学部的邓芙蓉教授向工作人员强调。“志愿者也不能喝含有咖啡因的饮料，除了我们提供的食物，志愿者不要再吃其他零食”，北京林业大学吴建平副教授补充道。“森林组和城市组的运动量要大致相同，坐观用椅子的舒适性、坐观姿势也要保持一致”，浙江省医院王国付主任医师进一步提醒工作人员……

您一定奇怪，究竟是在干什么？怎么会有这么多奇怪要求？其实这是松山森林疗养基地认证的一部分，基于人体的心理生理对比实验。2016 年 9 月 11 日，一支由林学、心理学和医学专家组成的混成团队，和志愿者一起分乘两辆中巴车，浩浩荡荡的进驻松山地区，这标志备受瞩目的松山森林疗养基地认证示范工作正式启动了。承担本次认证的审核团队，不乏来自北京大学、北京林业大学、浙江省医院、中国林科院的知名专家，国家林业局对外合作项目中心刘立军副主任也亲临现场指导认证工作。

基于人体的心理生理对比实验为期三天，十四位志愿者分为两组，一组在延庆城区，一组在松山。专家组将比较志愿者的呼出气一氧化氮浓度、第一秒钟最大呼气量、最大呼出速率，总血红蛋白浓度、血样饱和度、血流灌注指数、心率变异性、血压、脉搏和情绪等指标的变化情况，用以评估森林漫步和森林坐观这两类基础森林疗养课程的疗愈效果，相关结果将于一个月内正式对外发布。为了确保实验精度。专家组制定了严格的工作计划，包括每天吃什么，睡多长时间，连每天的乘车时间，都有严格规定。

从 2014 年初开始，北京市园林绿化国际合作项目管理办公室便着手筹备松山森林疗养基地示范工作。我们在松山森林公园建设了 2 条森林疗养步道，委托北京林业大学吴建平课题组编制了一系列森林疗养课程，并且帮助当地管理部门培养了 2 名森林疗养师。本次的认证示范，将松山森林疗养基地示范工作推到了一个新高度。在接下来的一整年中，松山森林公园还将接受环境质量、远期规划、设施设备和运营管理等方面评估。如果不存在严重不符合项目，并且轻微不符合项目得到整改，松山森林公园将被正式认证为“森林疗养基地”，这也将是国内第一个森林疗养基地。

松山森林公园紧邻2022年冬奥会的滑雪场，这里远离城市、森林茂密、溪水潺潺，具有良好的森林环境，空气负氧离子浓度更是居北京市之首。松山的最适旅游季节是4月末到10月初，不过游客量并不多，2015年全年游客量仅4万人左右。如何把松山的森林资源优势发挥出来，开拓出一条对类似地区有借鉴意义的发展道路，这是摆在林业人面前的共同难题。如果松山森林公园被认证为森林疗养基地，将可以接受更多森林疗养师的注册，相信一定能够为森林公园经营注入更多活力，届时市民也可以预约到松山体验不一样的健康管理服务。

14 我们的实践

14.1 做喜欢的事，陪喜欢的人

【树先生】

我的朋友经常拿“摩西兄”这个外号嘲弄我。是因为一次出访，我抢先接听了饭馆老板娘打来的电话，老板娘日语说得极快又略带口音，我只简单“摩西摩西”了几声，就败下阵来。同行的同事狂笑不已，我也落下了“摩西兄”这个外号。尽管如此，利用蹩脚的日语和不到一箩筐的英语，努力寻找国内外“森林与健康”的资讯，并把它分享给大家，这已是我每日工作之余的必修课。很多人在揣测，树先生这么拼是为了“名”还是为了“利”？坦率地说，我不清楚名利傍身是什么滋味，但是人一辈子需要做一件像样的事，等到老得走不动时候，不会因为年轻时没有尽情奔跑而后悔，这就是我执念于森林疗养的原因和动力。

上周末，在一个名为“森林浴有魅力”的讨论群里，有人说“自称树先生的人随意剽窃和盗取国外的森林医学研究成果，到处招摇撞骗，骗取国内人的信任”，“他是个鼠辈，靠别人的东西捞取资本，它不敢公开自己的真实信息”，还有人义愤填膺的说“应该投诉他……”。看着曾经熟悉和尊重的先生们，不知何时已经变化了面部表情，让我很是心寒。但是心寒并不胆战，我想我有必要不点名地回击一下。

第一，树先生是一个团队，执笔人叫南海龙，他来自北京市园林绿化国际合作项目管理办公室，手机是 13810030889。如对知识产权有异议，请联系我们。

第二，“森林疗养”微信公众号坚持原创，推文中部分内容是以读书笔记形式整理的国外资料，推文中已标识出处。按国内知识产权法律，树先生团队拥有相应著作权。

第三，科学不分国界，我们尊重学者为森林医学研究作出的贡献，但依然会毫不畏惧地把国内外森林疗养行业最新资讯分享给大家。

第四，我们的森林疗养师培训和森林疗养基地认证能力实际上已超过日本，一个千万级的森林医学研究项目的立项工作也已进了最后阶段，未来将是外国人学我们。

接触森林疗养以来，我们认识了很多志同道合的朋友。大家不计名利，并且有一颗自然的心，我相信这是做好森林疗养工作的性格基础。我最近几天也总结出来一方强心剂，“做喜欢的事，陪喜欢的人”，和我的朋友们一起分享。

14.2 我们，又向前挪了一小步

【树先生】

我们所推广的森林疗养，相关课程是需要被现代医学所证实的。而具备多样的森林疗养课程，是成为森林疗养基地的必要条件之一。在森林疗养基地认证过程中，我们会要求经营者根据本地森林资源特点，至少研究编制 30 种森林疗养课程。对于如此多的森林疗养课程，一一验证治愈效果并不现实。作为替代方法，我们选择森林漫步和森林坐观这两类最基础的森林疗养课程，从心率变异性、血压、脉搏、总血红蛋白浓度、血氧饱和度和血流灌注指数等敏感指标出发，来验证森林疗养课程的有效性。

2016 年 8 月 28 ~ 30 日，在北京林业大学、浙江医院和北方工业大学支持下，我们开展了森林疗养课程验证的预实验。本次实验主要是为了检验人体对比试验方法和相关仪器设备的可靠性，为正式开展人体心理生理实验积累经验。本次实验共招募 13 名女性志愿者，其中城市组和森林组各 6 人，1 人备试。志愿者平均年龄在 20 ~ 26 周岁之间，以大学二年级学生为主。本次实验完全按照日本森林疗养基地认证的人体实验流程和标准，志愿者同步在松山森林公园和延庆城区主干道辅路进行漫步和坐观活动，以交叉实验的方式来提高精度。此外，为了确保志愿者的合法权利，本次实验申请并通过了伦理审查，与每一位志愿者也签订了知情同意书。详细实验结果，整理后继续和大家分享。

森林疗养课程验证只是森林疗养基地认证的一部分，而更多认证事项有待于审核员根据认证指标体系进一步审核。下一阶段，我们会组织一次小范围的森林疗养基地认证审核员培训，待时机成熟后，将面向全国招募和培训森林疗养基地认证的审核员。如果您具有副高级以上职称，又具有相关行业工作经验，并且愿意投身森林疗养事业的话，请一定关注我们的工作进展和招募公告。

14.3 森林疗养：科研立项传喜讯

【树先生】

2016年12月16日，经过两个半小时汇报之后，北京市科技计划“森林疗养标准及关键技术研究与示范”的实施方案通过联合评审，这标志着国内首个大型森林疗养研究课题正式立项。从明年开始，课题将全面启动研究工作，未来她能够解决掉我们关注的哪些问题呢？

1）什么样森林环境治愈效果更明显？

课题将比较邻水、有林窗、完全郁闭等几种森林环境，以及油松、侧柏、落叶松、栎类等几种纯林对人体生理和心理影响的差异。基于这些研究结果，以后再被问什么样的森林适合疗养时，我们的回答将不再心虚。

2）如何快速评估体验者的森林疗养效果？

体验者希望当场就掌握自己森林疗养前后生理指标的变化，而不只是主观感受的变化。这个问题得不到解决，森林疗养产品将难以得到消费者的认可。课题将对呼出气一氧化氮浓度、总血红蛋白浓度、血氧饱和度等多项指标的指向性和敏感性进行研究，从而提出全面、快速和无创伤评估出森林疗养效果的实用技术。

3）怎么评价森林疗养资源？

正确评价森林疗养资源是制定《森林疗养产业发展规划》或《森林疗养资源保护利用规划》的基础，而规划编制单位不可能通过密集布点来采集芬多精、负氧离子、舒适度等相关信息。能否利用地理信息系统，通过数学模型来评估森林

疗养资源情况呢？课题将在这方面做出探索。

4）国外森林医学研究成果在北京适用吗？

很多人在怀疑，森林疗养又能降低血脂，又能增加自然杀伤细胞，又能提高免疫力，这些结论都靠谱吗？课题将收集国内外森林医学证实研究结果，并结合北京市森林资源特点，重点针对森林影响神经、免疫和内分泌的研究成果开展验证研究。北京大学医学部的知名学者将主导实验，相信能够有力回应公众质疑。

5）森林疗养课程该怎么做？

“在森林中啪啪地走，走累了就躺一会儿”，这绝不是森林疗养的全部。课题将以特定人群和特定病征为对象，重点将运动疗法、作业疗法、芳香疗法、气候疗法、食物疗法和心理咨询等六大类健康管理技术与森林紧密连接，提出一整套适合森林疗养的操作手法，进一步丰富森林疗养课程。

6）森林疗养基地该怎么建？

课题将借鉴国外森林疗养基地建设经验，重点开展福利型和产业型森林疗养基地建设示范，并提出《森林疗养基地构建技术导则》。有了这些示范基地，想做森林疗养的朋友，就不用跑去日韩参观了。

课题由北京市园林绿化局提出立项，北京市园林绿化国际合作项目办公室、北京大学医学部、中国康复研究中心、北京林业大学等单位共同承担，总经费为500万元。相信这只是一个开始，接下来的一系列课题研究，将最终奠定北京森林疗养工作在全国乃至全世界的领先地位。

14.4 森林疗养的第一次“实战”

【树先生】

我一直盼着某一天，能有人主动联系我们体验森林疗养。幸福来得太突然，最近北京市园林绿化宣传中心就资助了一次森林疗养体验活动。活动通过首都园林绿化官方微博进行招募，我们负责派出森林疗养师学员。与以往不同的是，本次森林疗养体验活动不预设主题，森林疗养师需要根据体验者健康状况和需求，临机制定和实施森林疗养课程。对于尚处培训阶段的森林疗养师学员来说，这应该是个不小的挑战。

本次活动最终招募到18名体验者，不过这些体验者包含孕妇、小学生、企业白领和老人，人员组成非常复杂。我们派出了5位森林疗养师，按照活动强度，考虑每位森林疗养师的特长，我们分为年长、年轻和孕妇三个小组开展森林疗养。在活动组织和森林疗养师专业水平都十分有限的情况下，活动依然得到了体验者的高度评价，大家非常认可这种“有别于登山旅游”的体验方式。在身心状态前测和后测环节，我们选择了情绪、总血红蛋白、血氧饱和度、血流灌注指数和脉搏作为主要监测指标，有关森林疗养效果的相关数据，分析整理后将和大家进一步分享。

“在整个森林疗养过程中，您印象最深或最满意的森林疗养课程是什么？最不满意的森林疗养课程是什么？”在每次的分享环节，我都忍不住一一询问体验者，以便改进我们的工作。在这次活动中，年长的体验者对森林手工制作、森林瑜伽和森林游戏评价较高；而年轻的体验者对赤足行走、冷泉足部浴、森林冥想等环节评价较高，不同年龄的中意课程完全不一样。另外，大部分体验者没有对我们的工作提出实质性建议，一方面也许是我们没有创造出畅所欲言的环境，另一方面，公众对森林疗养缺乏了解也应该是重要因素。为了提高公众认知，四川省玉屏山森林度假村把森林康养理念推介到当地社区，而日本的上原严会定期面向公众举办森林疗养讲习会，这些宣传推广经验值得我们学习。

14.5 让残疾朋友享有森林福祉

【白桦】

这个季节的八达岭森林公园，空气特别清新。周围山上层层林海已经染成了斑斓色彩，松柏是深绿色，黄栌、元宝枫和五叶地锦渐变成红色，银杏树的叶子黄得耀眼。不久前，东四街道残疾人联合会、温馨家园社区残疾人协会组织残障人士，在八达岭进行了一次森林疗养体验活动。有10位智障和1位聋哑人参加了活动，体验者年龄介于30～50岁之间。本次活动旨在让残障人士的身心在大自然中得到放松和滋养，使其本人及家属享受到森林福祉。

我们的森林疗养师提前一周便开始收集了体验者的相关信息，根据体验者的身体状况和健康管理需求，制定森林疗养课程方案。本次森林疗养课程大致有四大类：第一类是游学类，比如观看森林疗养宣传视频，参观森林体验馆，了解森林疗养基础知识和当地特色疗养资源；第二类是森林作业疗法，体验者给自己起“自然名”并制作“自然名牌”，用捡拾的落叶落果制作大地艺术作品；第三类是森林五感疗法，体验者到森林之中寻找和辨识野生草药，在森林漫步的同时，打开“五感”与大自然会面；第四类是食物疗法，组织者准备了营养午餐和自制野生菊花草本茶。

终了面谈之后，所有参与人员对课程进行了总结和分享。一起来听听体验者的感受，“这一天我收获颇丰”，“自然名牌和大地艺术画非常有趣”，“在这里喝到本草茶令人难忘，看似普通的茶水，实际隐藏着更多养生保健意义”。体验者灿烂的笑容是对森林疗养师的最好肯定，本次活动舒缓了体验者身心压力，为残障人士及亲友献上了丰富的精神食粮，大多数体验者期盼着能够再次参加森林疗养活动。残疾人是弱势群体，也是心理疾病高发群体，他们更需要得到社会关爱，未来我们还会开展更多类似活动。本次活动虽受到体验者一致欢迎，但是作为森林疗养师的笔者发现，本次课程内容对聋哑人关注不够，又缺少手语沟通，相信影响了森林疗养效果。对残疾人开展森林疗养，未来应该细分残疾种类，编制更有针对性的森林疗养课程。本次活动的 BPOMS 问卷调查结果，整理后也会和大家分享。

14.6 大叔与森林的邂逅

【黑马沙陀】

虽然在课程编制、组织管理和服务能力等方面还有待完善，但几期森林疗养体验活动之后，我们获得了体验者及社会各界广泛认可。在强烈的反响之中，不禁有人“抱怨”，职场男性与森林结缘太少。于是在 10 月 23 日，一期以中年男性为主的森林疗养活动，在八达岭森林公园举行。一场“大叔与森林的邂逅”在金秋十月里悄然而至……，不容错过的精彩瞬间，先睹为快，下一次体验说不定就有您了。

本期森林疗养课程主要针对血压偏高、压力偏大的男性人群。在八达岭森林体验馆，森林疗养师通过一对一健康面谈，初步了解体验者身心状况，掌握体验者健康管理需求，有针对性地制定了森林疗养课程方案。

在自然名牌制作环节里，每位体验者要以感觉带入找寻自己的自然名，认真、憨厚的体验者们建立了与森林的初步联结。参观八达岭森林体验馆，体验者聆听八达岭森林变迁，感悟森林艺术美学。短短半小时的森林体验教育，让体验者对森林有了更深入的了解。午饭过后是充满趣味的“毛毛虫”游戏，体验者在大自然间“徐徐前进”，都充分打开感官进行体验。体验者沿途收集落叶，在森林大本营，疗养师带领体验者进行了森林艺术创作，一幅幅森林艺术作品展现了体验者对自然美浓郁的爱意。森林作业完成后，体验者们还品尝了对血压偏高人群具有天然疗效的野菊花草本茶……

活动过程中，北京林业大学吴建平老师团队对体验者的心率、血压、压力、情绪等指标进行了监测，森林疗养效果的评估报告整理后会和大家分享。

14.7 第二批森林疗养师即将走向实践！

【树先生】

第二届森林疗养师培训班进入集中培训环节之后，43 位学员中有 3 位因日程原因没能参加，而有 4 位首届森林疗养师培训班学员补充了进来，所以最终参加闭卷考试的学员有 44 人。三位专家独立进行匿名阅卷后给出了平均成绩，我们对阅卷成绩逐一核对后，现将考试成绩情况公布如下：

在44名学员之中，有7名成绩未达到60分；有14名成绩在60～69分之间；其余23名成绩均超过70分，最高成绩为89分。按照我们之前的约定，未达到60分者将不会进入在职训练阶段（实践阶段）；对于60～69分之间的学员，我们建议学员补充学习三个月，再开展在职训练；70分以上者，即日起便可进入在职训练阶段。明年我们将结合森林疗养案例收集、森林疗养课程编制以及公众宣传等工作，为进入在职训练阶段的学员提供必要资助。同时，我们也希望有志于发展相关领域的企业，为森林疗养师在职训练提供更多实践机会。

在第二届森林疗养师培训中，除了让学员紧张不已的闭卷考试，除了逃脱不掉的填鸭式课堂，相信还有很多精彩瞬间，永远留在了学员心中。

（1）上原严抽时间传授场地利用技巧，这样的机会可不多。

（2）创伤包扎、制作担架、结绳紧急逃生等应急救援学习，一样也不是游戏。

（3）鉴别精油、调配精油、芳香抚触，轮番精油轰炸，你当时是否鼻子“瘸了”？

（4）实际认识植物，挖掘利用本地植物的森林疗养课程。

（5）做一次叶拓，了解了园艺疗法和艺术疗法，也收获了笑容。

（6）场地评估、受理面谈、编制课程、效果评估、终了面谈，我们都扎实练习过。

（7）打开五感、腹式呼吸、森林瑜伽，体验学习环节让学员有了完整认识。

14.8 向森林疗养践行者致敬!

【树先生】

最近，很多森林疗养师已经行动起来，她们结合本职工作，利用各自平台，积极推广森林疗养理念。在百望山，“小种子素养营”发起了“一场来自森林深处的朗诵会”，把儿童口才训练和森林疗育结合起来；在云蒙山，六位森林疗养师合作执行了“一次免费的森林疗养之旅”，鼓励公众践行生态文明生活新方式；在贵州铜仁，“新起点体验”做了一期“宝宝露营团”，把室内的“感统训练”搬到了山林中；在涞源的白石山舍，健康调理体验活动也有我们的森林疗养师参与……

在这些实践之中，有些能够产生微薄利润，有些只是公益活动，几轮折腾下来，森林疗养师受益和预期有一定差距。所以几位朋友认为我们太过追求推广速度，有“贱卖”森林疗养师的嫌疑，长期下去会影响推广质量。但是在我们看来，把森林疗养理念和森林疗养师职业推广开来，需要政府主导的大众宣传，更需要森林疗养师的自我推广。每一次森林疗养实践，都是最好、最有效的推广宣传。在实践活动中难免会有这样或那样的问题，而发现问题和解决问题的过程，就是森林疗养不断完善的过程。另外，我们相信，只有通过反复的实践，森林疗养服务才能积累更多好评，而参与其中森林疗养师才能建立自信。

需要指出的是，没人能够控制森林疗养师的价值，森林疗养师的受益最终只能由市场来决定。但是市场认知森林疗养需要时间，所以“贱卖”是一个必要过程，或许还需要一段时间。目前我们所做的一切实践，不仅是在提高自身能力，也是在为整个行业发展做义务“促销”，感谢所有森林疗养师不计成本的付出，向森林疗养践行者致敬!

14.9 第二次森林疗养基地认证筹备会在北京召开

【树先生】

2016年8月2日，第二次森林疗养基地认证筹备会在北京召开，国家林业局对外合作项目中心刘立军副主任主持会议，来自国家林业局、北京市园林绿化局、中国林科院、北京大学医学部、中国康复医学研究中心、浙江医院、北京林业大学等单位十几位专家出席了会议。经过充分研讨，与会专家确定了森林疗养基地认证标准框架、人体生理试验检测指标和试验计划，为全面筹备松山森林疗养基地认证示范工作指明了方向。

如果计划顺利，松山国家森林公园将在2016年9月7日前完成人体生理试验工作，并在2017年7月底完成森林物理环境、辅助设施、疗养课程和运营管理等所有领域的认证工作。通过实际认证校准和修订完善后，《森林疗养基地审核导则》《森林疗养基地认证标准》和《森林疗养基地构建技术规程》预计在2017年下半年正式对外发布，届时业内鱼目混杂的现状将有望得到规范。

对公众来说，大家更关注森林疗养的生理指标改善情况。但开展森林疗养基地认证，不仅是为了证明当地森林具有医疗保健功能，更是要帮助经营者完善多样化的森林疗养课程，建立起可持续的运营管理机制，提高森林疗养基地的盈利能力。所以我们要开展的森林疗养基地认证，绝不是为了满足某些人“花钱买一块牌子”的虚荣心，而是始终以提供过程服务和技术支撑为根本目的。

14.10 森林疗养主题论坛亮点多

【树先生】

2016年10月27日，第六届北京森林论坛拉开帷幕，来自全国129家机构的220位专家学者参加了此次论坛。全国绿化委员会副主任赵树丛先生、中国工程院尹伟伦院士亲临论坛，与众多国内外知名专家学者一起，共同探讨森林疗养产业的发展方向。在树先生眼里，第一天的论坛有三个亮点。

(1)这是一次跨行业的盛会。本次论坛几乎网罗了国内林业、医疗、教育、养老、心理和景观设计等领域参与过森林疗养实践的所有专家学者。北京大学擅长公共卫生学的郭新彪教授、清华大学擅长园艺疗法的李树华教授等悉数到会并作报告，论坛不仅选题前沿，而且专家见解深刻，相信每位参会者都不虚此行。

(2) 森林疗养基地联盟成立了。森林疗养基地联盟全称是“森林疗养基地和候选森林疗养基地联盟”。与社会上存在的各种“联盟”有所不同，它不是一个松散的经验交流平台，联盟将以“森林疗养师执业”和“公共宣传服务”为切入点，为有意发展森林疗养的企事业单位提供抱团发展机会。未来，被认证的森林疗养基地增加到一定数量，联盟成员将不再包含候选森林疗养基地，从而升级为真正意义的森林疗养基地联盟。

(3) 《森林疗养漫谈》面世了。由全国绿化委员会副主任赵树丛先生作序这本书应该是国人所写的第一本有关森林疗养的著作，书中语言虽然近乎科普，但内容也许能够涵盖森林疗养推广初期的诸多问题，相信可以为初学者带来一点启发。

14.11 北京市启动森林与公众健康的系统研究

【树先生】

2017 年 8 月 23 日，“森林疗养标准及关键技术研究与示范”课题启动会在北京召开，北京市林业碳汇工作办公室、中国康复研究中心、北京大学医学部、北京林业大学等承担单位汇报了子课题实施方案，与会专家对实施方案中的重点和难点问题进行了交流研讨。

“森林疗养标准及关键技术研究与示范”是我国第一个系统研究森林与公众健康关系的科研课题，对于森林疗养推广工作具有里程碑式意义。课题将把研究重点工作放在技术集成方面，力争做到“边研究、边示范、边推广、边分享”，为发展森林疗养产业提供强有力的技术支撑，真正发挥课题的示范引领作用。

不同专业有不同的背景文化，对于跨专业协作，合作流畅是制胜法宝。本课题各承担单位通过多交流和多包容，已初步磨合成一支稳定、高效的研究团队。作为主要承担单位，北京市林业碳汇工作办公室将继续做好组织协调工作，精心安排实验设计，为其他承担单位做好服务。同时，北京市林业碳汇工作办公室将抓紧森林疗养基地建设示范，尽快为农民绿岗就业增收找到新途径。

北京市园林绿化局副巡视员王小平在会上介绍，北京市森林面积超过 2000 万亩，大约有 2000 万常住人口，其中大约 200 万人口居住在森林周边。如何用 2000

万亩森林服务好2000万市民？如何实现200万市民的绿岗就业增收？这是摆在首都林业人面前的一道考题，而森林疗养有望成为这道考题的一个最优解。

14.12 北京市将着手编制森林疗养产业发展规划

【树先生】

森林疗养前景广阔，但实现产业化恐怕尚需时日。我们认为森林疗养产业化需要三个前提条件：一是公众认可森林疗养产品，能够商品化；二是有企业愿意投资，产品能够规模化；三是森林疗养相关理论和方法实现标准化。一直以来，我们的工作主要集中在公众认知和标准化，在促进企业投资方面确实做得不多。不过话说回来，如果企业蜂拥投资林业，我们的政府部门准备好了吗？

在现有森林分类经营框架内，缺少医疗保健等用途的相关林种。虽然森林是多功能的，但是某些功能具有排他性，比如说地处水源保护地和自然保护区范围内的某些森林，就不能用于森林疗养。另一方面，国内林地以集体所有和国有为主，政府决策对森林疗养产业影响非常大，开发森林疗养也免不了要和政府打交道。究竟哪些森林能够开发森林疗养？哪些森林区域适合开发哪种业态的森林疗养？政府必须要给出一个明确的指导意见。基于这些考虑，从2017年开始，北京市将着手编制森林疗养产业发展规划。规划将对产业发展趋势、市场容量和技术水平方面做出判断后，给出与社会经济发展水平相适应的产业布局和产品结构，为企业投融资提供指导。

森林疗养适合作为主导产业来培育，它不仅具有强大的扩散效应，还能够对其他产业增长产生广泛影响，相信这是2016年四川、湖南相继编制森林疗养（康养）产业发展规划的主要原因。我们也希望发展与北京经济社会发展水平相适应的森林疗养产业，使之成为北京地区国民经济的重要组成部分，这是森林疗养推广工作的重要目标。当然无论是产业化还是福利化，将来实业规模能否达到社会普遍承认的程度，这是森林疗养推广工作是否成功的重要标志。

另外，当下各种规划层出不穷，很多规划出台后无法落地，因此备受诟病。如何避免森林疗养产业发展规划也落入尴尬境地呢？我们认为森林疗养产业与IT、餐饮这样的产业有所不同，有些产业不适宜政府过多干预，可能政府也无力干预，而发展森林疗养产业所依托的森林资源受政府控制，我想这是规划落地的最有力的基础条件。还有，“规划就是协调利益相关各方诉求的过程”，我们希望能够有更多机构参与到北京市森林疗养产业发展规划编制中来。无论谁来牵头编制规划，我们都需要听到更多意见，汇集更多智慧。如果有感兴趣的机构，请留意我们的招投标公告。

14.13 成立森林疗养见习会的倡议

【树先生】

最近，看到荒野疗愈的朱松先生受聘于北京理工大学的行走荒原社团，突然间觉得受到了很大启发。假如首都几十所高校都有一个关于森林疗养的学生社团，这对于森林疗养工作或许是一个极大的促进。

森林疗养需要年轻的实践者，我们也需要从年轻人中培养推广骨干。如果推广森林疗养也需要“三进”（进社区、进企业、进校园），我们认为首先应该进校园。虽说中南林业大学准备设置森林疗养相关学科，北京林业大学也准备开设相关课程，但是森林疗养进校园最优接口还是学生社团。对于一些综合性大学，学生社团可以轻易凝聚不同学科的力量，再加上大学生特有的创造力，很多我们所困惑的问题，或许在高校中都能得到很好解决。另外，定期的社团活动，以及每年的招新和社团评比，都需要大量宣传和自我展示，这对森林疗养来说是一个很好的推广机会。还有，森林疗养基地认证、森林疗养体验活动都要大量的志愿者，而高校学生社团能够帮助我们招募和组织足够多的志愿者。

所以我们倡议在首都各个高校中成立森林疗养见习会，如果有愿意与森林疗养同行的年轻人，我们将提供力所能及的帮助。比如为森林疗养见习会提供技术指导，协助联系森林疗养见习活动场地等等。另外，2017 年度我们将启动森林疗养进社区活动，如果“进社区”能与“进校园”相互结合，以大学生加老年人组合为重点推出中国的“祖孙计划”，相信森林疗养见习会的活动不仅十分充实而且会丰富多彩，社区老人和高校学生都会受益匪浅。

如果身在象牙塔的您渴望接触自然，认可身心协同健康理念，愿意了解森林带来的自愈力，并且计划通过社团来锻炼自己的组织协调能力，森林疗养见习会能够为您提供这个舞台。

14.14 北京森林疗养基地建设迎来曙光!

【树先生】

养老、助残和儿童疗育是森林疗养福祉化的三个支点。3 月 10 日，北京市政府办公厅发布了《关于全面放开养老服务市场进一步促进养老服务业发展的实施意见》，我们的森林疗养基地建设意外地获得了多项政策支撑，一起来解读下。

意见明确“支持养老与相关领域融合发展”，鼓励建设一批具有示范效应的休闲养老、健康养老等基地，为老年人进行“旅游养老”“候鸟式养老”创造良好环境。想把森林与养老相结合、针对老年人开展森林疗养服务的朋友，可一定要抓住这个先行先试的机会。如果需要开发面向老年群体森林疗养课程或者对基地进行适老性改造，我们愿意一起探索实践。我们之前发起成立的森林疗养基地联盟，也可以为“候鸟式养老”提供便利条件。

作为亮点之一，意见提出要“完善土地支持政策”，指出“将统筹利用闲置资源发展养老服务，规划国土部门应按程序依据规划调整其土地使用性质”，如果“民间资本举办的非营利性养老机构与政府举办的养老机构可依法使用农民集体所有的土地”。森林疗养效果与体验时长密切相关，如果没有居住类产品作为支撑，森林疗养很难发挥预期效果，但如何解决住宿用地一直是个难题。这个意见的出台，为福祉型森林疗养基地建设扫清了障碍。